简明大学物理实验教程

黄立平　主　编◎

鲜承伟　潘　雪　副主编◎

电子工业出版社
Publishing House of Electronics Industry
北京·BEIJING

内 容 简 介

"大学物理实验"是高校理工科学生必修的一门重要基础课程,是进行科学实验方法和实验技能训练的重要基础,是训练学生独立思考、判断能力及创新能力,提高综合素质的开端,也是通向现代应用技术的跳板。

本书立足于服务新工科学科和专业建设,基于6年来应用型工科本科专业教学的实践,针对少学时的大学物理实验课程编写而成。全书共分九章,前三章为实验基础知识,后第四章至第八章为具体实验项目,第九章为总结。

本书可作为应用型高等院校的大学物理实验课程的教学用书,也可作为高校相关教学人员参考使用。

未经许可,不得以任何方式复制或抄袭本书之部分或全部内容。
版权所有,侵权必究。

图书在版编目(CIP)数据

简明大学物理实验教程 / 黄立平主编. —北京:电子工业出版社,2019.8
ISBN 978-7-121-36527-0

Ⅰ. ①简… Ⅱ. ①黄… Ⅲ. ①物理学－实验－高等学校－教材 Ⅳ. ①O4-33

中国版本图书馆 CIP 数据核字(2019)第 092415 号

责任编辑:朱怀永
印　　刷:北京虎彩文化传播有限公司
装　　订:北京虎彩文化传播有限公司
出版发行:电子工业出版社
　　　　　北京市海淀区万寿路 173 信箱　邮编　100036
开　　本:787×1 092　1/16　印张:16.25　字数:416 千字
版　　次:2019 年 8 月第 1 版
印　　次:2020 年 7 月第 4 次印刷
定　　价:49.80 元

凡所购买电子工业出版社图书有缺损问题,请向购买书店调换。若书店售缺,请与本社发行部联系,联系及邮购电话:(010)88254888,88258888。
质量投诉请发邮件至 zlts@phei.com.cn,盗版侵权举报请发邮件至 dbqq@phei.com.cn。
本书咨询联系方式:(010)88254608,zhy@phei.com.cn。

中国社会经济的飞速发展，推动着高等教育的迅猛变革。随着高等教育进入改革的深水区，中国大学遇到了前所未有的发展机遇。

在外部，新一轮科技革命和产业变革交叉融合，以新技术、新产业、新业态和新模式为特征的新经济呼唤着新工科，国家一系列重大战略深入实施呼唤新工科，产业转型升级和新旧动能转换呼唤新工科，提升国际竞争力和国家硬实力呼唤新工科。在内部，研究性大学和示范高职院校经过扩张发展及内涵建设已经形成了一系列富有成效的教育理论和实践积累，一大批新建本科院校和地方高校以服务于地区社会经济发展为宗旨转向应用型大学。

新建应用型本科院校面临三种转型任务："专科型""学术型"向"本科型"转变；在"高职高专型""综合性理科型"之外向"应用型"发展；"传统教育型"向"互联网+教育"发展。这三种叠加的转型发展现状迫切需要对原有专业课程体系进行改革与重组，重构专业课程体系。在新工科建设的讨论中，课程重构是新建地方本科高校转型发展着陆生根的重要途径已经成为共识，达到高等教育教学目标最终都聚焦于课程，因此新工科的大学物理实验室建设和大学物理课程改革应适应这种要求，以应用能力培养为核心重构实验课程内容和实验教学过程，使应用型工科教育思想和办学理念得以落实、落细、落小。

在近几年的教学改革中，编者所在的教学团队一直致力于应用型专业的大学物理实验教学，每一位老师既讲授大学物理理论课，也承担大学物理实验课的教学，尽可能在有限的学时内培养学生基本的实验素质，训练学生的实验技能，提高学生的动手能力和自我学习能力，实现理工科专业人才培养的目标，输送契合行业发展的工程技术人才。

实验教学需要理论和实践的长期积淀。本书主编从事大学物理教学实践30多年，近十年在承担电子信息类专业课程教学任务的同时，负责并参与多个应用型本科学科专业的建设工作。

大学物理实验课程面向理工科各专业，在课程总学时日益缩减的大背景下，我们解构原有的学科知识体系，按照行动体系重构了应用型实验课程。本书没有按照传统的力学、热学、电磁学、光学及近代物理的科目来分章节，也没有以基础性实验、设计性实验、综合性实验来划分模块，而是关注实验教学的整个工作过程，将多个实验项目用共同特征的脉络构成相对完整的单元，倾力打造实验内容和教学过程。全书共分九章，前三章为基础知识与理论，后第四章至第八章为核心实验项目，第九章为总结。其中数据分析与不确定度评定基础知识整套采用清华大学朱鹤年教授的理论，感谢朱教授不辞辛苦多年开班讲习"新概念物理实验测量"，奉献出科学严谨的理论和方便实用的方法。

本书在编写过程中，得到了原教育部实验教学指导委员会副主任、中国科学技术大学霍剑青教授和原华中科技大学李元杰教授的指导和帮助，同时也借鉴了重庆科技学院大学物理实验教学中心和南方科技大学物理实验教学中心的经验，更得到了成都工业学院电子工程学院院长李可为先生的大力支持，在此一并表示衷心的感谢。

实验教学是一项集体事业，编者有幸带领一支高素质的团队，本书凝聚了团队的智慧和劳动，同时本书也吸引了六年来应用型本科教学实践的经验，并经过多次修订而形成。本书编写及相关分工如下：鲜承伟老师编撰了实验 1、2 的初稿及校对了实验 11、12，潘雪博士编撰了实验 3、4 的初稿及校对了实验 9、10，周波博士编撰了实验 5 的初稿及校对了实验 1、6，赖祥军博士编撰了实验 6 的初稿及校对了实验 2、7，曹玲玲博士编撰了实验 7 的初稿及校对了实验 3、8，孙大明博士编撰了实验 8 的初稿及校对了实验 4、5，王治钒博士编撰了实验 9 初稿及完成了实验图片的制作。其余部分由黄立平编写并执笔统稿，鲜承伟和潘雪两位老师再审校对。

应用型本科大学物理实验教学改革刚刚起步，新工科的教育教学理论和实践尚在探索中，限于编者水平，书中肯定有不少观点有待商榷、有待检验，不妥之处，恳请读者和同行批评指正，以便改进和提高。

黄立平

2019 年 5 月

目录 CONTENTS

第一章 应用型大学物理实验课程的建设 ······ 001
    第一节 物理学与人类文明的关系 ······ 001
    第二节 大学物理实验课程的任务和要求 ······ 006
    第三节 新工科大学物理实验课程的建设 ······ 011
    第四节 大学物理实验课程的教学模式与流程 ······ 022
    第五节 科学素养需从人格和思维层面培养 ······ 036

第二章 大学物理实验教学平台概述 ······ 041
    第一节 大学物理教学平台简介 ······ 041
    第二节 大学物理虚拟仿真实验 ······ 046
    第三节 实验预习自动评判系统 ······ 050

第三章 测量的不确定度与数据处理 ······ 062
    第一节 测量与误差 ······ 062
    第二节 直接测量随机误差的估算 ······ 069
    第三节 仪器误差 ······ 072
    第四节 有效数字 ······ 075
    第五节 直接测量结果的不确定度评定 ······ 078
    第六节 间接测量结果的不确定度合成 ······ 082
    第七节 数据处理的常用方法 ······ 085
    第八节 Excel 在大学物理实验中的应用 ······ 091

第四章 动力学综合设计性实验 ······ 093
    第一节 实验1 磁悬浮动力学实验 ······ 093
    第二节 实验2 碰撞设计性实验 ······ 106
    第三节 DHSY型磁悬浮动力学实验仪 ······ 110
    第四节 实验3 单摆基础性实验 ······ 114
    第五节 实验4 单摆设计性实验 ······ 118
    第六节 实验5 单摆研究性实验 ······ 124

第五章 振动与波动实验 143

- 第一节 实验 6 示波器的基本使用 143
- 第二节 实验 7 弦振动基础性实验 147
- 第三节 实验 8 弦振动综合性实验 152
- 第四节 实验 9 声速的测量实验 158

第六章 测量电阻实验 161

- 第一节 实验 10 伏安法测量电阻实验 161
- 第二节 实验 11 惠斯通电桥测量电阻 167
- 第三节 实验 12 双臂电桥测量低值电阻 175
- 第四节 实验 13 用伏安法测量低值电阻设计性实验 188

第七章 温度传感器综合与设计性实验 189

- 第一节 温度传感器及 DH-SJ5 实验装置 189
- 第二节 实验 14 冷却法测量金属的比热容 198
- 第三节 实验 15 温度传感器设计性实验 207

第八章 光学基础与综合性实验 215

- 第一节 光学基本仪器及常用光源 216
- 第二节 实验 16 分光计的调整与使用 222
- 第三节 实验 17 光学衍射实验 231
- 第四节 实验 18 偏振光的观察与研究 234
- 第五节 实验 19 透镜焦距测量的设计性实验 237
- 第六节 实验 20 用牛顿环装置测量平凸镜的曲率半径 240

第九章 怎么做，怎么做得更好 245

参考文献 253

第一章

应用型大学物理实验课程的建设

第一节 物理学与人类文明的关系

物理学是研究物质、能量和物质间的相互作用的学科，是关于自然界最基本形态的学科。它研究宇宙间物质存在的各种基本形式、内部结构以及相互作用，研究它们的性质、运动和转换，从而认识这些结构的组元及其整体的运动和转换的基本规律。

一、物理学与科学技术之间的关系

物理规律具有最大的普适性，物理学是自然科学中的基础学科。

1999年3月召开的第23届国际纯粹与应用物理联合会（IUPAP）代表大会通过的决议指出：

物理学是一项国际事业，它对人类未来的进步起着关键的作用。对物理学教育的支持和研究，对所有国家来说都是重要的，理由如下。

（1）学习和研究物理学是一项激动人心的智力探险活动，它鼓舞着年轻人，并扩展着我们关于大自然知识的疆界。

（2）物理学发展着未来进步所需的基本知识，而技术进步将持续驱动着世界经济发动机的运转。

（3）物理学为科学进步和技术的发明应用提供了训练有素的人才。

（4）物理学在培养化学家、工程师、计算机科学家及其他物理科学和生物医学科学工作者的教育中，是一个重要的组成部分。

（5）物理学扩展和提高我们对其他学科的理解，诸如空间科学、信息科学、地球科学、农业科学、化学、生物学、环境科学及天文学和宇宙学等，这些学科对世界上所有民族都是至关重要的。

（6）物理学提供了应用于医学的新设备和新技术所需的基本知识，如计算机层析术（CT）、磁共振成像、正电子发射层析术、超声波成像和激光手术等，改善了人们生活的质量。

物理学是技术发展的主要源泉，三次产业革命（蒸汽机、电气化、信息化）均来自物理学或与物理学紧密相关。

第一次产业革命以1774年蒸汽机的发明为标志，主要由纺织机改革引起的动力需求产生了近代的**纺织业和机械制造业**，使得人类进入到利用机器延伸和发展人类体力劳动的时代。其科学技术的**理论基础**是伽利略自由落体定律、开普勒行星运动三大定律和牛顿在《自然哲学和数学原理》中建立的完整力学体系。

第二次产业革命是以 1875 年发电机应用为工业标志的**电气化**，实现了生产方式的电气化。其**理论基础**是 1820 年的电磁现象（电动机原理），1831 年的电磁感应定律（发电机原理）和 1840 年的电磁波理论。

第三次产业革命是以 1946 年发明的计算机为标志的新信息技术革命，其核心是以微电子技术为基础的**电子信息技术**，实现了生产方式的自动化，并向信息化、智能化方向发展，包括新材料、新能源、生物工程、海洋工程、航空航天技术和电子信息技术等。其**理论基础**是量子力学和相对论。

二、物理学认识框架对自然科学世界图景的影响

物理学不仅是整个自然科学和现代工业技术的基础，也是人类认识真实世界的起点和描述自然界的方法，不同时期的人们生活在当时物理学认识框架形成的自然科学世界图景里，采用当时的物理学工作语言、概念和物理图像来描绘世界并用于工作和生活，特别是近代，物理学所带来的应用技术已经前所未有地改变着人类的生活方式。

1. 物理学三种认识框架的变迁

物理学的认识框架主要是指空间、时间以及把空间、时间与万物运动联系在一起的数学关系。所有的框架都是在一定的历史范畴下出现的，它所承载的也是在当时历史条件下人类所认识的主要事物。亚里士多德、牛顿、爱因斯坦都在自己所属的时代建立了各自的框架，把当时人们关心的大部分问题放入了他们的框架。

亚里士多德把空间描绘得像一座堂皇的古建筑，在那里可以容纳各种不同类型的物，并按照当时人们所能理解的方式描述了这些物的运动。在亚里士多德框架中对可见事物的那些具体安排，随着时代的进步都被改变了。但是到现在，科学家们仍采用亚里士多德提出的三段式逻辑规则，即公理—逻辑演绎—逻辑结果。

随着人类认识的扩展，框架内的格子被装得越来越满，渐渐的，人们发现很多新的东西装在这个框架里实在不合适，于是有人试图寻找新的框架来包容新的事物。要推翻一个旧的物理世界框架，真正困难的是建立一个可以代替它的框架，因为这涉及的面实在太广，要改变认识理念非同寻常。第二个物理学框架经过伽利略等人的努力，最后由牛顿在 17 世纪完成。牛顿的物理世界的框架简洁又精确，时间、空间、物（用质量表示）这三个量，用万有引力、运动定律和一套微积分运算，竟然把从亚里士多德时代起一直说不清楚的宇宙图景用一些公式精确地计算了出来。

近代物理学的认识框架是相对论时空框架，爱因斯坦把时间和空间简单地用光速 c 联系在一起，推翻了 17 世纪以来把经典力学当作全部物理学甚至是全部自然科学最终基础的那种僵化观念。

经历了这样三个阶段的发展，近代科学经历实验化、数学化后，基本上具备了预测的能力。现代科学以一种实验的方式，通过对世界进行数学还原的处理，实现了对个体和自然事物的控制和掌握。

2. 自然科学世界图景与人类文明

物理世界的三大时空框架与数学上的三个大的发展阶段相关联，并和人类文明的三个历史时期相对应。可以说，不同的认识框架产生了不同的描述逻辑语言和计算方式，而这些语言和数学又进一步丰富自身并影响着不同阶段的人类文明。

在不同时期，亚里士多德、托勒密、欧几里得和哥白尼都用同样的初等数学语言来讨论宇宙的构造。在那个时空框架里，物的结构都是在空间上建立起来的，时间在数学上还只是不连续的数列，万物的图画都是静止的，或者是不连续的，这样的自然科学图景称为静态的或准静态的，由此导致的人类文明也有相似的特征。那个时期人类的社会形态也限制了人们对自然认识图景的更新。

用力和速度构成世界图景的最基本要素，以变量和函数来表达概念及规律，使牛顿的世界图景动了起来。牛顿定律把以前认为截然不同的地面运动规律和天体运动规律概括在一个严密的理论里，使人类第一次意识到天体运动是有规律可循的，自然是可以认识的。这是人类从神学思想中解脱出来，树立科学世界观的开端，其历史意义巨大。牛顿图景采用经典数学逻辑进行分析推理，其最大进步是对时间的处理，时间不再是一个个不连续的点，而成了实数轴上连续变化的变量。正是这种时空框架和数理逻辑体系，使得人类开始拥有了预测的能力和改变自然的技术力量。由此人们的生存方式因技术而改变，人类的文明也随着理念的改变而变化。

牛顿图景是工业社会的象征，其机械自然观中理性的思维方法，至今仍在广阔领域内发挥着巨大作用。牛顿时代的科学家们认为任何物理量都是时间的连续函数，这种函数关系就像瞬时速度那样简单，但他们把宇宙万物僵化成像箭一样占有固定不变的空间大小和形状的"物质"，是对物的僵化，这是导致牛顿物理世界和工业文明僵化的根源。经典物理曾经的辉煌成就，使得牛顿的物理学框架持续不断地影响着人们，直到现在许多人头脑里对自然的认识仍是这个僵化的视窗，甚至大部分人意识不到由这个僵化科学产生的哲学理念对现代人类文明的负面影响。现代地球环境的恶化、落实可持续发展观所面临的困局也许正是这种僵化延伸的后果。

3. 构建自洽和谐的知识体系是现代人自我强大的根基

作为现代的大学生，应充分认识现代物理基础理论对从事技术和管理工作的意义，应确信严格的物理逻辑推理和实验技能的训练是成为工程师不可缺少的，应清晰理解现代科学的认识图景是构建自洽和谐知识体系和世界观的基石，拥有知行合一的底蕴为自我生命的提升提供了扎实的基础，也是面对未来挑战的能力。

造成所谓知识无用、高分低能的因素之一是由于所学知识没有形成一个有机的"大厦"。虽然头脑里装了很多的东西，但却好似倒塌后的砖瓦碎片堆积在那里，这些杂乱无章的知识，既没有一个大的框架支撑它们，也没有气血供养形成活生生的整体，产生不了新的事物，又何来创新？就像四大发明，在历史的背景下被缩成了个案，戈壁滩上孤零零地耸立着四个石碑——造纸术、印刷术、指南针、火药，周围没有茂密森林形成相互联系的学科体系，其下没有支撑它们成长的绿草茵茵的丰厚底蕴。

知识要变得有创造力，就需要建构认知的框架，牢固扎根在普适性很广、很强的公理体系之上，再将框架作为骨骼，把那些知识化为机体中的细胞，以逻辑推理和数理演算连接它们，构建成脉络清晰、输运顺畅的"大厦"。然后，"大厦"中被选择的知识又能够在实践情境中恰当地按照事物运转的序列植入工作过程中，用过程性知识将那些陈述性知识链接起来，生成和集成"为完成一件工作任务并获得工作成果而进行的一个完整的工作程序"，实现完整的思维过程的训练。就像计算机那样，需要哪个资料按照其编号就能够快速准确地找到，各个部分相互协作，能够生长出新的细胞，能够发现新的知识，也能够产生新的技术。

但是如前面所述，目前大部分人还无法建构一个合理的、现代的自然科学世界图景代替经典的认识框架，观念中仍摆脱不开牛顿的认识框架。自然科学各种旧的、新的理念充斥在人们的脑海中，大多数人面前的自然科学世界图景是不完整、不自洽的。这种不和谐、不完整体现在现代人类的文化中，紧张、变动、浮躁是两种自然科学世界图景之间过渡中的景象。

三、科学、技术和工程的相互关系

1. 科学、技术、工程

科学的核心是科学发现，技术的核心是技术发明，工程的核心是工程建造。

（1）科学重在发现，奠定创新基础

科学是关于自然界、人类社会和人自身的规律的事实、原理、方法和观念的知识体系以及创建这个知识体系的社会活动。科学的任务是发现规律，提出理论，认识世界，解释世界。唯有系统全面地认识世界，才能应用知识去寻找方法、发明产品。因此，科学在创新过程中处于基础性地位。

（2）技术重在发明，推动产业革新

技术是根据生产实践或科学原理而发展成的各种工艺操作方法和技能，以及相应的材料、设备、工艺流程等。技术的任务是发展或开发出新的方法、手段、措施或途径。

技术是一种变革世界的能力。古代技术主要来自生产实践，现代技术则更多的是根据一定的科学原理，为达到一定的应用目的，所发展和开发出来的方法和手段。技术，包括材料技术、产品技术、设计技术、工艺技术、生产工序技术以及手工技术等。技术体现为三种形态：物质形态（如工具、设备等），知识形态（如图纸、资料、图书等，也可以说是信息形态），人才形态（科学家、工程师、技术员、技术工人等技术人才）。显然，人才是技术的核心，有了人才就可以创造出物质形态和知识形态的技术。

（3）工程重在建造，改变世界面貌

英国机械工程师学会理事长 Andrew Ives 在 2006 国际机械工程教育大会上明确提出："工程是为了一种明确的目的，对具有技术内容的事物进行构思、设计、制作、建立、运作、维持、循环或引退的过程及其过程所需的知识"。

美国工程教育协会(ASEE)将工程定义为一种运用科学和数学原理、经验、判断和常识来造福人类的艺术，一种通过生产技术产品或系统以满足具体需要的过程。

工程研究的目的和任务不是获得新知识，而是获得新的人工物，是要将人们头脑中的观念形态的东西转化为现实，并以物的形式呈现出来，其核心在于观念的物化。在工程实践中，工程活动在主体头脑中的关于新的人工物的图景是清晰、明确的，它通过计划、设计以图纸和模型的形式预先显现在人们的观念中。

虽然技术开发具有明确的目的，但所开发的技术在未来的应用却不是唯一的。一项通用技术开发出来以后，除了一开始具有相对确定的应用领域之外，还可以迅速转移到其他应用领域中去，如原子能技术的开发直接目的是制造原子弹，但后来主要被应用于核能发电。

2. 科学、技术、工程的相互关系

科学、技术、工程是三个不同的对象，有本质的区别，然而科学、技术、工程三者之又有着紧密的联系，见下表 1-1。

表 1-1 科学、技术、工程的相互关系一览表

	比较的依据	科 学	技 术	工 程
相互区别	研究的目的和任务	认识世界，揭示自然界的客观规律，解决自然界"是什么""为什么"的问题	改造世界，实现对自然物和自然力的利用；解决自然界"做什么""怎么做"的问题	改造世界，将头脑中的观念形态的东西转化为现实，以物的形态呈现出来
	研究的过程和方法	追求精确的数据和完备的理论，从认识的经验水平上升到理论水平；主要运用实验、归纳、演绎、假说等方法	追求比较确定的应用目标。利用科学理论解决实际问题，认识由理论向实践转化；多用预测、设计、试验、修正等方法	工程目标的选择、工程方案的设计和工程项目的实施等，其实现过程为综合集成
	成果性质和评价标准	知识形态的理论或知识体系，具有公共性或共享性；评价是非正误，以真理为准绳	科学知识和生产经验的物化形态，发明、专利、诀窍、图纸、样品或样机，具有商品性；评价利弊得失，以功利为尺度	遵循"目标—计划—实施—监控—反馈—修正"路线评价成败，工程达不到预期目标就意味着失败
	研究取向和价值观念	好奇取向，与社会现实联系相对较弱；价值中立	任务取向，与社会现实关系密切，处处渗透，时时体现价值	用好与坏、善与恶评价，在各方利益间权衡
	研究规范	普遍性、公有性、无私性、创造性和有条理的怀疑主义	以获取经济和物质利益为目的；保密和专利	团结、协作，团队精神
相互联系	学科体系	基础科学—技术科学—工程技术		
	研究过程	基础研究→应用研究→开发研究		
	一体化	科学—技术—生产		
	生产力	潜在的、知识形态的生产力→现实的、直接的、物质的生产力		
	认识过程	从实践到理论，第一次飞跃→从理论回到实践中去，第二次飞跃		
	重要关系	三者都是人与自然关系的中介，在历史进程中融合发展，并与社会相互作用		
	其他	科学技术化，技术科学化，技术工程化，工程技术化；三者的整体化、社会化、国际化		

四、技术与技能

在中文的语境中技术一词，一是指"人类在利用自然和改造自然的过程中积累起来并在生产劳动中体现出来的经验和知识，也泛指其他操作方面的技巧"，二是指"技术装备"。而关于技能，则常被称为"掌握和运用专门技术的能力"，也被称为技艺、才能。

所以，技术包括两个组分：一是基于人的技术，可称为具身的技术，表现为技能；二是基于物的技术，可称为去身的技术。即技能是与人有关的技术，是技术的一部分。

技能层次的研究显示，技能自身也具有层次递进的关系，涵盖新手、高级初学者、胜任、精通、专长、大师、实践智慧七个阶段。

技能中有大量无意识的或尚未经过反思的个人经验，既难以通过语言、文字和符号等进行逻辑说明，也难以通过正规形式在社会中传递，在实践活动中，往往以所谓的"默会知识"方式存在，技师"所知道的"远比他们能说的要多。而且相对于这种默会知识，精确知识的发现离不开默会知识，思维以及科学本身是由远远超越动物智力范围的默会知识指导的。默会知识实际上支配了人类的全部认识活动，是人类获得显性知识的向导。

在大学教育中显性知识得到了成功地传授，而行为和观察以及科学研究中的技艺还处于无法编码和不可言述的阶段，这种默会知识的习得是按照不可言传的实践方式进行的。

深刻理解技术和技能之间随动、伴生、互动的关系，充分认识技术与技能的本质，进而明晰实验学习的特点，更好地体会大学物理实验课程的教学模式和实验教学过程的系统化方式以及本教程的运用方法，自觉培养工程技术人员应具备的创新能力和跨界整合能力。

五、物理实验在物理学发展中的重要作用

物理学的发展是人类进步的推动力之一，物理学的研究内容极其广泛，涉及的时间从宇宙的诞生到无尽的未来，涵盖人们认识范围的尺度，小到 10^{-19}m，大到 100 亿光年或 10^{26}m，相差 10^{45} 数量级。实验物理和理论物理是构成物理学研究的两大支柱，实验物理在推动物理学发展过程中有着明显的重要作用，两者密切相关、相辅相成、互相促进，形象地说恰如鸟之双翼、人之双足，不可或缺。物理学正是靠着实验物理和理论物理两大分支的相互配合、相互激励、相互促进、相辅相成地探索前进。

物理学是自然科学的基础，实验物理则是物理学的基础。当实验上有新的发展或者实验方法有改进、测量精度有提高的时候，每个物理理论都要重新接受验证、检验或修正，使得物理学所探索的各种现象的领域不断地精确和扩大。

（1）诺贝尔物理学奖从 1901 年第一次授奖至今已有百余年的历史，获奖者中因实验物理学方面的伟大发现或发明而获奖的占三分之二以上，由此可见实验物理在物理学发展中的重要地位。

（2）物理规律的建立过程体现出了实验物理的重要性。1924 年法国人德布罗意提出实物粒子具有波动性的伟大假设，这个大胆而美妙的假说就像一道光照亮了最难解开的物理学之谜。但是要被人们接受，还得通过实验的结果来验证。1927 年美国科学家戴维孙和革末通过电子在晶体上的衍射实验证明了德布罗意波，从而打开了量子物理的大门。

历史事实雄辩地说明了实验结果在物理学概念的提出、理论规律的确立及被公认的过程中所占据的重要地位和所起的关键作用。

可以毫不夸张地说，没有实验物理就没有物理学的发展。正是由于实验手段的不断进步、仪器精度的不断提高、实验设计思想的巧妙创新等，才使得人类在认识自然界的历程中不断探索、发现，进而攀登上更高的高峰。

第二节　大学物理实验课程的任务和要求

第四次工业革命的主要特征是技术的融合，消除物理世界、数字世界和生物世界之间的界限，而物理技术、数字技术和生物技术是此次工业革命的三大支撑技术。物理学不仅是工程技术的基础，也是在培养创新人才、现代工程师过程中不可被其他学科所替代的一门学科。作为一名工程应用型技术人员，其物理基础的厚薄影响到他在工作中的适应性、创造性和后劲。

大学物理实验课是高等学校理工科类专业对学生进行科学实验基本训练的必修基础课程，是本科生接受系统实验方法和实验技能训练的开端。

教育部物理基础课程教学指导分委员会在 2010 年颁布了《理工科类大学物理课程教学基本要求》和《理工科类大学物理实验课程教学基本要求》（以下简称《基本要求》），确定了我国高等学校理工科类专业中"大学物理"和"大学物理实验"课程的地位、作用和任务。

《基本要求》中指出，大学物理实验课覆盖面广，具有丰富的实验思想、方法、手段，同时能提供综合性很强的基本实验技能训练，是培养学生科学实验能力、提高科学素质的重要平台。它在培养学生严谨的治学态度、活跃的创新意识、理论联系实际和适应科技发展的综合应用能力等方面具有其他实践类课程不可替代的作用。

一、大学物理实验课程的任务和要求

1. 大学物理实验课程的具体任务

（1）培养学生的基本科学实验技能，提高学生的科学实验基本素质，使学生初步掌握实验科学的思想和方法。训练和培养学生的科学思维和创新意识，使学生掌握实验研究的基本方法，提高学生的分析能力和创新能力。

（2）提高学生的科学素养，培养学生理论联系实际和实事求是的科学作风，认真严谨的科学态度，积极主动的探索精神，遵守纪律、团结协作、爱护公共财产的优良品德。

2. 教学内容的基本要求

大学物理实验应包括普通物理实验（力学、热学、电磁学、光学实验）和近代物理实验，具体的教学内容和基本要求如下：

（1）掌握测量误差的基本知识，具有正确处理实验数据的基本能力。

掌握测量误差与不确定度的基本概念，能逐步学会用不确定度对直接测量和间接测量的结果进行评估。

掌握处理实验数据的一些常用方法，包括列表法、作图法和最小二乘法等。随着计算机及其应用技术的普及，应包括用计算机通用软件处理实验数据的基本方法。

（2）掌握基本物理量的测量方法。

例如，长度、质量、时间、热量、温度、湿度、压强、压力、电流、电压、电阻、磁感应强度、发光强度、折射率、电子电荷、普朗克常量、里德堡常量等常用物理量及物性参数的测量，注意加强数字化测量技术和计算技术在物理实验教学中的应用。

（3）了解常用的物理实验方法，并逐步学会使用。

例如，比较法、转换法、放大法、模拟法、补偿法、平衡法和干涉法、衍射法等方法，以及在近代科学研究和工程技术中广泛应用的其他方法。

（4）掌握实验室常用仪器的性能，并能够正确使用。

例如，长度测量仪器、计时仪器、测温仪器、变阻器、电表、交/直流电桥、通用示波器、低频信号发生器、分光仪、光谱仪、常用电源和光源等常用仪器。

（5）掌握常用的实验操作技术。

例如，零位调整、水平/铅直调整、光路的共轴调整、消视差调整、逐次逼近调整、根据给定的电路图正确接线、简单的电路故障检查与排除，以及在近代科学研究与工程技术中广泛应用的仪器的正确调节。

（6）适当介绍物理实验史料和物理实验在现代科学技术中的应用知识。

3. 能力培养的基本要求

（1）独立实验的能力——能够通过阅读实验教材、查询有关资料和思考问题，掌握实验原理及方法，做好实验前的准备；正确使用仪器及辅助设备，独立完成实验内容，撰写合格的实验报告；培养独立实验的能力，逐步形成自主实验的基本能力。

（2）分析与研究的能力——能够融合实验原理、设计思想、实验方法及相关的理论知识对实验结果进行分析、判断、归纳与综合。掌握通过实验进行物理现象和物理规律研究的基本方法，具有初步的分析与研究的能力。

（3）理论联系实际的能力——能够在实验中发现问题、分析问题并学习解决问题的科学方法，逐步提高综合运用所学知识和技能解决实际问题的能力。

（4）创新能力——能够完成符合规范要求的设计性、综合性内容的实验，进行初步的具有研究性或创意性内容的实验，激发学生学习主动性，逐步培养创新能力。

4. 分层次教学的基本要求

上述教学要求，可通过开设一定数量的基础性实验、综合性实验、设计性或研究性实验来实现。这三类实验教学层次的学时比例大致分别为60%、30%、10%。

（1）基础性实验：主要学习基本物理量的测量、基本实验仪器的使用、基本实验技能和基本测量方法、测量的不确定度及数据处理的理论与方法等，可涉及力学、热学、电磁学、光学、近代物理等各个领域的内容。

（2）综合性实验：指在同一个实验中涉及力学、热学、电磁学、光学、近代物理等多个知识领域，综合应用多种方法和技术的实验。此类实验的目的是巩固学生在基础性实验阶段的学习成果，开阔学生的眼界和思路，提高学生对实验方法和实验技术的综合运用能力。

（3）设计性和研究性实验：根据给定的实验题目、要求和实验条件，由学生自己设计方案并基本独立完成全过程的实验。研究性实验：组织若干个围绕基础物理实验的课题，由学生以个体或团队的形式，以科研方式进行的实验。

二、大学物理实验的基本测量方法

物理实验由三个基本部分构成，即在实验室里人为再现自然界的物理现象、寻找物理规律和对物理量进行测量。因此，物理实验与物理测量有着紧密的联系，在任何物理实验中几乎都含有测量物理量的内容。测量的最终目的是获得物理量的精确值，物理实验的最终目标是探索物理规律，测量不能替代物理实验，而物理实验中必须有测量。

在物理实验中，把具有共性的测量方法叫作物理实验中的测量方法。

一切描述物质状态和运动的物理量都可以从几个最基本的物理量中导出，而这些基本物理量的定量描述只有通过测量才能得到。将待测的物理量直接或间接地与作为基准的同类物理量进行比较，得到比值的过程叫作测量。

物理实验方法与物理实验中的测量方法之间是有联系和区别的。所谓物理实验方法，是指依据一定的物理现象、物理规律和物理原理，设置特定的实验条件，观察相关物理现象和物理量的变化，研究物理量之间关系的手段。而测量方法是指对物理实验中的某个物理量的具体测定方法，即如何根据要求，在给定的实验条件下，尽可能地减小测量误差，使获得的测量值更为精确的方法。可以看出物理实验方法是一个较大范畴中的概念，而物理实验的测量方法则是上述这一大范畴下次一级范畴中的概念。任何物理实验都离不开物理量的定量测量，所以实验方法和测量方法两者之间相辅相成、相互依存。

测量的精确度与测量方法和手段密切相关。同一种物理量，在量值的不同范围采用的测量方法不同，比如高值电阻、中值电阻、低值电阻的阻值测量就需要不同的仪器并采用不同的测量方法获得。即使在同一范围内，精确度的要求不同也可以有多种测量方法，选用何种方法取决于待测物理量在哪个范围以及实验对测量精确度的要求。

随着人类对物质世界更深入地了解，待测物理量的内容越来越广泛、精度要求越来越高，随着科学技术的发展，测量方法和手段也越来越丰富、越来越先进。

1. 比较法

比较法就是将被测物理量与标准量进行比较而得到测量值的方法。它是物理测量中最普遍、最基本、最常用的测量方法。

（1）直接比较测量法：把待测物理量 X 与已知的同类物理量或标准量 S 直接比较，直接读数得到测量数据。这种比较通常要借助仪器或标准量具，例如用米尺测量长度。

（2）间接比较测量法：当一些物理量难以用直接比较法测量时，可以利用物理量之间的函数关系将待测物理量与同类标准量进行间接比较而测量出。比如温度计、电表等，借助一些中间量或将被测物理量进行某种变换，来间接实现比较测量。例如，用李萨如图形测量交流电信号频率就是先将被测信号和标准信号同时输入示波器并转换为特殊的图形后，再由标准信号的频率换算出被测信号的频率。

2. 放大法

在测量中有时由于被测物理量量太小，用给定的某种仪器进行测量会造成很大的误差，甚至无法被实验者或仪器直接感知和反映，此时可以借助一些方法将待测量放大后再进行测量。放大被测量物理量所用的原理和方法便称为放大法。

（1）累积放大法：在被测物理量能够简单重叠的条件下，将它展延若干倍后再进行测量的方法。比如，在转动惯量的测量中，用微秒计测量三线摆的周期时，不是测一次扭转周期的时间，而是测出连续 50 次扭转的摆动时间；单摆测量重力加速度的摆动时间也如此。

（2）机械放大法：利用机械部件之间的几何关系，使标准单位量在测量过程中得到放大的方法。分光计上的角游标以及螺旋测微计都是用这种方法进行精密测量的典型例子。

（3）电学信号放大法：在电磁类实验中，微小的电流或电压常需要用电子仪器将被测信号加以放大后再测量。由于电信号的放大很容易实现，因而这种方法应用相当广泛。

（4）光学放大法：一是被测物通过光学仪器形成放大的像，便于观察判断。例如，常用的测微目镜、读数显微镜等，这些仪器在观察中只起放大视角作用，并非把实际物体尺度加以变化，所以并不增加误差。因而许多仪器都在最后的读数装置上加一个视角放大设备以提高该仪器的测量精度。二是通过测量放大后的物理量，间接测得本身极小的物理量。光杠杆就是一种常见的光学放大系统，它可测量长度的微小变化。

3. 平衡法

平衡态是物理学中的一个重要概念。在平衡态下，许多复杂的物理现象可以用较简单的形式加以描述，一些复杂的物理关系亦可以变得十分简明，实验会保持原始条件，观察会有较高的分辨率和灵敏度，从而容易实现定性和定量的物理分析。

所谓平衡态，其本质就是各物理量之间的差异逐步减小到零的状态。判断测量系统是否已达到平衡态，可以通过"零示法"测量来实现，即在测量中，不是研究被测物理量本身，而是让它与一个已知物理量或相对参考量进行比较，通过检测并使这个差值为"0"，再用已知量或相对参考量描述待测物理量。利用平衡态测量被测物理量的方法就称为平衡法。例如，利用惠斯通电桥测量电阻就是平衡法的典型例子。

4. 补偿法

补偿法也是物理实验中常用的测量方法之一。所谓补偿指的是某一系统若受某种作用产生 A 效应，受另一种同类作用产生 B 效应，如果由于 B 效应的存在而使 A 效应显示不出来，就叫作 B 效应对 A 效应进行补偿。利用补偿的概念来进行测量的方法叫作补偿法。补偿法往往要与平衡法、比较法结合使用，大多用在补偿法测量和补偿法校正这两个方面。

把标准值 S 选择或调节到与待测物理量 X 值相等，用于抵消（或补偿）待测物理量的作用，使系统处于补偿状态，此时的测量系统，待测物理量 X 与标准值 S 具有确定的关系，这种测量方法称为补偿法。

5. 转换法

许多物理量，由于属性关系无法用仪器直接测量，或者即使能够进行测量，测量起来也很不方便且准确性差，为此常将这些物理量转换成其他能方便、准确测量的物理量来进行测量，之后再反求待测量，这种测量方法叫作转换法。

（1）参量转换测量法：利用各种参量间的变换及其变化的相互关系，把不可测的量转换成可测的量。

在设计和安排实验时，当预先估计不能达到要求时，常常另辟蹊径，把一些不可测量的物理量转换成可测量的物理量。有时某些物理量虽然可以测定，但很难精确测量，或所需要的条件苛刻或所需要的测量仪器复杂、昂贵等，如果换个途径，事情就变得简单多了，于是我们可以在一定范围内找到那些易于测量的量，绕开不易测量的量，实行变量代换。比如，利用阿基米德原理测量不规则物体的体积或密度。

（2）能量转换测量法：利用换能器（如传感器）将一种形式的能量转换为另一种形式的能量来进行测量的方法，一般来说是将非电学物理量转换成电学量。

6. 模拟法

模拟法是以相似性原理为基础，从模型实验开始发展起来的，研究物质或事物物理属性或变化规律的实验方法。

在模拟法描绘静电场实验中，就是用稳恒电流场的等势线来模拟静电场的等势线，这是因为电磁场理论指出，静电场和稳恒电流场具有相同的数学方程式。而我们知道，直接对静电场进行测量是十分困难的，因为任何测量仪器的引入都将明显地改变静电场的原有状态。

7. 干涉法

应用相干波干涉时所遵循的物理规律，进行有关物理量测量的方法称为干涉法。利用干涉法可进行物体的长度、薄膜的厚度、微小的位移与角度、光波波长、透镜的曲率半径、气体或液体的折射率等物理量的精确测量，并可检验某些光学元件的质量等。

三、大学物理实验在创新型人才培养中的作用

从科学发展的进程看，人的科学素质有三个主要方面：求知欲望；科学思维和创造能力；严谨的科学作风和坚忍不拔的精神。

人类自从有思想以来，就想认识客观世界，这就是人的求知欲望。科学的形成和发展

过程正是人类永恒的、强烈的求知欲望的结果。

科学的发展依赖于人的思维和创造能力，正如爱因斯坦在《物理学的进化》中所述：科学的发展过程是人类通过思维和观念大胆地探求客观世界的过程。从物理学的发展来看，牛顿时代最重要的成就之一是"场"概念的提出，它揭示了描绘物理现象最重要的不是带电体，也不是粒子，而是带电体之间和粒子之间的"场"。如果没有很强的科学思维和创造能力，"场"的概念是不可能被提出和理解的，"场"的概念摧毁了旧观念，促进了20世纪相对论、量子理论的伟大发现和发展。因此，科学发展史证明了科学思维和创造能力是人的科学素质的核心组成部分。

科学要求人类必须有严谨的科学作风和坚忍不拔的精神。因为在探求客观世界的过程中，实践才是检验真理的唯一标准，科学上的每一个想象，都必须用实验来验证。任何结果不论如何吸引人，假如与实际不符，都必须放弃。科学来不得半点虚伪和骄傲。

科学的发展是无止境的，它既需要研究相关现象之间的相互的一致性来加以类推，又需要将已解决的问题和未解决的问题联系起来，有些共同的特征常常隐藏在外表差异背后，必须有严谨的科学作风和坚忍不拔的苦干精神，才能发现这些共同点，并在此基础上建立新的理论、新的观念和新的方法，促进科学的不断发展。

科学发展的历史长河证明了物理学的起源和发展促进了自然科学各个领域的建立和发展，物理学的思维和观念已渗透在各个学科、各个领域中。例如，21世纪被誉为生命科学的世纪，物理学中的基本观念、基本思维方法，包括实验的误差理论与数据处理的方法都在生命科学领域得到了应用和发展。因此，物理学在培养人的科学素养方面具有十分重要的地位，物理实验是其中的重要环节。

人才科学素养培养的是思维和创造能力，人的思维和创造能力有"硬"和"软"两个方面。

从理论的角度看，"硬"的方面表现为基本概念的掌握、推理演绎的能力、运算的技巧与能力；"软"的方面表现为物理概念的系统理解与深化、比较和综合的能力等。

从实验的角度看，"硬"的方面表现为基本实验技能与动手能力、现代技术的应用水平；"软"的方面表现为实验课题的选择、实验的设计思想和实验方法等。

多少年来，物理实验教学的课程体系和教学内容从"硬"和"软"两个方面培养学生的思维和创造能力，激发他们强烈的求知欲望，树立严谨的科学作风和坚忍不拔的精神。物理实验在人才科学素养培养中起着重要的作用。

第三节　新工科大学物理实验课程的建设

物理学是一门面向理工科各专业学生的重要必修基础课程。大学物理类课程在培养学生的科学素质，包括科学思维方法、科学研究方法和创新精神以及灵活运用数学工具等方面，都具有独特的优势。学习物理及其实验的过程中形成的坚实物理基础、深刻物理思想以及良好的学习能力，是一个优秀专业技术人才必须具备的科学素质。另外，当今世界科技发展速度十分迅猛，越来越多的物理学先进原理被应用于各行业的生产研发领域，对于应用型本科院校培养的人才群体更是需要直接面对生产领域的科学技术问题，具有足够的物理学知识基础就显得尤为重要。

一、专业训练与普及教育的不同

在大学物理及实验课程的学习过程中,将从知识与技能、过程与方法、情感态度与价值观三个维度帮助学习者初步树立工程意识,自觉地探索将物理原理和方法运用于工程技术实际问题的途径;培养从实际出发提出问题、分析问题和解决问题的能力;训练自主学习的方法,培养自主建构知识网络的能力,为终身学习打好基础;更重要的是在受教育的过程中感受专业化训练对工程师的重要性,体会专业教育与普及教育的区别,提高专业素养和科学素质。

任何学科的方法范式和概念术语体系都是经由无数专业工作者千锤百炼所发展完善的严密的符号体系,它不仅沟通时具有精准的特点,还具有交流的高效率。

很多进入大学的新生对物理学充满憧憬和兴趣,头脑中常常有天马行空的奇思妙想。但是,他们需要认识专业的科学工作者与业余的科学爱好者之间的分别就在于能否进入科学共同体。业余科学爱好者所欠缺的不是他们的观点或发现是否正确,而是能否用正确的方式表达和思考。业余科学爱好者最大的障碍就在于他们不掌握学术的术语,其他人要理解他们的概念必须从头梳理,耗时耗力。而且由于他们的思考没有使用精准的概念体系,一个重要概念在思考的过程中其内涵和外延随都可能发生着变化而不自知。

一个没有进入或者拒绝进入科学共同体的业余科学爱好者在一个信息冗余的时代越来越没有价值。任何非专业人士想做出有价值的科学成就和技术发明及工程成就,就得接受专业的学术训练,接受科学共同体的概念术语体系和方法范式。

与高中的普及性教育不同,在大学专业教育中,可以采用比喻、拟人等教学方法,但那只是一个指代,最终要以专业的术语严密地表达和阐述;为了防止表达概念术语的歧义,很多时候应采用生涩的词汇甚至数学的符号或式子来定义,不能因为是应用型专业就忽视专业化的学术训练。在大学物理实验的教学过程中我们应建立对数学和物理的严格性的理解和敬畏,同时在心理上培养对严格性的亲切感,通过实验教学形成专业的概念术语体系和方法范式,并能够用数理逻辑语言去严密地描述我们感觉到的东西。

二、在实验过程中认识精确科学的范式

精确科学所包含的高等数学知识和实验理念已融入大学物理及其实验的教学中。

1. 由经验科学到精确科学

人类的科学、技术、工程已经由经验阶段发展到精确阶段。经验从实践中来,一般以定性为特征,很少采用精确数字描述,基本不用数学知识,至多采用初等数学知识。工业化时代的早期,在企业和工厂,技术人员在生产和管理中,往往以经验为主,这时技能和动手操作往往谈不上精确,但是那些精细的高技能却蕴含了精密的高精尖,这些高技能难以在人群中被模仿和推广。以经验为主要核心技能的生产至少存在 3 个问题:一是由于定性的"经验"往往带有一定的主观性,因而以经验为基础的推理或判断失误概率较大,容易导致错误的结果;二是定性的"经验"导致精确重复实验的难度很大,"经验"和相关技术的传承成为难题,导致大量优秀技术失传;三是在经验科学阶段,定性归纳推理成为主要的推理范式,由于没有采用精确的高等数学进行抽象概括和演绎推理,因而要揭示本质性的自然规律几乎没有可能。

伽利略把数学方法与实验测量相结合,将理论和实验相互印证,开创了现代精确科学的研究范式,它是现代一切自然科学的一般研究范式。该范式要求对实验和理论进行客观、

精确定量，任意可重复地循环对比、修正和提高，从而不断提升理论与实验的精确程度和符合程度，最终揭示宇宙客观规律。

2. 现代精确科学的研究范式

人类能够观察得到薄膜上的彩色干涉条纹应该相当早，但对光的波动性的认识却是在1801年由托马斯·杨的双孔干涉实验确立的，这之间至少隔了几千年。在之前的研究中，人们无法在薄膜彩色条纹的观察中获得在实验室里的人工可控的实验装置和实验手段，也就无法由经验升华为科学原理。托马斯·杨以其奇思妙想的实验装置和对双缝干涉、牛顿环的实验研究，以及菲涅尔等人的努力，最终构建了完善的光的干涉和衍射理论，精确地解释了实验结果。后来科学家们由定量的光的干涉原理剖析薄膜的条纹，建立了两种薄膜的物理模型和相应的能观察到稳定干涉图样的光源模型，从而精确定量地阐释了复杂的薄膜干涉，并认识了普通光源的发光机制。

现代精确科学的研究范式如下，可以循环往复。

（1）精确实验，总结实验规律。

（2）提出假说，定量解释实验规律。

（3）根据假说，利用数学演绎和逻辑推理，获得推论或预言。

（4）对推论或预言进行客观、精确定量、任意可重复的实验检验。

（5）修改理论及假说。

（6）通过实验检验假说和理论。

上述精确科学研究范式由伽利略率先倡导、后人不断完善而成，故也被称为"伽利略科学研究范式"，它是现代一切自然科学的一般研究范式。

3. 精确科学的三个特征

"客观"是指科学实验结果的客观性，即只要实验条件严格一致，实验结果便唯一确定，与实验操作者、实验进行的时间或地点等均没有关系。

"精确定量"要求科学实验必须用数字、函数或微分方程精确定量地描述和演绎。

"任意可重复"是指在时间、体力、脑力、资金、仪器设备等允许的范围内，可任意次重复实验过程。

4. 精确科学对实验重复次数的选取法则

精确科学并没有将"可重复"上升至"无限可重复"，不仅代表实验重复次数的提升，更规定独立科学对实验重复次数的选取法则。从"无限可重复"理性地降至"任意可重复"，表明科学实验的重复次数的有限性和相对性，体现了科学的真实意义所在，也告知了科学的局限性。

在精确科学研究范式中，有一个过程十分苛刻：利用数学演绎和逻辑推理获得理论或预言，并与更精确的实验进行客观、精确定量、任意可重复的反复验证。换言之，精确科学不仅要求实验测量越来越精确，还要求理论越来越能够精确描述、计算、演绎并预测实验规律，揭示实验现象背后的深层物理规律。

所以，在学习物理知识、潜心进行物理实验的过程中，高等数学和物理实验相辅相成，是体会和学习精确科学的基础，在这个体会过程中以大学物理及实验的教学为载体，在获取专业需要的物理知识的同时，更汲取了精确科学的思想和方法。

三、精确实验越来越与微分方程紧密联系在一起

16世纪以后，以微积分为代表的现代高等数学开始诞生并不断发展，为精确科学的发展提供了强有力的支持。可以说，几百年来，精确科学紧紧伴随着高等数学的发展而发展。

高等数学的基本特征：一是高度的抽象性和严密的逻辑性；二是应用的广泛性与描述的精确性；三是研究对象的多样性与内部的统一性。

1. 偏微分方程是某些宇宙真理的数学表达

爱因斯坦的相对论是精确科学的理论典范，其中采用的现代高等数学知识包括微积分、线性代数、张量分析、群论、拓扑学、微分几何等，其所得结论的精确度令世人赞叹不已。迄今为止，诸如"引力红移""光线弯曲"等已得到极高精确实验的验证。2015年9月14日，来自LIGO/VIRGO合作组的三位科学家雷纳·韦斯、基普·索恩、巴里·巴里什通过精确度很高、实验难度极大的LIGO实验直接探测到并且发现了引力波，获得了2017年的诺贝尔物理学奖。

随着精确科学的不断发展，一个又一个宇宙客观真理相继被揭示。人们发现，在时空间中，宇宙客观真理一般由偏微分方程描述。

精确描述宇宙客观真理的是一个个不同类型的偏微分方程。根据不同的边界条件，经过严格且巧妙的数学求解和演绎，便可获得一个又一个科学问题，创造一个又一个人类文明的奇迹。因此，这些偏微分方程当之无愧地被誉为"宇宙客观真理的化身"。

2. 精确科学与实验误差

事实上，精确的实验测量数据与严密逻辑的高等数学演绎，两者将实验与理论进行客观、精确定量、任意可重复地循环验证；而实验数据的测量越精确，重复次数越多，与高等数学精确演绎结果越吻合，越能揭示本质性宇宙客观规律，由此建立的科学理论也越逼近宇宙客观真理。

同时，通过大学物理和大学物理实验的学习能认识到：精确是相对的，不精确是绝对的。所谓精确，是一个相对的概念，并具有鲜明的时代特征。

放大电路的 H 参数模型的几种电路模型，由简入繁，体现的正是电子线路由低频到高频、再到微波，越来越精确的工程发展历程。

数学是精确的，它可无限逼近绝对精确值，然而，当采用数学这一工具（包括大型计算机）计算实际科学问题时，必须建立简化模型，进行近似计算，不可能绝对精确。

由于受仪器设备精确度极限、周围环境变化、人为因素等影响，人类所进行的一切实际科学实验均存在误差，从来没有绝对精确而无误差的科学实验。科学的任务并不是消除误差，而是减小误差，将误差减小至实际应用的允许范围之内。

科学素养的形成，若没有精确科学的训练就缺少了科学理念的核心；创新能力的培养，若没有精确科学的支撑就很难站得高、看得远。对精确科学技术工程的认识不足，将对信息化时代的产业和经济发展造成负面影响。

四、知识与技能

现代认知心理学认为人类后天习得的能力可以用广义的知识来解释。广义知识可分为

陈述性的和程序性的两大类。

1. 陈述性知识与程序性知识

1）陈述性知识

陈述性知识主要反映事物的状态、内容和特征以及变化原因，需要有意识地提取线索，可以用语言陈述的知识，属于反映客观世界"是什么""为什么""怎么样"的知识。

陈述性知识表现为一系列的概念、命题、法则、定理和理论等。比如，"鸟是有羽毛的卵生动物"，这是回答"是什么"的知识。

2）程序性知识

程序性知识是反映活动的具体过程和操作步骤的知识，不需要有意识地提取线索，很难用语言陈述，属于对"怎么做"和"做什么"之类的客观活动的反映，

程序性知识在头脑中的表现与存储方式为产生式，而陈述性知识在头脑中的表现与存储方式为表象、命题和图式。

所谓产生式是指一种"条件-行动"规则，是人能执行的一组内隐的智力活动，简单地说就是关于办事的一系列操作活动的知识，即是由概念、规则构成的操作系统。其基本原理是当一定的条件满足后，就能产生一定的行动。

3）陈述性知识和程序性知识与能力培养

能力是"顺利实现某种活动的心理条件，它表现在人所从事的各种活动中，并在活动中得到发展"。知识的学习，尤其是程序性知识的学习，对能力的发展将起到至关重要的作用。因此，弄清程序性知识的获得方式，就找到了一种具体的可以操纵的培养能力的方式。

认知心理学家把信息在头脑中呈现和记载的方式统称为认知的表征。陈述性知识主要以命题、网络或图式的方式表征，以知识的静态方式储存在个体的头脑中；程序性知识则主要以产生式的方式表征，以知识的动态系统来存储。程序性知识是凭借外部条件而进行反映活动的知识，且这种反映具有快速、独特、灵敏、灵活迁移等特征，充分体现了创造活动的基本特点。

所以，从现代认知心理学的知识来看，程序性知识是创新能力的重要成分，这是由程序性知识的性质、获得、表征和再现决定的。

程序性知识即"关于怎么办"的知识，是问题解决的核心知识，它体现了一个人的创造能力。培养学生的创新能力，不仅要求学生知道"是什么"，更要求他们知道"如何做"，因此，要重求他们视程序性知识对人的思维训练的作用。程序性知识是在陈述知识的基础上内化、转化而来的，是陈述性知识的升华。如何使学生的陈述性知识转化为程序性知识，这是培养学生创新能力的关键。但是，并不是所有的陈述性知识都可以转化为程序性知识。

陈述性知识是创新能力形成的重要基础，程序性知识是创新能力的重要成分。

有效获得程序性知识是高校进行创新型人才培养的必要途径。

2. 程序性知识与技能

现代认知心理学从信息加工的角度认为技能的实质就是程序性知识。

技能的教学应该试图先揭示技能学习的内部机制，站在信息加工论的角度，认为技能的学习也应是一种信息处理的过程，技能的本质就是一种关于如何操作的步骤、程序，与

陈述性知识的学习同属于信息加工，都有某种共性。

1）程序性知识与技能的区别

程序性知识既然属于知识，就应当是解决"知与不知""识与不识"的问题。技能主要指通过练习而获得的符合法则的活动方式，主要是解决"能与不能""熟悉与不熟悉"的问题。知道该怎么做，说明我们头脑中存有关于"怎么做"的程序性知识，但知道怎么做不一定"能做，能熟练地做"，"知"属于认知层面的，而"能"属于实践层面的，两者有差距，"纸上谈兵"属于知道怎么打仗，但不一定能打仗、打好仗。程序性知识对于技能的掌握固然重要，但不是技能本身，真正掌握技能，不仅要求获得程序性知识，而且要求获得活动经验。程序性知识的掌握要求不一定要非常牢固，有些东西只要知道就行了，不一定非得要求非常熟练地掌握，但技能的掌握要求非常娴熟，这是实践的需要。

2）程序性知识与技能的联系

程序性知识属于认知经验，是在实践中形成的；实践技能需要认知经验的指导，否则会走弯路。对于程序性知识与技能的联系，可以用互相支撑来概括。程序性知识的掌握有助于获得技能，技能的获得有助于概括出理性的更合理的程序性知识。技能与程序性知识的交互提升才能从根本上提高人的认识能力和实践能力。只顾技能练习，不总结为程序性知识，不能提高实践能力；只顾程序性知识的学习，而不注重技能训练，不能提高认识能力。不是说所有的技能都要上升到理论高度，都有必要清楚地阐述描绘出来，比如如何"挥手做再见"，就没有必要概括为程序性知识。也不是说所有的程序性知识都要上升到技能的高度，比如，如何做"五位数以上的乘法"，只要知道就行了，没有必要转化为技能。有的认知经验的获得是满足人的需要（如好奇心、求知欲），不需要转化为技能，而有的是为将来的实践做准备，需要转化为实践性的技能而在实践中发挥它的效用。

3. 程序性知识的习得过程

物理陈述性知识是关于"是什么"的知识，主要关于物理的概念、规律、公式、单位等方面；物理程序性知识是关于"怎么做"的知识，是解决问题时的一套操作步骤，主要关于物理技能、算法，以及何时使用物理知识等方面。

获得程序性知识的过程体现了知识学习的连续性和完整性，也体现了能力的养成途径。

1）认知阶段

在学习一种新的程序性知识的初级阶段，学生作为新手主要通过教师的讲解示范，自己的感知、理解来形成对问题的最初步表征。同时，在头脑中形成动作的映向，能进行初步的实践，即获得程序性知识的陈述性形式。此阶段的一个明显特征是学生说出一步或是想到一步，才执行一步，他们对每一步骤都有相当清晰的认识，在出错时能及时纠正，能得到最终的结果。所以，在这一阶段的程序性知识是可以通过纸笔测试进行测量的。

2）联系阶段

在这一阶段，学生的操作从在陈述性知识指导下的一系列操作逐渐转变为不再具有这种陈述性特征的行动步骤。教师指导学生将程序较复杂的技能分解成单个动作进行练习，并将所有单个的动作连锁进行学习。通过多次练习和变式练习逐步减少和消失多余动作、遗漏动作和各种动作之间的干扰。使上一个动作的结果成为下一个动作的刺激，使最初所做的关于该程序性知识的陈述表征转变为特殊领域的程序性知识，并使构成该程序各部分的产生式联结得以增强。

3）自动化阶段

在这一阶段，学生对整套程序性知识的操作变得得心应手，动作的控制以肌肉运动感觉为主，规则完全支配人的行为，并能够根据具体情况的变化，灵活地应用程序性知识进行创造性的实践活动和在实践活动中创造性地使用这些程序性知识。在认知心理学家看来，在第二阶段得以程序化的特定领域的程序性知识，在第三阶段获得了进一步的精致和协调。

随着对程序性知识的掌握，对行为的有意识控制会越来越少。达到这种程度时，人们不再需要对自己的行动做出缜密的思考，也随之丧失了清楚地解释自己为什么做出这些行为的能力。这也是有时新手向专家请教时，专家反而说不清楚其中缘由的原因。在认知心理学家看来，这一阶段实际上是一种辨别的过程。也就是说，某一领域的专家在掌握技能的过程中，会变得越来越善于识别各种条件以及它们之间的细微差别，从而使行动变得越发适宜和精确。

总之，程序性知识的获得分为三个阶段：第一阶段，新信息的输入与建构；第二阶段，通过规则的变式练习，实现概念和规则由组织的初级向组织高度化的发展过程；第三阶段，程序性知识发展到高级阶段，规则达到自动化，并完全支配人的行为。

五、重构应用型工科专业的"大学物理实验"课程

"大学物理实验"课程是高等学校理工科专业必修的基础课程，为各应用型本科专业发展和人才培养目标的实现服务，即以"培养具有现代职业素养、适应地方经济发展和行业技术进步的基层应用型工程技术人才"为根本目标，在"大学物理实验"课程中落实"重品德、实基础、强能力、高素质、善应用"的人才培养模式，以学生为中心、社会需求为导向、能力为本位，构建符合学校定位与培养目标的应用型大学物理实验教学体系。

1. 重构应用型大学物理实验课程的指导思想

新建应用型本科院校面临三种转型任务："专科型""学术型"向"本科型"转变；在"高职高专型"与"综合性理科型"向"应用型"发展；"传统教育型"向"互联网+教育"发展。这三种叠加的转型发展现状迫切需要对原有课程体系进行改革与重组。应用型工科专业以逆向设计正向实施的思路，根据产业发展对人才的需求制定人才培养方案，依据新经济、新技术、新产业对专业建设的需求及产业人才需求的调研，设置课程体系和教学内容。所以，应用型高校的大学物理实验教学中心的建设与发展应适应新工科专业转型发展的需求，"大学物理实验"课程重构的核心是教学内容。

以应用型工科教育思想和学校各专业发展对人才的需求重构大学物理类课程教学内容，并通过对课程内容的筛选、设计、调整与整合，使得教育思想和办学理念得以落实、落细、落小。将"培养规格与行业标准相融合""教学内容与工程实际相融合""教学过程与工作过程相融合""教学场所与真实工厂相融合""教师队伍与工程师队伍相融合"这五个产教融合理念贯穿在课程设置、教学大纲、教学内容、教学方法等方面，筛除陈旧，凝练精华，跨越烦琐的中间曲折过渡陈述，缩短科学理论与工程技术之间的距离，重构课程教学内容；将专业课程里的工程案例作为实例，以知识和能力、过程和方法、情感态度和价值观作为课程重构的核心，并在教学中注重思想、能力、知识三者并重。积极探索和实践理工融合、理工互动的教育教学方式，选拔各专业教师融合到大学物理和大学物理实验教学团队中，并让大学物理教师和大学物理实验教师承担相近的专业课程，形成良性

的互动。

将新工科的教学理念运用到教学的整个过程中,实验项目的教学内容参照工程实践案例,实验教学管理和教学过程尽量贴近工作过程,实验报告吸纳工程方案的特点。建立新工科应用型实验的教学模式,在信息化技术的支持下,解构出实用的工程流程、程序、系统中的物理知识与实验技能,再将其融入实验教学过程中并系统化。通过大学物理及实验的教学,为学生奠定广义工程建模的基础;在分组实验中锻炼良好的协作能力,使学生能够在广义工程活动中与同行以及社会公众进行有效的沟通,在多样性的团队中作为个体、成员或负责人能够有效地发挥作用;具备理解操作说明书和撰写报告、设计文档等能力,培养在专门技术领域进行自主学习和终身学习的能力。

2. 实验课程的解构与重构

目前,按照结构类型的课程有学科知识系统化课程和工作过程系统化课程两种。

1) 学科知识系统化课程

学科知识系统化课程,即基于学科知识结构的课程,是由学科知识构成的、以结构逻辑为中心的学科体系,它以传授实际存在的显性知识(陈述性知识),即理论性知识为主,解决"是什么"(事实、概念等)和"为什么"(原理、规律等)的问题。这是传统课程构成的方式,是所有专业共同的普适性的课程范式。

学科知识系统化课程基于学科知识结构对知识进行排序,追求知识的范畴、结构、内容、方法、组织以及理论的历史发展的有序。按照这样的排序方式进行结构化处理后的课程,本质上是一种基于知识储备的课程。

2) 工作过程系统化课程

工作过程系统化课程是由实践情境构成的、以过程逻辑为中心的行动体系课程,强调的是获取自我建构的隐性知识即程序性知识,主要解决"怎么做"和"怎么做更好"的问题。这是培养应用型人才的一条主要途径。

所谓工作过程是指个体或团队"为完成一件工作任务并获得工作成果而进行的一个完整的工作程序","是一个综合的、时刻处于运动状态但结构相对固定的系统"。显见,工作过程系统化课程正是对课程本质——过程的回归。

工作过程系统化课程以工作过程为参照系整合陈述性知识与程序性知识,关注工作的方式、内容、方法、组织以及工具的历史发展,强调有生命的"机体"(个体)对知识的构建过程,应与"机体"在工作过程中的行动实现融合。它以程序性知识为主、陈述性知识为辅,不再片面强调建立在静态学科体系之上的显性理论知识的复制与再现,而是着眼于隐含在动态行动体系之中的、整合了实践知识与理论知识的工作过程知识的生成与构建。

3) 由学科体系的解构到行动体系的重构

由上可见,学科体系课程的载体以显性知识为主,由于其关注对知识逻辑的排序,呈现的显性知识大都为结构明晰的陈述性知识,虽然也有程序性知识,但很多隐性知识无法展现在课程的教学内容中;学科体系课程的教学方式往往难以从存储知识的模式转变为应用知识的模式。因此,若以陈述性知识为主的教学,往往导致学生在课堂上听得津津有味,课下却不会做作业,因为有很多程序性知识仍被隐藏着没有被学生获得。

实践性知识所面对的"只可意会、不可言传"的内外部话语转化困境,成为专业教育与实践训练难以跨越又必须面对的认知屏障。

程序性知识往往隐匿在工程过程中，学生能够通过工作过程习得。工作过程作为应用知识的结构，关注的是工作的对象、方式、内容、方法、组织以及工具的历史发展。将学科体系课程解构重塑为行动体系课程，就是从一种存储知识的结构走向应用知识的结构。这样，课程的教学过程不再是搭建一个存储知识的仓库，而是构建了一种应用知识的过程。

所以，以工作过程为脉络的实验课程，先解构原先的学科知识系统化课程，将储存在单元、章节中按照学科结构系统化排列的知识点分解出来，将它们分置于预设的工作过程的一系列步骤中，并且以行动体系的视角将那些隐性的程序性知识点尽可能地显露出来，由实践情境构成以过程逻辑为主线的行动体系，实现"怎么做"和"怎么做更好"的目标。

工作过程系统化学习不是简单地复制实际的工作过程，而是对这些客观存在的工作过程予以系统化的教学处理。工作过程系统化课程是综合性的整体结构，教学是在工作过程这一应用知识的整体性结构中展开的，其目的是使学习者在掌握专业能力（学会知识、学会技能）的同时，习得方法能力（学会学习、学会工作）和社会能力（学会共处、学会做人）。在基于工作过程的学习过程中，这三个能力不是分离的，与能力相关的技能、知识、价值观的学习均集成于应用知识的工作过程中。

由此，工作过程系统化课程在教学中将能够避免三种弊病：一是强调了工作过程的实践，却"割裂"了完整的工作过程；二是强调工作任务的完成，却"脱离"了实际的工作过程；三是强调了工作过程的定向，却"照搬"了单一的工作过程。

4）大学物理实验课程的构成

传统的学科知识结构与工作过程结构之间，不是摒弃而是解构与重构的关系：对原有的以存储知识为主的学科体系结构予以解构，在以应用知识为主的行动体系结构即工作过程结构中进行重构。由于突显程序性知识，似乎知识的数量增多了，其实知识的总量没有变化，只是由隐性变为显性，知识的排序方式发生了变化，集成于应用知识的过程之中了。

工作过程系统化是对学科知识系统化进行"有距离观察"，以解放与扩展传统的知识序列课程的视野，寻求现代创新的知识关联与分离的路线，确立新的课程内容定位与支点，凸显课程的应用型教育特色。所以，工作过程系统化课程内容的序化过程，实际上是伴随学科体系的解构而在行动体系中进行重构的过程。

大学物理实验课程借鉴学科知识系统化课程和工作过程系统化课程这两个体系的优势，重构实验课程的教学体系。大学物理实验课程的整个教学过程，以实验项目为教学核心，每一个实验项目就是一个教学工作过程，而在具体的实验项目之前和之后，采用新的学科知识结构布设"大学物理实验基础知识"和"大学物理实验课程复习"，发挥学科知识系统化课程的长处；而每一个实验项目则按照工作过程重构，在实验原理中强调实验的设计思想、实验仪器的实现技术；在实验内容中关注实验方法，凸显实验的特定条件下如何运用一定的技术，达成观察相关物理现象和物理量变化、研究物理量之间关系的技术手段；在实验步骤中突出实验测量方法，思考和训练如何按照一定的规程尽可能减小测量误差，认识获得测量值更为精准的物化的方法、步骤及程序；在实验报告中完成正确处理实验数据的能力和撰写工程方案的能力。整个课程所有的实验项目进行系统化设计，将大学物理实验课程教学的具体任务、基本要求分置于每一个实验项目的教学过程中，构成综合性的整体性结构。

5）系统化工作过程实现多个层次的比较学习

在课时有限的情况下，大学物理实验课程的教学内容不能按照学科知识结构的逻辑来选取，也就是与以往的实验教材以力学、热学、电磁学、光学和近代物理学为主要领域而设置的面面俱到的实验项目不同，也与有些按照基础性、综合性、设计性和研究性实验来设置课程单元不同，本实验课程选择具有可迁移性、可替代性、可操作性的实验项目作为课程载体，虽然实验项目的数量有限，但绝非是杂乱无章的项目、模块等形式的堆砌。这些精选的实验项目分设不同的章，同一章中设置若干个具有比较学习特征的学习情境（实验项目），在一个实验项目中又包含若干个具有比较学习特征的实验内容，所有的实验项目具有相同的实验教学过程。

现代认知心理学认为个体只有通过多次比较学习，才能实现迁移和内化。在比较学习中要在同一范畴或同一参照系框架内进行比较，做到形式同一、内涵同一。在比较学习中工作过程的重复，在于通过"熟能生巧"的训练，习得需要的实验能力。在比较学习中所谓内容不重复，指的是工作过程的对象有差异性或层次性变化。在工作过程同一性的基础上实现针对多个对象的系统化工作过程学习，让学生在比较、迁移和内化的过程中学会思考，学会发现问题、分析问题和解决问题，旨在训练学生思维过程的完整性。这是一种基于方法论的结构设计。

由于实验课程所具有的特点，在大学物理实验课程工作过程系统化设计中，每一个实验项目的整个教学过程中学生学习的时间在 8~12 学时之间，在实验室的实际教学时间一般需要 4 学时。每一个项目的实验内容既有同等层次的"重复"，也有"非重复"的递进式实验内容；等精度测量中一个物理量的测量按照测量的原则要测量多次。这样的教学设计符合工作过程系统化课程的"比较学习三原则"，即比较必须三个以上；比较必须属于同一范畴；比较中重复的是步骤而非内容。在本书中每一实验项目就是一个学习情境，其中，不同实验项目以及同一实验项目中都具有"基础层次——教师讲解，学生照着做""应用层次——教师指导，学生学着做""综合层次——教师引路，学生独立做"这三个层层递进的内容，还预留"创新层次——师生探讨，学生创新独立做"的实验内容。这些在课程教学设计中体现在网上预习、实验操作前期、实验操作后期。

六、新工科应用型"大学物理实验"课程的教学载体

1. 课程载体

课程载体是源于教学任务且具有典型的教学工作过程特征，并经过高于教学工作过程的转换所构成的符合教育教学原理，能传递、输送或承载有效信息的物质或非物质的形体。

课程载体是学习情境的具体化。它包括两个要素：一个是载体呈现的形式，对于专业课程，其载体的形式可以是项目、案例、模块、任务等，而对于基础课程，其载体的形式可以是活动、问题等；另一个是载体呈现的内涵，对专业课程载体的内涵设计，可以是设备、现象、零件、产品等，而基础课程载体的内涵则可以是观点、知识等。

2. 课程载体与思维训练

一般，学习者在大学的初期学习阶段具有两种不同的思维特征：一种是逻辑思维很

强、善于接受符号系统,具有这种特征的人比较能够用符号去推理,但这种抽象思维很强的人却不擅长图像思维;另一种是以形象思维为主的人,乐于在具体情境或氛围中,通过"行动"来学习,但却不擅长抽象思维。在大学后期的高等教育阶段,学习者应同时进行抽象思维和形象思维训练,对于专业人才来说两种思维不应相距太大,这两种思维只偏向一种的极端例子只是个案。一般来说,普通高等教育有两种与思维方式相应的教学方式:

一种是先讲授无形的符号概念,再在有形的情境中通过实验加以验证,即通过"学中做",进而对原有概念加以升华、推论,有可能获得新的无形的概念(技术发明、科学发现),这是一种从规则到案例的方法,其知识获取的路径是"无形→有形→无形"。对于处于逻辑思维很强阶段的学习者来说,比较容易接受这种教学方式。

另一种是先在有形的情境中去做,经过多种类似或相关情境的比较,即通过"做中学",获得非完全符号系统的意义建构,或者实现一定程度的符号建构,进而在新的有形的情境中实现迁移。这是一种从案例到规则的方法,其知识获取的路径是"有形→无形→有形"。处于擅长形象思维阶段的学习者比较适应这种教学方式。

由于信息化技术的发展,课程载体的构成可以是虚拟、仿真和真实这三种类型,比如虚拟仿真实验、多媒体课件、网络课件、网络平台、学习指导书、教材等,这些课程载体极大地丰富了教学的方式和知识获取的路径,也将使两种思维相互促进、相互协调。

在大学物理类课程的教学中,某种原理的教学应从几何图像、数学表达式、物理意义这三个层面上认识,并将这三个层面融会贯通,这样在教学中,偏向形象思维的学习者可以发挥其长处,建立清晰的物理图像与物理意义的对应关系,进而通过几何图像与数学表达式结构的关联,提升抽象思维能力;同样,善于抽象思维的学习者不应因其擅长的优势而忽视数学表达式结构与几何图像的深层对应关系,应丰富形象思维能力,构建几何图像所蕴藏的数学原理和物理意义。

3. 大学物理实验教材与实验教学

重构的大学物理实验课程要在教育学层面解决知识的解构与重构的问题,实现技能与知识的整合;要在方法论层面解决工作的变与不变的问题,实现行动与思维的跃迁;要在技术观层面解决技术的潜在与实在的问题,实现技术与技能的互动。

大学物理实验课程教学设计更加关注整个课程系统化的教学过程,更加关注实验室之外的教学环节。与传统的实验教材相比,工作过程系统化的大学物理实验教材一方面将实验方法和测量方法融入实验的操作步骤中,且在实验内容的程序性步骤中花费更多的笔墨;另一方面,由于强调程序性知识的获得,那些"写"不出来的隐性知识将越显重要。

每个实验项目的工作过程和课程教学的整个过程,在教材形式上可以"写"出来的每一步都是清楚的、高度共性的。而工作过程系统化课程留给学生一个属于其自身并能发展自身的时空,使其能从可以推论、可以掌握的工作过程当中,获得课程设计中无法显性陈述的个性化的经验和策略。学生以个体体验的实际的学习过程,由于个人直觉、个人感知、个人灵感或个人顿悟的差异,导致实际的工作过程是自我的、高度个性化的,由此所产生的属于个体的经验和技能却是无法推论的,具有偶然性,是"写"不出来的。

教学设计是一门连接的科学,它是一种为达到最佳的预期教学目标,如成绩、效果,而对教学活动做出规范的知识体系。工作过程系统化课程就是这样一个知识体系，这一课程设计的目的就在于寻求工作过程与教学过程之间的系统化的纽带，而这个纽带需要教师通过教学设计来建立。

在工作过程系统化的大学物理实验教材中隐含知识、实验原理、实验技术、仪器原理与技术、工具技术与装置技术、规范性技术（技术文本、技术程序），科学→技术→工程的递进脉络也隐藏在课程载体里，这些隐性知识的获得需要教师能够具有更高超的教学能力，合理运行"互联网+"立体化教材，在教学中凸显技能的培养，完成工作过程系统化课程的教学目标。

工作过程系统化课程反对复制技能，反对单纯技能训练，强调综合，强调思维训练。大学物理实验课程与理论课程的不同在于其是工作过程系统化课程，虽然开设的实验项目有限，每个实验项目的具体工作过程的要素不同，但每一个实验项目所负载的思维训练是相对稳定的，也就是每个实验项目的知识不同，知识所承担的技能相对知识可归类；更重要的是在知识验证、技术运用、技能实训中，完成了不变的完整思维训练的过程。

工作过程系统化课程是在教师引导下以学生为主体完成多个不同情境的工作任务，通过完成由易到难的工作任务，提高学生的综合能力。由于工作过程系统化课程较传统学科体系课程具有工作过程完整性、学习目标多元性、能力与心智训练统一性等鲜明特征，对于教师的实践能力、课程设计与实施能力、创新能力等提出更高的要求。

4. 信息化实验教学平台

面向广大学生，以培养和提高学生理论联系实际的思维方式和实践能力为目标，通过建立优质的虚拟实验教学资源共享平台，并将虚拟实验与真实实验相结合、互补，建立虚实结合的教学机制。通过从自主选课、实验预习、实验课堂教学、实验复习、实验考试等环节，形成一套创新的"互联网+"的教学模式。

第四节　大学物理实验课程的教学模式与流程

一、实验室安全管理

1. 实验室安全准入制度

1）实验室安全意识是学生必备的科学素养

实验室安全是校园综合治理和平安校园建设的重要组成部分。创建安全、卫生的实验室工作环境是全体师生员工的共同责任和义务，实验室安全意识是实验管理人员、实验教师和学生必须具备的科学素质。

2）实验室安全"准入制"

实验室安全"准入制"，包括实验室安全知识和实验室规章制度的学习、培训和考试，准入资格审核及建立安全准入人员档案，安全承诺书等内容，并以此作为实验室安全准入的条件。

每位进入大学物理实验室的学生都应在进入实验室前接受实验安全学习和培训，取得进入实验室的资格，并签署实验室安全承诺书。

没有获得实验室安全准入资格的学生，不能进入实验室开展学习和活动。

2. 学生如何获得实验室准入资格

1）学生接受实验室安全培训的方式

（1）新生在入学教育期间参观实验室，参加初步的实验室安全专题培训，接受应急演练，签署实验室安全承诺书。

（2）入学初期，登录实验设备与实验室管理处的"安全知识"学习网站，浏览系统中实验室安全知识和有关规章制度，并结合《实验室安全手册》等资料，完成安全知识的自主学习，参加在线考试。

（3）实验教学第一堂课都须包含安全教育，在实验讲授中强调有针对性的安全注意事项。

（4）在实验学习期间，登录实验中心的网络学习相关的安全知识；在实验教学中，由实验教师在实验环节对需要注意的安全知识进行讲解。

（5）实验室开放期间，由审核学生申请的实验室工作人员和值班教师确认学生的实验安全准入条件，并进行相关的安全教育。

2）实验室安全考试

实验室安全考试分网上在线考试和各学院自行出题进行的专题考试两种方式，学生可以进行多次考试，成绩以最高得分为准。

实验室安全常识在线考试内容包含通用性知识、消防安全知识和专业性安全知识。由考生自行登录"实验室安全常识在线考试系统"进行考试。

3）实验室安全准入资格审核

（1）入学新生每人一册《实验室安全手册》，通过网上自主学习和考试，考试成绩合格后，学生自行打印或由学院统一打印实验室安全考试合格证书，交实验室（课题组）和学院（部、中心）、留档备查，并签订《实验室安全承诺书》后获得实验室准入资格。

（2）只有基础实验课程过关的学生才能够获得进入专业实验室的资格。

3. 大学物理实验教学中心的实验室安全准入

"大学物理实验"课程是大学生第一门实验课程，在通过入学教育的实验室安全考试并签署《实验室安全承诺书》后，在进入实验室之前还需要进行更进一步的安全教育。通过基础实验教学严格、规范的训练，才能获得进入专业实验室的资格，所以第一门实验课程非常重要。

1）大学物理实验室安全工作的特点

（1）实验室类别多，管理难度大。

（2）实验室设备种类繁多。

（3）实验室使用频繁，人员集中且流动性大。

（4）大学物理实验是大学生的第一门实验课程。

（5）大学物理实验教学中心的教师教学和管理工作繁重。

2）实验室安全工作保护的对象

实验室安全防护系统是保证实验室安全的前提条件，是为了将实验室潜在的危险降至最低，以创造健康安全的工作环境。保护对象包括人员的安全、样品的安全、仪器的安全、运行系统的安全及环境的安全。

对于学生，实验室安全至少包括人员的安全、仪器设备的安全及安全防护。

3）大学物理实验室安全管理的内容

安全管理是实验室管理的重要组成部分，实验室安全管理的对象是实验中一切人、物、环境状态的管理和控制，是一种动态管理。因此，实验室安全管理的内容可以大致归纳为实验室及实验设备的安全、实验教学过程的安全以及实验人员的行为安全三个方面。

既要保证实验人员的人身及财产安全，保证实验教学活动的顺利进行，也要确保实验室及实验设备正确安全地使用。

4）大学物理实验室发生安全事故的种类

据不完全数据统计，近些年，因为用电引起的物理实验室事故高达35%，爆炸、烧伤引起的物理事故占43%，操作实验设备不正确引发的事故占8%，因为容器压力引发的实验事故占12%。

（1）电路发生的安全事故：实验人员不按照用电安全规程操作，发生触电事件。实验设备线路老化、维护不到位、没及时修理等引起漏电、短路，造成仪器损毁、火灾、人员损伤。

（2）天气引发的安全事故：比较干燥的天气极易导致易燃物质着火，比较潮湿的天气极易导致实验设备生锈，温差变化大加上潮湿，实验仪器常因放置时间长而出现问题，一些物质的物理特质会受到冷热天气的影响，设备启动后产生不良反应，这些情况就容易产生安全事故。

（3）设备伤人的安全事故：因为学生缺乏安全知识，物理实验时没有做好安全防范工作，有时嬉闹恶作剧，有时精神意识不集中出现四肢无意识的举动，导致安全事故时有发生。不正当的操作和防护措施不充分，对实验人员造成撞伤、脱甩。不遵守操作程序或者实验设备过于老化，致使设备出现问题，使实验人员触电或被火花灼伤。进实验室前没有预习，实验教师讲解实验注意事项时不认真听讲，不了解防范知识，发生诸如眼睛直视激光器光源等违反操作规程的行为。

（4）损毁设备的安全事故：不遵守实验操作规程，导致实验设备被毁坏。实验时漫不经心、用力没有分寸，造成实验仪器的旋钮、开关发生无法修复的物理损坏。粗心大意将电极接反，或者短路致使仪器指针被打断。操作精密仪器时没有按照要求进行多次预演和练习，使得精密仪器无法使用。因为对实验设备的原理和操作的内容预习不到位，没有认识到某些仪器所属配件造成丢失或遗失。

（5）失火失盗的安全事故：最后离开实验室的人员没有关窗、关门、关水、关电；因好奇等原因拿走实验室仪器设备中的小配件，过后没有送回；易爆易燃物品的存放有问题，废弃纸箱里以及实验室垃圾桶不加分别、随意囤积垃圾，没有及时处理实验室堆积的垃圾，所以实验室里的垃圾桶是发生火灾的极大隐患。

（6）环境污染的安全事故：随意放置电子器件和设备造成重金属污染；没有及时驱散实验中产生的有毒有害气体；没有按照《废电池污染防治技术政策》放置购买的新电池和正在实验的电池、处置废旧电池；在进行伴有强电磁辐射的实验活动中没有按照《电磁辐射环境保护管理办法》的规定进行防护；在使用放射源与射线装置过程中发生的事故。

虽然学生实验素养的培养、实验技能的提高总伴随着一定量的实验教学仪器及其配件的损耗，但是还是要分清责任事故和非责任事故，让学生理解实验室安全所包括的对象和内容，严格按照实验规程操作，熟悉安全警示和注意事项的重要性，明晰造成人员伤害、实验仪器损坏、实验样品丢失、环境污染所应承担的责任，牢固树立实验室安全意识是工程技术人员必须具备的科学素质的认识。

二、"大学物理实验"课程的学习程序

1. 实验课程教学的三个阶段

大学物理实验教学分实验基础知识讲授、实验项目教学、实验复习考试三个阶段。

大学物理实验教学按照实验项目进行管理，一般课程的总评成绩包括：每一个开设的实验项目成绩、期末考试成绩。若期末时某学生有一个或一个以上的实验项目没有完成，则该学生的课程总评成绩为不及格。

每个实验项目包括实验预习、实验操作、实验报告三个环节。每个实验项目的成绩包括预习成绩1、预习成绩2、操作成绩、报告成绩。

大学物理实验采用信息化教学模式，在网络技术搭建的自主学习系统的基础上，大学物理实验教学中心建立了网络化的实验教学和实验室管理信息平台，实现了网上辅助教学和智能化管理，创造了学生自主实验、个性化学习的实验环境，具有较为完善的实验教学质量保证体系，这种运行机制和管理方式将逐步实现多样化、分层次的开放式教学。

2. 实验项目的教学程序

一次完整的实验项目教学要经历三个过程：实验预习（简称预习）、实验操作（简称实验）、实验报告。

1) 实验预习

每个实验项目的预习要在进入实验室的前一周开始，利用课外时间完成。应通过阅读实验教材明确本次实验所要达到的目的，以此为出发点，弄明白实验所依据的理论、所采用的实验方法；搞清楚控制实验过程的关键与必要的实验条件；明确实验内容和步骤；知道应如何选择、安排和调整仪器；预料实验过程中可能出现的问题等。在此基础上写出实验预习报告。预习是保证实验教学顺利进行并能取得满意结果的重要步骤。

每一个实验项目的预习一般包括以下两种：一是进入实验预习大厅，进行仿真实验，完成预习试卷，获得预习成绩1（没有配套的仿真实验的实验项目除外）；二是阅读实验教材，撰写预习报告，在进入实验室前，实验教师检查预习报告给予预习成绩2（每个实验项目必须有的成绩）。预习的一般步骤如下。

（1）通过本书第二章的学习，进入大学物理实验教学中心网页，下载《预习系统使用说明》和《预习系统相关软件和使用的说明》，并获悉本学期与自己有关的大学物理实验安排，合理安排自己的时间，规划预习时段。

（2）进入大学物理实验室的前一周，及时查看自己下一个实验项目的名称，做该实验的时间和地点，下载大学物理实验中心网页上公布的与该实验项目有关的资料。

（3）按照预习系统中预习公告的要求进行预习。提前阅读实验教材和参考资料，弄清实验目的，理解实验原理，熟悉实验仪器和实验内容。

（4）在阅读实验教材的基础上，进入"实验预习大厅"，熟悉仿真实验的操作方式，解答预习试卷获得预习成绩1；若网上预习成绩不理想，还可以多次进入实验预习大厅，进

一步掌握仿真实验中虚拟仪器的操作方法和测量要求，再次解答预习试卷，再次获得预习成绩 1。在多次预习成绩 1 中最高分值有效，因而，同学们在进入实验室前须留给自己足够的预习时间，有关预习系统的使用方法将在第二章介绍。

（5）在对仿真实验中虚拟仪器的性能和使用方法有一定了解的基础上，再进一步阅读实验教材，凝练实验内容，形成清晰的脉络（若能够将实验内容和步骤简化为要点或画出框图更好），针对性地关注实验注意事项、仪器操作中的难点。

（6）写出预习报告。

注意：虽然有几个实验项目在预习系统中还没有进行仿真实验，但从预习系统网页中仍能够获得相关的预习资料。对于没有进行仿真实验的实验项目，一定要按照实验教材和预习系统中通知公告的要求，完成预习，并撰写预习报告。

2）实验操作

（1）按照大学物理实验中心网页上的时间安排，按时到对应的实验室，依据组别就坐在编排好的实验桌前，根据"实验项目展示牌"检查仪器，查看仪器的名称和摆放顺序。检查仪器没有缺损后，在"实验项目登记表"中签字；如有缺损，要及时报告教师，并在"实验项目登记表"备注栏中简要说明。

（2）进行实验操作前，教师将进行必要的讲解。在教师做启发性讲解时，特别要注意预习环节没有弄懂的问题，牢记注意事项及特殊规定。

（3）讲解后，教师检查预习报告并给出预习成绩 2，学生按照组别相互配合，严格按照本次实验的内容和步骤进行实验操作。实验过程中，教师将进行抽查、提问，并将其作为评定实验操作成绩的依据。

（4）在实验操作过程中，学生要留心仪器的安装与调整，测量时必须满足仪器的正常工作条件。

（5）整个实验过程中，要对实验原理、方法有整体认识，注意测量与观察，如实记录测量数据（原始数据）和观察到的现象。只有认真预习了，才能在预习报告中设计好表格，记录才不会凌乱。

（6）实验出现问题和疑难时应及时向教师请教，没有得到教师的允许，不同组别的同学不得调整、不得相互"请教"，要保证每个同学实验操作训练的时间；同时，在操作和测量过程中，不同组的同学不能相互交叉帮着进行测量，在没有得到教师许可的情况下，更不能私自更换仪器设备，因为要保证实验是在等精度测量条件下进行的，否则测量数据全部作废。

（7）一般情况下，同组的同学都需要独自完成实验操作和测量。在一次测量中，可以一位同学操作，另一位同学做记录，下次测量时交换。尽量使同组的同学有相同的机会，避免出现依赖或者不均衡的现象。实验数据要记录在预习报告中的表格里，不允许记录在实验教材的表格中，否则教师不签字，所以要认真预习并设计好表格，实验过程中可以修改表格；撰写实验报告时也可以重新誊写实验数据和表格。

（8）实验基本内容测试完成后，数据应交教师审阅并签字批准，上交的实验报告中必须有原始数据和教师的签字，否则本次实验没有成绩。重要的实验数据或自己有疑虑的测量要及时请教教师，再做下一步实验。基本实验内容完成后，可以进行选做部分的实验内容或者自行设计的实验内容。

（9）坚决杜绝抄袭实验数据的现象，一旦发现按考试作弊论处。不允许弄虚作假、编造实验数据，发现编造时，本次实验项目要重做，否则记零分。

（10）所有实验内容完成后，经教师批准后方可将仪器整理复原。学生和教师都在实验项目记录表中签字后，学生方可离开实验室，否则本次实验没有成绩。仪器设备查出有问题，责任由本次同组同学承担。

3）实验报告

实验报告是实验学习的重要环节，是整个实验教学中的主要组成部分。实验报告是实验结果的文字报道，是实验过程的总结。

通过撰写实验报告可以逐步培养撰写科学技术和工程设计报告及工作总结的能力，同时，实验报告还是提交给教师评定实验成绩的主要依据。因此，实验项目结束后，应尽快整理好数据，写出实验报告。书写一份字迹清楚、版面整洁、文理通顺、图表正确、数据完备、结果明确的实验报告是对学生的基本要求。

3. 怎样写实验报告

按照大学物理实验课程教学的基本要求，物理实验课程教学内容应该包含测量误差、数据处理、基本物理量的测量、常用的物理实验方法、常用实验仪器和常用实验操作技术等6个方面。为更好地达到教学目的、完成教学任务，我们将实验报告分为预习报告、实验记录和课后报告三部分。实验报告一律要求用统一的实验报告纸书写。

（1）预习报告的内容如下。

① 实验名称。

② 实验目的。

③ 实验原理，包括简要的实验理论依据，实验方法，主要计算公式及公式中各量的意义，关键的电路图、光路图和实验装置示意图，注意事项等。有些实验还要求写出自拟的实验方案、自己设计的实验线路、选择的仪器等。

④ 实验步骤：扼要地说明实验的内容、关键步骤及操作要点。对于关键的、难度大的步骤可以稍加详细地写出。

⑤ 数据表格：预习报告中画好表格是预习报告最核心的要求，也是实验技能和实验素养训练的重要环节；教材中的表格只是参考，随着实验教学的深入，会逐步提高对设计表格的要求。

⑥ 预习思考题：预习报告在上课前交教师审阅，经教师认可后方可做实验。

（2）实验记录：这部分在实验室里完成，其内容如下。

① 实验仪器（在预习报告里记录实验仪器的编号和型号规格、组别与教学序号）。记录仪器编号是一个好的工作习惯，便于日后必要时对实验进行复查。

② 实验内容与观测到的实验现象。

③ 实验数据：首先要列出全部原始数据，不要擅自修改，一般数据要填写在画好的表格里；数据记录应做到整洁、清晰而有条理，最好采用列表法；在标题栏内要注明单位；数据不得任意涂改；确实测错而无用的数据，可在旁边注明"作废"字样，不要任意划去。

④ 实验结果出来后要让教师签字认可后方可将仪器整理还原。

（3）课后报告。

① 数据处理：按照实验要求对测量结果进行计算，包括计算公式、简单计算过程、作

图、不确定度估算、最后测量结果等。作图应在方格纸或坐标纸上细心绘制。

② 写出实验结果表达式，归纳和总结实验结论。

③ 完成教师指定的思考题。

④ 结尾，分析误差来源（以分析系统误差为主），对实验中出现的问题进行说明和讨论，总结实验心得或建议等。

预习报告、实验记录和课后报告构成一份完整的实验报告。

4. 大学物理实验报告评分标准

（1）使用规定的封面、纸张、格式、装订及规范化地书写（5分）。

（2）有实验目的、实验仪器、实验原理、实验步骤（25分）。

项目名称：（5分）。

实验目的：（5分）。

实验仪器：（5分）。

实验原理：（5分）。

实验步骤：（5分）。

（3）有完整的实验数据（30分）。

完整规范的表格：（10分）。

原始测量的数据：（10分）。

初步的数据处理：（10分）。

（4）有完整的数据处理（30分）。

（5）思考题、讨论、误差分析（10分）。

注：根据不同实验项目的性质、任务和要求的不同，第（3）、（4）和（5）项的分值配置会有调整，但这三项的合分为70分不会变。

5. 实验复习及实验考核

应充分认识到实验预习、实验复习、实验反复训练及实验考试的重要性。

鼓励学生在完成实验室的操作和测量任务后，利用课余时间到实验室多次重复实验。在期末实验考试前，将开放式实验室提供给学生专门复习做过的实验项目。

实验课程有两种总评成绩的核算方式。一是不进行实验期末考试，总评成绩由所做的实验项目平均分决定；二是进行实验期末考试，总评成绩由实验项目、实验期末考试按照一定比例构成。期末考试可分虚拟考试（虚拟实验考试系统）和真实考试（实验室）两种。

实验考试时采用随机抽取试卷的方式，考试试卷包括操作题和问答题或数据处理题。考试内容包含本学期开设的所有实验项目，将每个项目的实验内容细分为考试的操作题，使每个实验台的试题都不同，并且能够在规定时间内完成考试。

三、新工科应用型"大学物理实验"课程的教学模式

1. 采用信息化手段改造实验教学环节

将教学改革聚焦于新工科人才培养目标之下的专业课程体系重构中，明确大学物理类

课程服务于专业人才培养的作用，探索适应于时代发展的教育思想和教学方法，落实到实验教学的各个环节中。

与理论课程不同的是，实验课程往往缺乏理论课程教学过程中的做习题、复习。下面是一个理论教学的学习链条：

(课程预习)→(课堂听课)→(课后温习)→(课后作业)→(考前复习)→(课程考试)

理论课学习，学生可利用教科书课前预习，提高听课的效果，课后可利用笔记和教科书进行复习，消化课程内容，再通过作业训练巩固和检验自己的学习成果。作为教师教学的两个环节，课堂教学可充分发挥效率，考试可客观、准确地把握教学质量。

但以往实验教学不存在这样的条件，学生无法依靠书本进行实验预习、复习和操作训练。实验教学的第1、4、5环节往往被忽略，实验教学仅仅局限在实验室，在实验室学生无法完全消化实验教学的内容，也难以熟练掌握实验技能，实验教学效果不佳。经过采用信息化手段，现在能够实现如下的实验教学环节，提高了教学质量和教学效率。

(实验预习)→(课堂实验)→(实验报告)→(开放实训)→(实验复习)→(实验考试)

以前实验教学的安排就像流水线生产一样，在课堂上学生只能忙于操作，谈不上对学生理论联系实际思维的培养，实验教学缺少学生自主学习的环境；没有实验预习，学生就难以养成带着有准备的手眼、有思想的头脑去做实验。

实践能力的核心是理论联系实际思维的形成，不是简单的操作和技能训练。无论是教还是学，都必须充分认识到实验预习、实验复习、实验反复训练及实验考试的重要性。针对实验教学中缺乏实验预习、实验复习、实验作业练习和实验考试的问题，近几年我们在开创信息化教学手段、提高物理实验教学质量的思路下，建立了开放式的实验教学平台。

2. 网络化管理、信息化教学、开放式学习

立足于开放式教学，建立大学物理实验信息化管理系统，将大学物理教学系统与校园网融为一体。大学物理实验中心所有系统都架设在专属的服务器上，无须建立独立的仿真实验室。以45个仿真实验为依托的大学物理实验教学平台，利用互联网及计算机技术能够为基础较为薄弱的学生开设预备性实验，为学有余力的学生开设提高性实验。学生预习、做仿真实验都可以在宿舍、网吧或学校机房中完成，让学生在时间和空间上都能有自主学习的条件。

实验预习、实验复习和实验操作技能的训练需要在一定的教学平台上进行，在这样的教学平台上形成学生自主学习的环境，在这样的环境中学生自主到开放式的实验室中进行各种实验项目的实验，如验证性实验、设计性实验、综合性实验和开放式实验，这样就可以激发学生的学习热情。

3. 建立分层次、模块化实验教学体系

通过认识工科专业教育目标所需要的知识和能力、过程和方法、情感态度和价值观三个维度来研判大学物理类课程在其间的作用，建立与理论教学有机结合、以能力培养为核心、分层次的实验教学体系。

依据学校发展的总体规划和工科专业的需求，分层次、模块化设置实验项目。课程开设了基础性实验、综合性实验、设计性或研究性实验，这三类实验教学层次的学时比例分别为60%、30%、10%，达到了"基本要求"的指标。同时，按照循序渐进的原则，由易

后难，分批次晋级式地设置实验项目模块。每学年更新一两个实验项目，不受传统实验划分的制约，根据实验的难易程度、前后衔接、教学要求，划分为四个模块（基础性实验、综合性实验、设计性或研究性实验、选修或开放性实验），进行教学的依次轮换。

4. 教学内容注重传统与现代的结合，与工程技术密切相关

根据现有条件，在课程中逐步引进在当代科学研究与工程技术中广泛应用的现代物理技术，例如激光技术、传感器技术、微弱信号检测技术、光电子技术、磁悬浮技术等。模拟企业的工作场景，按照工程教育的理念进行实验教学的过程管理。

重构课程教学内容，筛除陈旧，凝练精华，跨越烦琐的中间曲折过渡陈述，缩短科学理论与工程技术之间的距离，将专业课程里的工程案例作为实例。

5. 在实验教学中培养学生的自主性学习能力

实验教学的预习由学生自主选择时间，实验室中的操作训练包含可选的实验内容，特别是推动学生靠自己提供实验指导书独立完成实验，开放实验，提供学生自主选择的实验项目。

在整个实验教学过程中，逐渐将常用的物理实验方法（如比较法、转换法、放大法、模拟法、补偿法、平衡法、干涉及衍射法）分阶段、分层次，由易到难，逐步教授学生学会使用。

通过仿真实验、开放式实验、物理竞赛等将实验教学活动延伸出课堂和学时外，进入网络和宿舍等更大开放和灵活的环境中。

6. 像对待工程方案那样撰写实验报告

大学物理实验课程采用清华大学朱鹤年教授一整套的不确定度理论，重视测量误差基本知识的教学，逐步传授用不确定度对直接测量和间接测量的结果进行评估，使学生具有正确处理实验数据的基本能力。在实验报告中突出学生对实验现象的观察、对实验问题的分析和总结。

通过撰写实验报告，使学生能够融合实验原理、设计思想、实验方法及相关的理论知识对实验结果进行分析、判断、归纳与综合。掌握通过实验进行物理现象和物理规律研究的基本方法，具有初步的分析、设计及研究的能力。

7. 加强计算技术在物理实验教学中的应用

在学习 MATLAB、Origi、PowerPoint 软件前，学生已经接触过 Excel。利用 Excel 能够很方便地解决实验数据的处理、不确定度的计算、绘制表格、实验数据的图示，并对实验结果进行分析，减少烦琐数据运算的枯燥，防止运算中的错误，节省时间，有效提高学生的学习兴趣和学习效率。

同学们也可以利用网络、慕课等方式自主学习数据处理软件，早日为未来的工作做准备。目前，常见的绘图及数据处理软件有 Excel、Origin、SigmaPlot、Mathematica 等。这些软件在功能上有各自特点，其中 Origin 因其简单易学、兼容性好、操作灵活、界面友好、图形质量精美、数据拟合功能强大等特点，不仅能够进行图标制作和数据分析，而且能制作多种格式的图片，可在多种平台和领域使用，成为科技工作者和工程师图标制作和数据

分析的首选软件。

同时，利用 Excel、Origin 等软件建立大学物理实验项目的快速数据检测系统，能够帮助教师实时检测学生实验数据的准确性，更有效地进行实验教学的过程管理。

8. 建立大学物理实验教学质量保障体系

制定大学物理实验教学的管理制度、实验项目的教案、实验报告规范及评分标准，制定大学物理实验课程质量标准，建立实验项目数据档案，严格保证实验教学各个环节的质量，以达成基本教学目标的实现。

9. 建立多元的实验考核方法

实践教学就要注重各个实验环节，大学物理实验中心制定了一系列的规章制度和考核方式。

手脑并用、学做合一。强调头脑的作用，没有预习就是没有头脑，动手操作大打折扣。通过两次预习成绩的评定，考核学生实验前的网络预习、检查课前预习报告并提问抽查，督促学生带着有准备的头脑进实验室。

在实验室里的实验操作，要求学生注意观察实验现象，学会分析实验过程中的问题，教师将及时监督和提问学生，要求学生当面演示某个操作和测量过程，在实验结束前要求学生摆放好仪器，还原接手仪器时的摆放布局，根据实验操作的表现和测量结果给实验操作评分。

在实验项目成绩中，实验报告与实验操作所占的比例是一样的。应用型人才的培养并不意味着只需懂得操作，而不用掌握实验数据处理和分析的方法。大学物理实验教学重视数据处理和结果分析，将其作为实验重要的组成部分。那种没有不确定度的实验测量结果是不能被采信的，甚至不能作为科学测量。

每个实验项目的成绩由实验预习、实验操作和实验报告组成，每一环节都有严格、规范考核和评判标准，经得起检验，也能够起到独立评判课程学习效果的量度。

期末考试范围包含学过的所有实验项目，将所有实验项目的实验内容以适当的时段组织出一系列的考试操作题。考试试卷既有操作题，也有数据处理和实验分析的问答题。考试前开放实验室，督促学生将所学的实验都搞懂、搞熟、搞透，不留死角。期末考试时，采取学生随机抽签的方式，在规定的时间内完成抽取的试卷，获得期末考试成绩。期末考试也可以采用独立完成新的实验项目的方式进行考核。

鼓励学生参加开放实验项目、竞赛项目、创新创业等项目，参加物理实验兴趣小组，将这些实践活动作为总评成绩的一部分，或者计入创新学分，激发学生的实验兴趣，提高实验教学的效果。

四、实验室的开放

实验室开放是指学校正式建制的各级各类教学实验室，在完成计划内实验教学、科研任务的前提下，利用现有的师资、仪器设备、实施条件的资源，面向全日制在校生开放，为学生提供实践学习条件，充分调动和激发学生学习的主动性和积极性，使学生有独立思考、自由发挥、自主学习的时间和空间，做到因材施教，培养高素质人才。大学物理实验教学中心每学期都会安排开放实验室。

1. 实验室向学生开放的形式

实验室向学生开放的具体形式分为自我训练型、创新实践型、科技活动型等，采用以学生为主体、教师加以启发指导的实验教学模式。

（1）自我训练型：主要采取定期课外开放，学生自我练习提高实践动手能力的方式，适宜教学计划内的实验巩固、实验考试前的复习等。

（2）创新实践型：主要采取校级"实验室开放基金项目"的形式申报立项综合性或设计性开放实验项目，也可根据情况组织开设在实验室的公共选修课。学生通过选修预约的方式进行，结题验收后可按教学计划申请创新学分。

（3）科技活动型：适宜小发明、小制作、小论文等科技活动实验。实验室定期发布科研项目中的开放研究题目，鼓励部分优秀学生或有特长的学生早期进入实验室参与科学研究活动。学生也可根据学科竞赛要求或者结合学生社团活动，联系相应的实验室和指导教师自拟课题开展竞赛、制作、发明等科学实验。

2. 大学物理实验室开放的内容和范围

1）开放大学物理实验教学中心教学平台的仿真实验

（1）面向全校所有年级的本科专业学生。

（2）为高中没怎么做过物理实验的同学开放基础性实验。

（3）为想了解物理实验中的仿真实验、熟悉信息化教学的同学，开设常规仿真实验。

（4）为参加各种竞赛、想进一步学习的同学，开设提高性仿真实验。

2）开放大学物理实验教学中心的实验室

（1）在常规教学之外，面向全校所有年级的本科专业开放实验室。

（2）在常规教学时段，主要开放本学期正在进行的物理实验项目。

（3）在本学期教学任务完成后、大学物理实验考试前，主要开放本学期所有开设的实验项目。

（4）在整个学期，为承担创新项目、开放实验项目、开放实验基金项目以及竞赛等的同学开放与项目相关的实验。

（5）在大学物理实验考试结束后，将开放若干个基础性实验、综合性实验、研究性实验以及提高性实验，供同学们选择。

大学物理实验教学中心每学期初将根据实验设备与实验管理处的统一要求，在校园网和大学物理实验教学平台发布本学期开放实验室的计划和管理措施，在网络公布开放实验室所开放的实验项目和实施方案，同学们可以据此报名参加。

五、大学物理实验课程教学框图

（1）大学物理实验的教学有三个阶段：实验基础理论教学、实验项目教学、实验复习及考核，如图1-1所示。

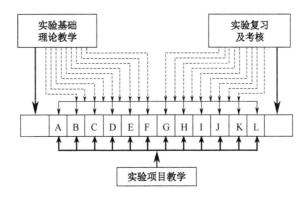

图 1-1　大学物理实验教学整体框图

（2）上述三个阶段相辅相成，实验教学的核心是实验项目的教学，实验基础知识和实验考核贯穿在整个教学过程中，但各自有所侧重。实验基础知识的教学分布框图如图 1-2 所示。

在每个学期开设实验之初，集中讲授实验基础知识；在每个实验项目进行操作训练前的讲解中包含针对性的实验基础知识（数据处理和不确定度评定），并在具体实验的数据处理和分析中学习和掌握这些知识；在后期复习阶段集中进行归纳总结性的提高学习。

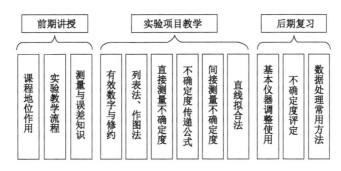

图 1-2　实验基础知识的教学分布框图

（3）实验项目的教学包括实验预习、实验操作及实验报告，如图 1-3 所示。每个实验项目的成绩包括实验预习成绩（一般含预习试卷成绩和预习报告成绩）、操作实训成绩及实验报告成绩。

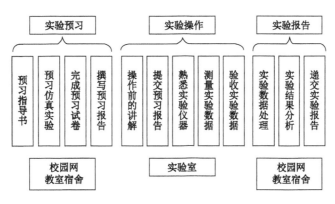

图 1-3　实验项目的教学流程框图

实验预习是利用自主学习平台，充分发挥学生的能动性，在校园网、在自习教室完成实验操作前的学习任务。所以，通过实验教材的学习和仿真实验的模拟操作理解实验原理、熟悉实验内容、了解实验仪器的操作规则，是提高实验室课堂教学效率的有效手段。

（4）实验操作训练不仅仅限定在实验室内，已经拓展到了实验室之外。处理实验数据的基本能力、常用的物理实验方法、常用仪器的性能与使用、基本实验操作技术等构成了大学物理实验教学任务，如图1-4所示。因此，同学们不应简单地认为在实验室内动手操作仪器才是进行了实验学习。

在进入实验室前就需要对实验原理、实验内容有全面的了解，并懂得实验目的与实验方法、实验内容的关联，通过预习系统中的仿真实验的操作、解答预习试卷，对实验项目有更进一步的认知，在此基础上才能在实验室中保持清醒的头脑，将主要精力放在对实验现象的观测和实验操作技术的训练中，而不被测量数据所淹没。

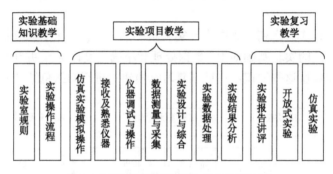

图1-4　实验操作训练贯穿整个教学过程

（5）"物理实验预习自动判卷系统"是中国科技大学物理学实验教学中心教师根据中心的仪器和实验项目研制和开发的，被国际和国内许多高校使用并获得好评。采用这套系统能够使新建本科院校实验教学与名牌高校接轨，为下一步开创自主学习和开放式实验打下基础。图1-5所示为中国科技大学物理学实验教学中心。

图1-5　中国科技大学物理学实验教学中心

自主预习实验与自动判卷系统的特点如下：
① 利用基于组件的仿真实验完成预习题和仪器操作。
② 在网上提交答案，网上自动评判结果，指出错误。
③ 解决了面向大量学生无法进行预习、评判的难题。
④ 为学生自主学习创造了条件，为新的教学模式的实施提供了保证。如果不突破预习的环节，则只能采取照葫芦画瓢式的教学模式。

（6）学生要对课程有整体认识，明确实验教学各个环节中的学习任务。由图 1-6 所示的大学物理实验考核要点可以看出，大学学习与中学不同，更重视课堂教学之前和之后的学习，更强调学生的自主学习和自我管理能力的培养。

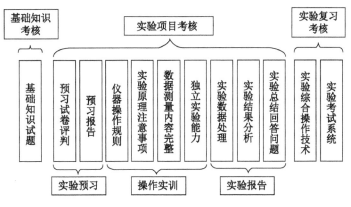

图 1-6　大学物理实验考核要点

（7）大学物理实验教学不仅仅限定在大学物理实验室，也不局限于大学物理实验课时之内，课程学时之外的教学活动框图如图 1-7 所示。

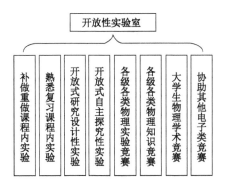

图 1-7　课程学时之外的教学活动框图

多年来，大学物理实验教学中心一直采用预习系统进行实验管理和实验教学，初步实现了物理实验辅助教学和网络化、智能化管理，形成了以实验室实践教学为主体，分层次、模块化的教学模式，实行网络化管理、信息化教学、开放式学习。

六、实验室规则

（1）实验前，必须认真学习教材中的有关内容，仔细阅读实验指导书，明确实验的目的、要求、内容和方法，并按要求做好实验前的准备工作。

（2）必须在上课前进入实验室，在规定的位置听讲和做实验，遵守纪律，不得大声喧哗、吃东西和任意走动，保持实验室内环境的肃静和整洁。

（3）实验前要根据"仪器卡片"检查仪器，如有缺损，立即向教师报告。检查仪器后，要在"实验项目登记表"中签字，并在备注中注明仪器问题。

（4）未了解仪器性能之前切勿动手，使用仪器时，必须严守仪器操作规程，不准擅自拆卸仪器。

（5）按实验方案做好一切准备后，应认真检查，确认无误，经实验指导教师同意后，方可开始实验，对实验数据要认真记录和分析，达到实验的要求后才能结束实验。

（6）应严格按操作规程进行实验，凡使用电源的实验，应请教师检查线路，经允许后方可接通电源。若发现有异常现象或故障，必须立刻断开电源，向指导教师报告，待查明原因、排除故障后，才能继续进行实验。

（7）未经指导教师允许，不得动用与本实验无关的设备、仪器、仪表与工具，不得做规定实验以外的实验项目。

（8）学生应正确使用和爱护实验室的设备、仪器、仪表和工具，特别是仪器面板上的按钮和旋钮要轻按、缓转，对原材料和元器件应注意节约和合理使用，如有损坏和丢失，应查明原因。凡由于粗心大意或违反操作规定致使仪器损坏的都属非正常情况，要追究责任人的责任，按规定赔偿，情节严重的要给予相应的处分。

（9）实验完成后，必须清理所用的仪器、仪表、设备与工具，并将其放回原处，恢复到实验前的状态，认真填写"实验项目登记表"，经教师检查和在"预习报告""原始数据""学生课堂考核登记卡"上签字，并在做完室内清洁后方能离开实验室。

（10）在开放式实验教学以及实验复习及实验考核中，遵照《开放实验室管理办法》和相关管理规定执行。

第五节　科学素养需从人格和思维层面培养

我们常常听到一些人说：学习物理学有什么用？多开设一些专业课程、多讲授一些实用、时髦的技术吧。经过十几年中小学科学教育的高校新生时常将自己学习的动力瞄向四年后的就业，急切地盼望能够清晰认识当前所学的知识、技能与未来所从事工作的直接关联。社会的舆论影响着学子们对数学与自然科学类课程、工程基础类课程的学习态度，以实用取向作为自己学习的动力和兴趣。对实验充满向往的学生，常常困惑实验中非浪漫的操作过程和数据处理。测量这么多数据，枯燥得很、有什么用？望着窗外明媚的阳光，将花样年华消耗在实验室里值不值得？学会了仪器的操作和数据的测量，还得花费不少的精力撰写实验报告，有这个必要吗？

物理实验课程的教学目标包括实验现象观察和过程设计、实验技术和方法的掌握、实验原理和物理概念的理解、实验结果的评估和报告等。

物理实验是人为创造相对理想的实验环境进行物理量的测量的过程，需要借助一定的实验方法和手段才能最终实现。

实验原理和方法包括两个层面：一是理论原理（科学），二是实验方法（技术）。理论原理是指该实验所依据的物理概念、规律等相关物理原理。实验仪器（工程）的工作就是将实验原理和方法转化到具体仪器设备的过程。

一个实验到测量完数据并没有完成，还有最后也是最关键的一步，就是实验数据处理，如果测量的数据没有被合理地解读，整个实验就变得毫无意义，因此实验数据处理是评估整个实验结果不可或缺的重要一环。数据处理包括计算待测的物理量、测量结果的误差或不确定度分析、图示所测不同物理量的数学关系等。每个实验根据实验原理、方法和目的的不同，可以采用不同的数据处理方法。通过最终的数据处理，才可以对实验结果有个基本的判断，并分析产生这些判断的依据是什么，可以引发思考，形成对整个实验的完整认识。

以上这些都仅仅是大学物理实验课程的任务和要求中的一部分，更多的基本要求是独立实验的能力、分析与研究的能力、理论联系实际的能力以及创新能力，还有科学素养、科学作风、科学态度、探索精神和团结协作等非智力因素。这些是无法"写"出来的程序性知识、隐性能力，也就是科学素质和公民素养，是要在大学阶段通过一门一门课程、一项一项实验、一个一个活动、一节一节课堂熏陶、孕育而成的，其就是立德树人、课程育人。

一、人格、思维与认知

人格主要是指人所具有的与他人相区别的独特而稳定的思维方式和行为风格。人格培育是高等教育的必然要求，是通过对大学生的世界观、人生观、科学观和价值观进行优化，最终将其培养成为适应社会需求、能应对职业挑战、建设物质文明和精神文明的人。

1. 自律与他律

自律即支配人的道德行为的道德意志纯由自己的理性所决定，而不受制于外部必然性；与此相反，他律即支配道德行为的道德意志受制于外部必然性而非理性自身决定。

通俗来讲，自律是指在没有人现场监督的情况下，通过自己要求自己，变被动为主动，自觉地遵循法度，用法度来约束自己的一言一行。自律是一种不可或缺的人格品质。他律是指除本体外的行为个体或群体对本体的直接约束和控制，也就是接受他人约束，接受他人的检查和监督。

自律和他律是人在成长过程中逐渐成熟、理性程度的标志。从自律的角度看，中国传统文化主要受儒家思想的影响，而自省思想是儒家理论体系的重要组成部分。同时，传统文化教会我们严于律己、宽以待人。因而，自律在我国任何行为的监控中都是不可或缺的一部分。人格塑造过程中，单独的个体自律程度比较好。然而，一旦众多个体形成群体后，就容易出现群体低智化的倾向，进而做出不理智的行为。

同一个体的自律和他律在独处和群体中的这两种明显的表现形式，应该与原生家庭和成长环境密切相关，也与社会的文化有关。

成长环境若是由血缘关系结成的家族等级结构，会培育注重团体内的和谐统一的品格，个人只有在认可、服从、顺应的关系中，才能获得自己的位置和利益。在以血缘关系为基础的文化中产生的人格，是以人际自我为核心来铸造自己的人格，称为他律人格。他律人格的特点是重视对方，能够替对方考虑，有人情味，然后容易忽视和压抑个性，追逐大流，轻视规则。

成长于非稳固的、多样群体的环境，需靠契约建立关系。在这种环境中生长的个体比较具有闯劲，更关注诚信、公平和正义，强调超越原有的规则，追求更多的效益。在以契约建立起的文化中形成的是以内在自我为核心，生长出人际自我和社会自我的自律人格。这种人格的特点是强调自我和独立性，有进取意识，但忽视人与人之间的沟通，削弱人与人之前的联系，心理容易陷入孤独和空虚境地。

很明显，处于激烈变革的现代中国已不能简单地用稳定的血缘家族环境和诚信规则之下的流动环境来衡量。处于成长之中的年轻人内外之间是割裂的，需要在其成长的过程中，建立自律与他律之间的整合与衔接。

高等学校一方面需要关注个体自律与群体自律之间的关系，另一方面要构建学校、社会和家庭的他律机制；在自律与他律分别加强时，引导大学生在人格监控中由客体他律转变为主题自律，而这种转变应该在大学四年的高等教育和课程教学中完成。

2. 思维方式和判断模式

当以自律人格为主时，思考问题时是从个体出发，从小到大，由个体到整体，体现从个体出发去理解整体的个体本位的思维路线。具有自律倾向的人的判断模式是在事实判断的基础上考虑价值判断。

而以他律人格为主调做事情时，首先考虑到的是家庭等级、群体关系、亲朋远近、利益交换。此时抱持着强烈的地域观念，拥有极强的帮派习性，因而首先被考虑的是价值判断，而不是事实判断。

事实判断以"是"或"不是"为标志，其目的是将事物本身的属性真实地揭示出来，是客观的。价值判断是回答"好"与"不好"的判断，其评价标准在主体方面是主观的，相对的，是伴随着功利的，是因人、因时、因地、因事甚至因情而异的。

理工科学生在自然科学和社会科学的教学过程中，长期沉浸在客观描述、理性思维的熏陶里，应该是比较理性的群体，但由于处于青春期的年轻人的特质，感性和从众心理很热烈。这也导致自律与他律人格在他们身上表现出的双重性和两极化。

利用课程中大量的科学和人文的素养，培育一种为了求知的兴趣和热情而探索真理的精神，一种真理至上的认知态度，对他们的成长和幸福很有必要。

3. 认知模式的转变

处于他律状态的人在发问时倾向于追问"怎么样"（How），不是首先看到事物的因果联系，而是着眼于事物之间的互相关系。所以，他们把握这种联系的手段不是分析，不是纵向追溯，而是横向描述。

而置于自律倾向的人往往能够以内在自我为核心，以理性为支柱，在发问时倾向于追问"为什么"（Why）。其实质是要寻找事物间的因果关系，这是一种纵深的还原论方法，其手段就是分析。其次是以演绎推理（建立在因果联系基础上，由因推果、由果溯因的形式等值转换系统）为主体的形式逻辑；而后是以定理、公式为构架的物理科学（以因果律为骨架，以演绎推理为基本工具）。

前文中我们已经谈到陈述性知识是用于回答"是什么"和"为什么"的知识，表现为一系列的概念、命题、法则、定理和理论等，这属于认识世界。而程序性知识是用于回答"怎么办"的知识，表现为某种操作程序，当程序性知识达到自动化程度，就是技能。这个过程也可以描述为"怎么样"→"为什么"→"怎么办"的认知模式的转变。

二、第一步从尊重规则做起

尊重公共秩序，遵守规则，首先从大学物理实验课程做起。

培养一种优雅的教养，一种对形式感的尊重，也是对自律和公众责任感的培养。想想看，在一个社交场合，最重要的不就是一种恰到好处的自我约束力吗？而这种能力就是从耳濡目染的家教和社会环境里一点一滴学到的。

同学们，我们能否在实验室里保持安静？能否做到从细节上训练自己的修养？总结一下，归纳以下几点：

① 无论是对事还是对人，在没有尊重和相互理解的前提下，不提倡批判和反抗，更不会容忍散漫无礼。言论自由和张扬个性，也是要在没有歧视和对他人人身及情感没有伤害的前提下。

② 重视社交礼仪和相互交流。要积极参与和融入交流，不能在课堂上、实验室不管不顾地玩手机。请不要将废纸乱丢，不要将饮料瓶和吃剩下的食品遗忘于实验桌抽屉里。

③ 要培养一种恰到好处的自我约束力，从耳濡目染的学习和大学的环境里一点一滴学到自律和责任感，孕育一种对形式感、对规则的尊重。

三、立德树人

中国人要在科学技术上领先，首先就需要减少及消除对数学尤其是高等数学在情绪上的排斥，突破对微积分、微分方程等符号体系的陌生感甚至挫败感；要在物理学、物理实验乃至专业实验上获得较高的科学素养，就必须能够驾轻就熟地使用逻辑推理和数理演算的方法，而不能只停留在实验仪器的操作、实验技能的培养、实验现象的观察、实验的口头表述和分析上。

中国的高等教育应该共同努力培育出适宜科学家共同体生长的环境和土壤，大学生毕业后在人格、品格、修养、知识、能力以及创造力等方面应该给予中国社会建设、经济发展提供强有力的支撑，成为引领着中国文明进步的中坚力量。

作为教育工作者应根据学生的智力因素和非智力因素进行学情分析，清楚学生的认知特征、起点水平和情感态度等，选择适当的教学模式和教学方法，并理解和深化现代认知心理学关于知识分类的理论，探讨程序性知识的传授与学习和如何在程序性知识学习中运用好研究性学习来发展学生的创新能力，将有利于促进高校创新型人才的培养。为此，我们应大胆实践，在教学中不断探索、不断研究、不断发展和完善，使程序性知识的研究性学习真正成为高效率教学的一种新模式，培养出更多更好的具有创新意识、创新技术、创新能力的有用人才。

工作过程系统化的大学物理实验课程教学将实现知识与技能、过程与方法、情感态度与价值观这三个维度目标，并在教学中注重思想、能力、知识三者并重。在阐述物理知识、介绍时代背景时对公民素养、科学素质、非智力因素（坚忍不拔、专注持久、执行力、团结协调、组织力、诚信忠心、遵守公德有规则等）进行熏陶和培育。

理工科类课程不局限于知识的传授，以专业知识为载体，在教学中起到课程思政、课程育人的作用。物理学的基本概念和基本原理都蕴含着极其丰富的人文内涵，适当融入爱国情怀、法制意识、社会责任、人文精神、仁爱之心等要素，促进学生人格特征（包容、善良、同理心、爱和关怀、认同感等）的形成，实现知识传授和价值引领相统一、教书与育人相统一。

课程的学习中，教师要给学生创设一种宽松、民主的环境，鼓励学生敢说、敢想、敢为。由于创新活动过程的曲折性与不可预测性，还要培养学生不畏困难、坚持不懈的坚强品质以及善于与人交流沟通的合作精神，因为合作精神是创新的人格支持。教师应倡导学生富有个性地学习，尊重学生的个人感受和独特见解，使学习过程成为一个富有个性化的过程，引导学生体验学习过程的价值，从而掌握程序性知识。

程序性知识的研究性学习以人为本，充分体现学生在教学过程中的主体作用，以引导学生自主探究、自主学习为主要策略，以营造民主、和谐、默契互动的师生关系为主要学习环境，以激励学生主动参与学习和实践活动为手段，有利于培养学生独立思考的学习习惯，激发学生的创新意识，开发学生的创新潜能和创新个性，发展学生的创新能力。

大学物理实验课程是大学第一门实验课程，希望同学们从现在开始在大学的四年里，不仅学到专业知识和技能，而且通过课程的学习也能够汲取其中的人文素养和培育高尚的品格，成为具有学习能力、独立思考能力、自主选择能力、审美能力、战胜困难能力和有使命感的人。

第二章

大学物理实验教学平台概述

第一节 大学物理教学平台简介

大学物理教学平台为大学物理课程和大学物理实验课程的教学服务，是"互联网+"立体化课程载体的组成部分。大学物理教学平台包含"科学计算与模拟平台""智能型远程作业系统""大学物理试题库""大学物理实验教学平台"。

一、科学计算与模拟平台

科学计算与模拟平台是由中国物理学会教学委员会数字物理教学工作室主任、全国首届高校教学名师、华中科技大学李元杰教授带领团队开发的，不仅能够直接用于高等数学、大学物理、计算机基础等课程的教学，而且也能够应用于其他专业课程的教学，是一个通用的数字教学平台。它是利用 VC++和 OPENGL 的结合，二次开发创作的适合高中以上师生学习使用的软件平台。该平台是李元杰教授创造的一种全新的、学习使用高级语言去定量计算和模拟自然科学过程的教学工具，它特别适用于学生进行研究式学习和教师进行创新教育。

科学计算与模拟平台的神奇魅力在于，它面对的学员可以是一个计算机盲，但需具备一定数学及有关学科（如物理、化学等）基本知识，经过短期的培训就能掌握平台的使用并能自编简单的程序。

利用科学计算与模拟平台制作的课件，科学、美观、交互性强，具有较大的创新空间，特别适合学生进行研究式学习、学科竞赛、毕业设计等。科学计算与模拟平台还有一个重要的功效，它能引起学生对计算机的科学兴趣，而不是对上网的迷恋。

二、智能型远程作业系统

智能型远程作业系统（以下简称作业系统）是一套基于互联网的智能型、开放式、跨科目和多层次的远程作业系统工具平台，该系统能够实现题目设计、学生答题、批阅评分、评讲总结、错误跟踪、实验预约、实验签到、实验报告批改、作业管理和成绩统计等环节的全程微机化和网络化。目前，很多高校从大学一年级就开始使用计算机和网络来完成和提交作业，在这个过程中会涉及很多技能和隐性知识，需要在"做中学"，掌握这些程序性知识对后面的学习很有帮助。初次使用"作业系统"的操作步骤如下：

（1）使用"作业系统"的学生，在开课之初，需要登录如图 2-1 所示远程作业系统的主页,从网页上下载"学生系统",在所用的计算机中安装"作业系统",并通过主页观看"学生系统操作方法讲解视频"和"文本、公式、标注输入方式讲解视频"。

图 2-1　远程作业系统主页

（2）启动"学生系统",会跳出图 2-2 所示的界面,输入学生学号和学生口令（默认密码）,单击"确定"按钮。

图 2-2　学生系统登录界面

图 2-3　初次登录的提示

（3）若还没有加入班级,则后出现如图 2-3 所示的提示。

（4）单击图 2-3 所示提示对话框中的"OK"按钮后,系统弹出如图 2-4 所示的界面。根据图 2-4 右侧的文本框提示输入信息。注意：及时修改默认密码,并备份新密码（学生

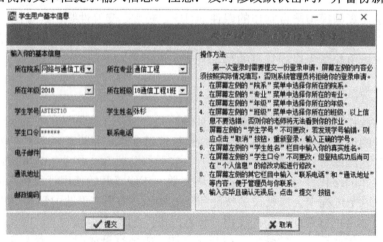

图 2-4　"学生用户基本信息"界面

口令)。

(5)待任课教师审核批准后，就加入了班级，再次启动"学生系统"，输入学生学号和学生口令后，出现如图 2-5 所示的"学生系统"界面，在"功能模块"下拉菜单中选择"选课"。

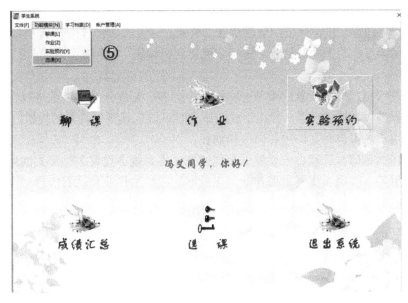

图 2-5　"学生系统"界面

(6)在"选课"界面的上部窗口出现所有课程对应的班级和任课教师，按照操作方法，在"课程名称"处选择课程，在"本学期课表"下选择对应的班级，单击"选入"按钮。

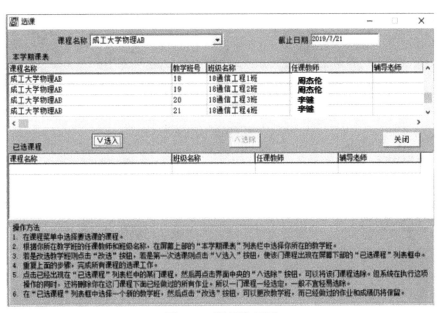

图 2-6　"选课"界面

当所选的班级出现在"已选课程"下面窗口中时就完成了在作业系统中加入班级和选课的设置。完成这些设置后，就可以使用该系统进行"聊课"和做"作业"了。

三、大学物理试题库

大学物理试题库包含大学物理试题库和出卷系统，题库含有 5000 余道试题，有单选、填空、计算三类题型，包含评判的解题步骤与答案，涵盖大学物理所有 A 类知识点和 75% 的 B 类知识点，可针对不同教材章节进行个性化定制编排。大学物理试题库主界面如图 2-7 所示。

出卷系统可根据用户设置的章节分布、题型分布、难度分布等参数进行自动组卷，亦可通过浏览试题手动挑选组卷。导出生成的试卷时可以选择预先设置的模板，导出为 Word 文档，之后用户还可再对文档进行修改和调整。

大学物理试题库与远程作业系统结合能够在学生系统中设置多种形式的题型，并蕴涵详细的试题解答，实现学生网上做作业，也能够完成学生作业和试卷的自动评阅，是学生的自主学习的好帮手。

图 2-7　大学物理试题库主界面

四、大学物理实验教学平台

大学物理实验教学信息化就是以计算机、互联网等信息化技术手段带动实验教学和管理的科学化、现代化，以提高实验教学质量的过程。它是将现代信息技术与先进管理理念相融合，转变大学物理实验教学的方式方法、师生教学互动模式、管理模式、成绩评定模式，重新整合大学实验教学资源，从而有效提高实验教学质量，提高大学生科学素质和实验技能。

大学物理实验教学信息化管理的精髓是信息集成，其核心是依托计算机数据库及其网络平台。数据管理系统把实验教学项目的选择、方案的设计、时间地点的安排、仪器的配置与准备、指导老师的选择、实验报告的撰写与收集、实验成绩的评价等各个环节集成起来，形成师生及管理者共享资源和信息，实行最优化原则来提高现有实验仪器设备的利用效率，充分发挥教师的能动性和积极性，同时在尊重学生的自主性的基础上，激发其学习的兴趣，发掘其学习潜能，从而使大学物理实验教学取得良好的教育教学效果。

常见的教学信息化平台由基础信息平台、选课系统、报告评阅系统、开放式系统、预习系统、考试系统6个系统组成，统一从基础信息平台登录。

大学物理实验教学平台包括基础信息平台、实验预习系统、基于组件的大学物理仿真实验软件、实验报告自动评判系统。

链接211.83.32.166:7100，进入"成都工业学院大学物理实验教学中心"登录界面，如图2-8所示。

图2-8 "成都工业学院大学物理实验教学中心"登录界面

取得资格后，可以进入如图2-9所示的主界面，包含基础信息平台、实验预习系统、实验报告智能评阅系统、仿真实验2010。

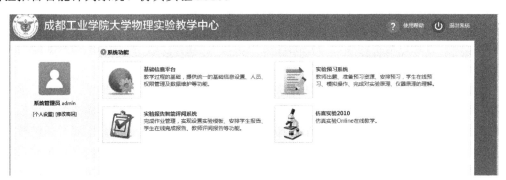

图2-9 大学物理实验教学平台的系统功能

大学物理实验教学中心门户网站可以对外展示实验中心，用于信息发布，便于查询检索，实现协作和共享，为实验教学系统的统一入口。在该网站可进行师生在线交流讨论，以辅助教学工作正常开展。

单击"实验预习系统"图标，进入仿真实验预习系统；单击"仿真实验"图标，进入仿真实验系统。

第二节 大学物理仿真实验

利用信息化技术来丰富教学思想和教学手段，改变传统的实验教学模式，使实验教学与高新科学技术协调发展，提高实验教学水平，这是仿真物理实验的设计思想和目标。

一、虚拟仿真技术的特征

仿真技术是在多媒体、人机交互、网络、通信等技术发展的基础上，将仿真技术与虚拟现实等技术相结合而产生的更高层次的仿真技术。仿真技术具有四个基本特性：

（1）沉浸性。使用者可获得视觉、听觉、嗅觉、触觉、运动感觉等多种感知，进而产生身临其境的感受。

（2）交互性。环境能够作用于人，人也能够以近乎自然的行为（如自身语言、肢体动作等）对环境进行控制，仿真系统还能够对人的操作给予实时反映。

（3）虚幻性。即环境是仿真系统构建的。

（4）逼真性。虚拟环境给人的感觉与所模拟的客观世界非常相像，当人以自然行为作用于虚拟环境时，所产生的反映也符合客观世界的有关规律。

二、仿真实验简介

仿真实验是通过设计虚拟仪器，建立虚拟实验环境。学生可以在这个环境中自行设计实验方案、拟定实验参数、操作仪器，模拟真实的实验过程，营造了自主学习的环境。仿真实验在大面积开设开放性、设计性、研究性实验教学中发挥着重要的作用。

未做过实验的学生通过软件可对实验的整体环境和所用仪器的原理、结构建立起直观的认识。仪器的关键部位可拆解，在调整中可以实时观察仪器各种指标和内部结构动作变化，增强对仪器原理的理解、对功能和使用方法的训练。在实验中仪器实现了模块化。学生可对提供的仪器进行选择和组合，用不同的方法完成同一实验目标，培养学生的设计与思考能力。并且通过对不同实验方法的优劣和误差大小的比较，提高学生的判断能力和实验技术水平。

通过深入解剖教学过程，仿真软件在设计上充分体现教学思想的指导，学生必须在理解的基础上通过思考才能正确操作，克服了实际实验中出现的盲目操作和走过场现象，大大提高了实验教学的质量和水平。在仿真软件中对实验相关的理论进行了演示和讲解，对实验的背景和意义、应用等方面都做了介绍，使仿真实验成为连接理论教学与实验教学的桥梁，建立培养学生理论与实践相结合思维的一种崭新教学模式，为大面积开设设计性、研究性实验提供了良好的教学平台和教学环境。仿真实验自带操作指导，学生可以对实验结果进行自测。

三、仿真实验的教学实践

仿真实验系统提供学生在线学习环境，可以使学生在课前、课上、课后进行自主学习。

大学物理实验教学中心自 2012 年成立以来，一直遵循"以虚代实，以虚补实，以虚验实"的教学原则，已经在 7 届本科学生中连续实施了仿真实验教学，在进行已开设的实物实验项目前，可以在网络上完成仿真实验操作题的预习试卷答卷。除了已经拥有的 50 个仿真实验项目，大学物理实验教学中心还积极开发无法采用实物实验完成的仿真实验项目。

大学物理实验教学中心的仿真实验不仅在大学物理实验课程中的绝大部分实验项目的教学中作为网络预习的必要环节，而且在课程之外、实验室之外的开放实验室项目和活动中向全校师生开放。进入仿真实验系统的操作步骤如下：

（1）根据自己的需要，提出申请，经实验中心安排后，即可在相应的时段取得登录资格，进行仿真实验的学习和操作，并得到评价。

（2）链接 211.83.32.166:7100，进入"成都工业学院大学物理实验教学中心"登录界面，如图 2-8 所示。输入学号和密码，单击"登录"按钮。

（3）在如图 2-9 所示的界面上，单击"仿真实验"图标，就可以进行仿真实验，如图 2-10 所示。

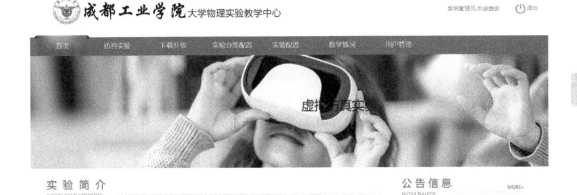

图 2-10　"成都工业学院大学物理实验教学中心"登录界面

（4）若是初次使用仿真实验系统，需要单击图 2-10 界面上的"下载升级"，在如图 2-11 所示的界面中阅读如下提示：

图 2-11　下载升级界面

"虚拟运行环境安装之前请确保您的计算机已经安装了.net Framework 3.5 sp1,否则实验大厅将无法运行,如果您未安装,请单击下面的链接下载安装。"

单击"单击这里下载",下载并安装".net Framework 3.5 sp1"。

然后下载并安装"V4.1"仿真实验系统。

(5)单击如图2-9所示界面上的"仿真实验"图标,在如图2-12所示界面的"所属分类"中选择被授权许可的仿真实验的类型,单击下面要做的仿真实验名称,就打开了如图2-13所示的仿真实验项目界面。

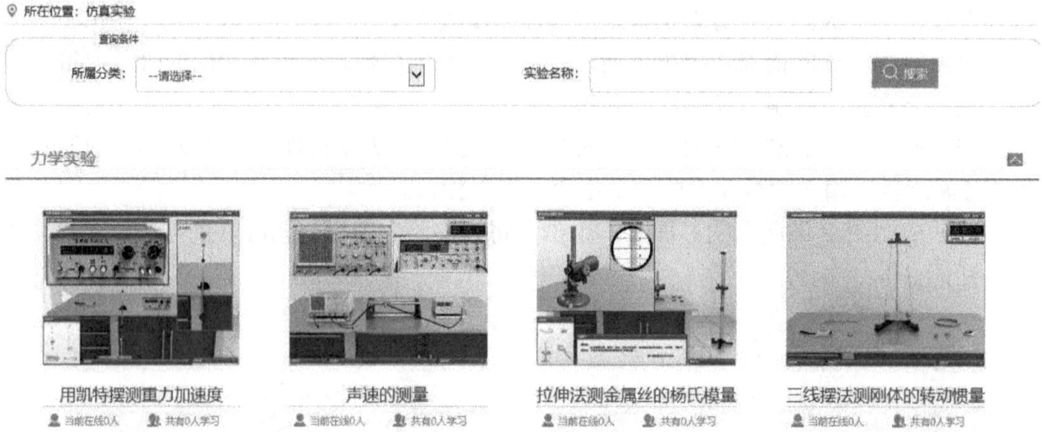

图2-12 选择实验项目界面

(6)在仿真实验项目界面的左侧分列该仿真实验项目的"实验简介""实验原理""实验内容""实验仪器""实验指导""在线演示""实验指导书下载""开始实验"。

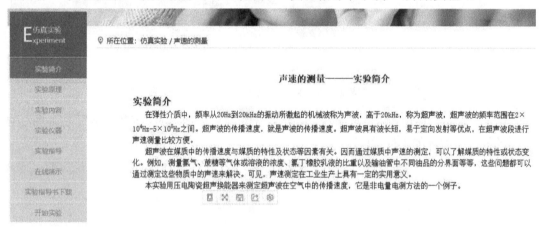

图2-13 仿真实验项目界面

(7)先阅读"实验简介""实验原理",在了解"实验内容""实验仪器"后,再观看"在线演示"获得直观感受;然后仔细研读"实验指导",明确操作虚拟仪器进行仿真实验的具体操作方法,在有一定把握后再单击"开始实验",按照实验步骤完成实验,获得评价成绩。

仿真实验系统通过解剖实验教学过程,使用键盘和鼠标来控制和操作虚拟实验仪器,完成各模块中相应的实验内容。仿真实验系统在设计上,将完成各模块中的实验内容视作问题空间到目标空间的一系列变化,在梳理这些变化的脉络中找出一条达到目标的求解途径,从而完成仿真实验过程。将凝练出的丰富的教学经验编制成教学指导系统,使之能够在实验过程中对学生进行启发和引导。

仿真实验系统给出需要求解的问题,即所需要进行的操作。通过用户接口给出相应的图像、文字和教师指导内容,学习者根据得到的信息进行判断、输入,这些输入的操作信息由预处理部分转化为内部指令,模型接收指令后,在教师指导系统的参与下,运用产生式的规则进行处理,得到相应的结果,然后将结果传输到图像模拟部分,最终以图像和文字的形式显示在计算机屏幕上。同时,教师指导系统根据得到的响应结果,在计算机屏幕上显示出指导信息,学习者通过软件中的教师指导系统和模型算法的交替作用过程完成仿真实验的内容。

目前,大学物理实验教学中心的仿真实验系统中有 50 个实验项目,其中基础实验 2 个、力学实验 7 个、振动与波实验 4 个、热学实验 5 个、电学实验 14 个、电磁学实验 3 个、光学实验 11 个、近代物理学实验 4 个,具体见表 2-1。

表 2-1 仿真实验列表

序号	领域	项目名称	序号	领域	项目名称
1	基础实验	长度与固体密度测量实验	26	电学实验	检流计的特性研究实验
2		误差配套实验	27		直流电桥测量电阻实验
3	力学实验	碰撞实验	28		用补偿法测电池的电动势实验
4		用单摆测量重力加速度实验	29		交流电桥实验
5		用凯特摆测量重力加速度实验	30		太阳能电池的特性测量实验
6		拉伸法测金属丝的杨氏模量实验	31		红外波的物理特性及其研究实验
7		落球法测定液体的黏度实验	32		设计万用表实验
8		用转筒法和落球法测液体的黏度实验	33		整流滤波电路实验
9		液体表面张力系数的测定实验	34		PN 结温度特性与伏安特性的研究实验
10		三线摆法测刚体的转动惯量实验	35		电阻应变传感器灵敏度特性研究实验
11	振动与波	声速的测量实验	36	光学实验	偏振光的观察与研究实验
12		驻波实验	37		迈克尔逊干涉仪实验
13		超声波及其应用实验	38		分光计实验
14	热学实验	不良导体热导率的测量实验	39		干涉法测微小量实验
15		半导体温度计的设计实验	40		单缝衍射实验
16		热敏电阻温度特性研究实验	41		光强调制法测光速实验
17		AD950 温度特性测试与研究实验	42		椭偏仪测折射率和薄膜厚度实验
18		热电偶特性及其应用研究实验	43		法拉第效应实验
19	电磁学实验	动态磁滞回线的测量实验	44		傅里叶光学实验
20		霍尔效应实验	45		光纤传感器实验
21		测量锑化铟片的磁阻特性实验	46		光栅单色仪实验
22	电学实验	基本电学量的测量实验	47	近代物理学实验	密立根油滴实验
23		示波器实验	48		光电效应和普朗克常量的测定实验
24		双臂电桥测低电阻实验	49		拉曼光谱实验
25		交流谐振电路及介电常数测量实验	50		塞曼效应实验

第三节　实验预习自动评判系统

一、打破时间和空间限制的大学物理实验预习系统

从科学的发展、科学素质形成的角度来思考大学物理实验教学，它在培养学生对科学的探索和创造能力以及理论与实验相结合的思维形成上，起着不可替代的重要作用。

但是，实验室和教学学时的限制是长期困惑实验教学的难题，学生课前通过教材进行预习，对实验设备和实验中所遇见的各种现象是很难建立起认识的。在规定的学时内学生不能掌握实验仪器的原理和使用方法，不能对实验进行仔细地消化，有些实验存在严重的"走过场"现象。在大学物理实验教学中，往往由于实验仪器的复杂、精密及昂贵，无法对实验仪器的结构、设计思想、方法进行剖析；学生不能充分自行设计实验参量，反复调整、观察实验现象，分析实验结果；一些实验装置，师生不能同时观察实验现象，进行交流、分析和讨论。

教学信息化的出现打破了教与学、理论与实验、课内与课外的界限，在研究物理实验的设计思想、实验方法以及培养学生创新能力方面发挥着不可替代的重要作用。

大学物理实验预习系统是一个开放式的预习环境，学生可在指定时间内在线预习实验，不受实验室和课时的限制。教师可以根据需要限制学生单次实验的预习次数，能够根据教学要求自动形成预习安排；学生在线预习、模拟操作，完成对实验原理、仪器原理的理解，做到课前胸有成竹；学生实验操作初始状态和测量值都是随机产生的，对应的正确结果各不相同，有效避免抄袭现象。预习系统自动记录学生预习情况，通过专家系统自动评判。教师通过系统了解学生的预习情况，有针对性地调整教学要点。

用仿真实验替代了学生按书本抄写实验步骤、实验原理的过程，促使学生在做真实实验前了解实验过程和仪器的操作，完成一个完整的学习链过程，保证实验教学质量的提升，同时大大减轻了教师批改预习的工作量。大学物理实验预习系统的应用使实验教学实现了学生自主学习，有效避免了课堂实验"走过场"的现象。

二、首次登录大学物理实验预习系统的操作

1. 链接及网址

成都工业学院大学物理实验预习系统可以在校园网和外网登录。

（1）在校园网上输入网址 http://211.83.32.166:8710 可以直接登录物理实验预习自动判卷系统（以下简介预习系统），其登录界面如图 2-14 所示。或者通过图 2-8 所示"大学物理实验教学中心"登录界面进入。

（2）一般采用 IE 浏览器打开预习系统，若有的浏览器不能打开，如图 2-15 所示，则可以试一试其他浏览器或 IE 浏览器。或者在百度搜索中查找"无法加载插件解决办法"，按照说明解决问题。

（3）打开浏览器，输入网址 http://211.83.32.166:8710，在网页上弹出如图 2-16 所示的提示框，单击"这次运行"按钮，或多次单击该按钮。或者阅读文件"Silverlight 安装不成功的解决方案"，按照文件说明进行操作。

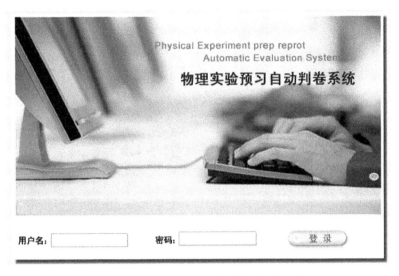

图 2-14　物理实验预习自动判卷系统登录界面

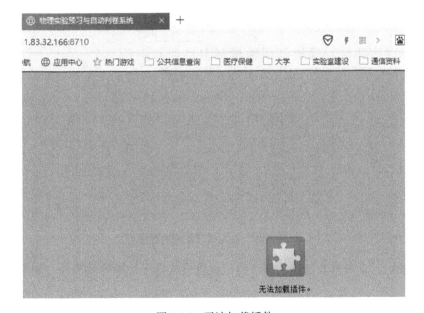

图 2-15　无法加载插件

图 2-16　不要更新，单击"这次运行"按钮

2. 使用预习系统的必要准备

在预习系统中为每一位学习"大学物理实验"课程的同学设置了专属的用户名和密码。首次使用预习系统时需要进行以下三项操作。

1）修改密码

（1）在预习系统中输入用户名和密码，如图 2-17 所示。

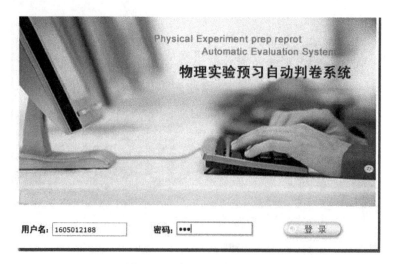

图 2-17　输入用户名和密码

（2）登录后在图 2-18 所示界面的右上角可以看到学生的真实姓名以及通知公告。

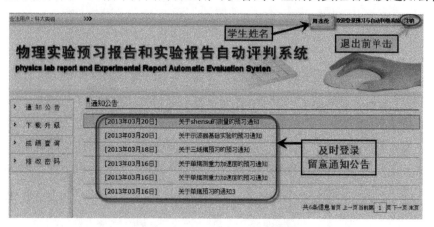

图 2-18　进入预习系统的界面

（3）登录后，首先修改自己的原密码，设置只有自己知道的新密码，如图 2-19 所示。

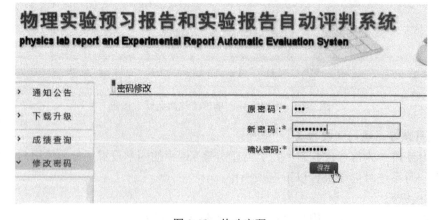

图 2-19　修改密码

2）下载升级

（1）修改密码后，选择"下载升级"选项，如图 2-20 所示，在计算机中确认或按照提示安装.net Framwork 3.5。

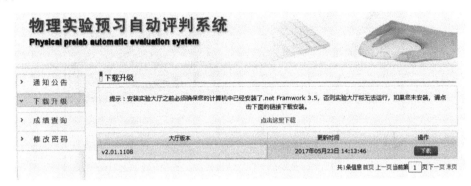

图 2-20　下载.net Framwork 3.5

（2）按照图 2-21 所示，下载并安装实验预习大厅"v.2.01.1108"。

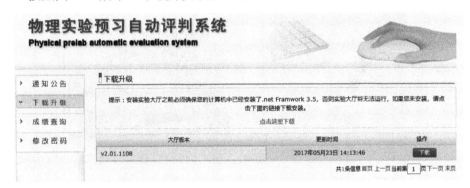

图 2-21　下载并安装实验预习大厅"v.2.01.1108"

（3）安装"v.2.01.1108"后，将在计算机桌面上新添"实验预习大厅"图标，单击该图标，就可以打开物理实验预习报告和实验报告自动评判系统。也可以将"v.2.01.1108"下载到自己的 U 盘里，以方便在校园的任意一台计算机上使用预习系统。

由物理实验预习报告和实验报告自动评判系统网页进入用户界面与由实验预习大厅进入用户界面是有区别的，其内容将在下文中介绍，预习系统指定的某个实验项目是通过"实验预习大厅"进行的。

3）初次进入"实验预习大厅"之前的设置

（1）单击计算机桌面上如图 2-22 所示的"实验预习大厅"图标，进入实验预习大厅用户登录界面，先不输入用户名和密码，单击"网络设置"按钮，如图 2-23 所示。

（2）在如图 2-24 所示的对话框中，填入服务器地址"211.83.32.166"，端口号"8710"，单击"保存设置"按钮。

图 2-22　图标

（3）完成上面的步骤就会弹出如图 2-25 所示的提示框，单击"确定"按钮。进行这三项设置后，就可以使用实验预习大厅了。

图 2-23　实验预习大厅用户登录界面

图 2-24　输入服务器地址和端口号

图 2-25　确认安装实验预习大厅

（4）在实验预习大厅用户登录界面中输入用户名和密码，单击"登录"按钮，如图 2-26

所示，进入实验预习大厅。

图 2-26　登录实验预习大厅

3. 特别注意

物理实验预习自动判卷系统是大学物理教学平台中的一部分，成都工业学院大学物理教学平台包括实验预习系统、大学物理仿真实验、大学物理课程教学资源库、大学物理试题库、大学物理教学互动平台等，这些系统和模块都是拥有知识产权和著作权的，只能在本校内使用，所以请同学们珍惜并爱护学校提供的自主学习平台。

（1）本系统为每位使用者一对一开设，请牢记自己的用户名和密码，切记这个用户名和密码只属于自己学习大学物理和大学物理实验使用，是专属的，是一对一的，数据库中有使用预习系统的记录和诚信记录，保存着成绩。一旦发现被他人使用，将终止使用权。

（2）若发现用户名和密码被盗用，或者忘记了自己的密码，或者无法登录，请立即告知大学物理实验室老师，老师将在第一时间帮助复原，处理后即可用原来的方式登录并及时修改密码。

（3）只有学习大学物理课程和大学物理实验课程的同学及授权访问的用户才能够进入物理实验预习报告和实验报告自动评判系统、实验预习大厅。

只有在学习大学物理实验课程阶段才能登录预习系统。为了保证此系统的流量和正常运行，学习课程之前和之后，除非特别申请，学生一般无法登录系统，如图 2-27 所示。

（4）由于学习大学物理实验课程的班级多，每个班级做实验的时间和地点都不相同，为了便于管理，预习系统有其运行方式，需要对其进行了解。

（5）请注意，只有进入实验预习大厅才能进行预习。从物理实验预习报告和实验报告自动评判系统中登录是不能进行预习的。

（6）若采用新版的预习系统，将采用"虚拟实验环境"替代"实验预习大厅"，届时只需按照图 2-11 所示下载安装"虚拟实验环境"即可。

物理实验预习自动评判系统界面和实验大厅界面分别如图 2-28 和图 2-29 所示。

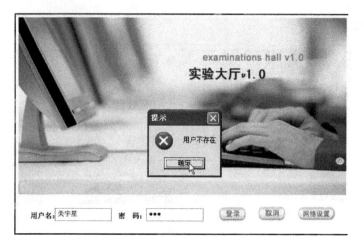

图 2-27　没有被授权访问的用户

图 2-28　物理实验预习自动评判系统界面

图 2-29　实验大厅界面

从图 2-28 和图 2-29 中可看出两者的区别：一个有"下载升级"和"修改密码"功能，另一个则有"在线预习"功能。

因此，当需要下载"预习实验大厅"软件和修改密码时，需要登录物理实验预习自动评判系统，若只是进行实验预习，则只需在保持上网状态下，打开预习实验大厅界面即可。

（6）单击"通知公告"，将弹出如图2-30所示的"公告详细"提示框，了解预习安排。

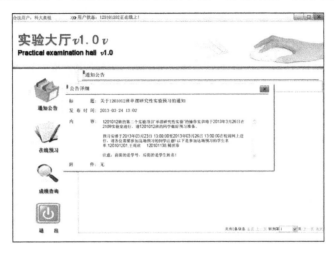

图2-30　实验大厅中通知公告的"公告详细"提示

到实验室进行实验操作实训之前，每个实验项目都需要预习，系统将根据不同班级在不同地点进行不同的实验项目，安排每位同学进行某项实验预习的时间段。只有在某个实验项目预习的时间段内，该同学才能使用实验大厅进行实验预习。

一般，在到实验室进行操作实训的前五天，将会在通知公告中告知进行某个实验项目预习的时间段（从×月×日×点×分至×月×日×点×分）。只是需要学生发挥自我管理的能力，合理地安排预习的时间和地点。

如果目前没有预习任务，将在"在线预习"界面中发现是空白的，如图2-31所示，但学生可以在"通知公告"中浏览一般的信息通知；若有预习任务，则可在"在线预习"界面中看到相关信息，但只有到了属于预习的时间段，才能进行预习。

图2-31　没有预习任务的学生的"在线预习"界面

（7）预习有两种类型：实验教材的预习（根据教科书撰写预习报告——与在实验室里的实验契合）和网络仿真实验预习（在实验预习大厅里完成仿真测试解答预习试卷——获得网上的预习成绩）。实验预习应独立完成，先阅读实验教材，熟悉本次实验的原理、实验内容及操作方法后，再进行网上预习。实验大厅以仿真实验为核心，仿真实验仪器型号不一定与实验室的仪器设备一致，但原理相同，能加深对实验的理解；通过仿真实验可以接触更多的仪器设备，对开阔视野是有帮助的。

（8）预习试卷是评判预习成绩的一个重要因素，也是实验课程总评成绩之一，占有一定的比例，请认真对待。若发现或查知预习过程中的作假行为，实验成绩将受到影响，情节严重的将封闭或注销该用户。

三、使用实验大厅预习实验的操作

（1）双击计算机桌面上的"实验预习大厅"图标，在实验大厅界面中输入用户名和密码。若计算机桌面上没有"实验预习大厅"图标，则需要从物理实验预习报告和实验报告自动评判系统登录，进入网页后下载".net Framwork 3.5"和"实验预习大厅"两个软件。

若计算机中已经安装了实验预习大厅并进行了网络设置，则无须进行网络设置的步骤，直接开始下面的步骤即可。

（2）选择"在线预习"选项，查看与自己有关的实验项目的预习。若是一般用户或这段时间没有安排实验预习，则在"预习列表"中是没有内容的，如图 2-31 所示。

若近期要做实验，则"在线预习"中的"预习列表"中会出现与此有关的预习安排。对比图 2-31 与图 2-32，当没有预习内容时，要查看通知公告，确认所在班的预习时间和具体的实验操作时间安排。

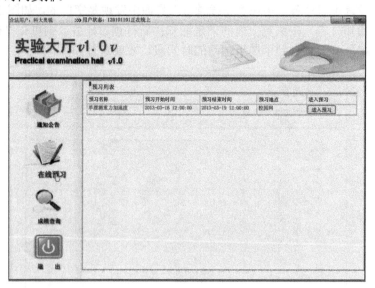

图 2-32 在"预习列表"里会显示与自己有关的近期预习安排

（3）单击图 2-32 所示界面中的"进入预习"按钮，如图 2-33 所示。

图 2-33　单击"进入预习"按钮

（4）即便有实验预习安排，若还没有到指定的时间，则单击"进入预习"后将弹出如图 2-34 所示的对话框。

图 2-34　提示对话框

（5）单击"确定"按钮，将会显示"预习等待页面"。若实验预习的时间还没有开始，则界面中的"进入预习"按钮是隐显的，如图 2-35 所示，所以请确认自己能够预习的时间段。

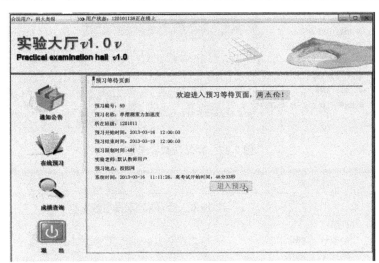

图 2-35　预习时间未到时"进入预习"按钮是隐显的

（6）若正处于预习时间段，则进入后考试会开始并计时，如图 2-36 所示，单击"进入预习"按钮。

（7）单击"进入预习"按钮后弹出如图 2-37 所示的提示框，说明这是第几次预习，还剩下几次；若超过预设的预习次数，即便预习时间还没有截止，也不能再预习了，如图 2-38 所示。

（8）单击图 2-38 所示界面中的"进入预习"按钮后，就会进入"操作指导"界面，自动播放本实验的"实验简介""实验原理""实验内容""实验仪器""实验指导""参考资料""思考题"。

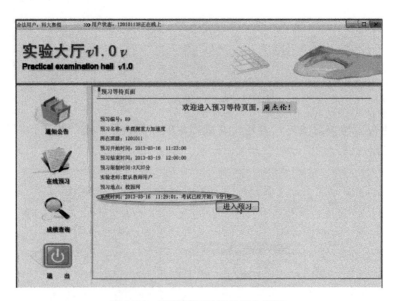

图 2-36　查看预习时间并进入预习

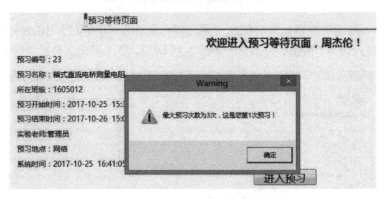

图 2-37　预习次数提示框

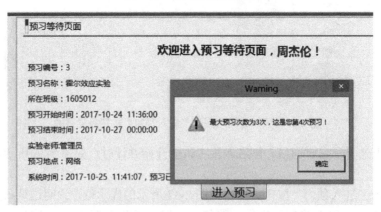

图 2-38　超过设定的最大预习次数时的提示框

在试卷界面上方显示离预习截止时刻的剩余时间以及学号、班级、姓名。试卷中有选择题、判断题、填空题和操作题。最重要的是操作题，操作题下有"进入实验"按钮。

单击实验仪器中的设备，会弹出该设备的提示框并介绍该设备及使用方法，按键盘上的 F1 键，调出实验的帮助文件，按照实验指导进行操作。

做完仿真实验后提交试卷，所完成的试卷将会展示出来，每题的得分看得清楚，帮助学生进一步分析试卷中的题目。

查阅预习成绩。预习试卷的成绩可以有多种查阅方法，其一是直接从实验大厅"成绩查询"中查到，其二是登录预习系统查询。

如果对自己的预习成绩不满意，还没有到预习截止时间，则还可以在预习次数内，再做预习试卷获得另外的成绩。系统会记录每一次的预习成绩，系统会采用最好的预习成绩。学生也可以在系统中查到多次预习后的成绩，查阅预习成绩时，系统显示的是最好成绩。

注意：进入预习系统页面后，下载《预习系统使用说明》和《预习系统相关软件和使用的说明》的 PDF 文档，严格按照文档的说明进行操作，上面的内容只是这两个文档的一部分。

第三章

测量的不确定度与数据处理

第一节 测量与误差

一、测量

科技研究、产品制造、物资流通与质量管理都离不开测量，测量涉及人类活动的一切领域。

为确定待测对象的量值而进行的实验过程称为测量。

物理实验就是借助仪器将待测物理量同一选作单位的标准物理量进行直接或间接比较来确定它们间的倍数关系，从而得出待测物理量的量值。所以，测量是物理实验的基本过程。

量值一般是由一个数乘以计量单位所表示的特定量的大小。

测量对象（所选定的物体或物理量）、测量单位（定量标准）、测量方法和测量不确定度（测量结果可信赖的程度）被称为测量的四要素。

测量的基本分类如下。

1. 按测量方法分类

（1）直接测量：用测量仪器直接读出待测量值的测量。

例如，用米尺测长度、用天平称质量、用秒表计时间等。

（2）间接测量：利用某些原理和公式，由直接测量得到的若干物理量推算出待测量值的测量。

例如，测量钢柱密度时，可先直接测量钢柱的高、直径和质量，再根据密度公式计算出。

2. 按测量条件分类

（1）等精度测量：在测量人员、仪器、方法、环境等测量条件不变的情况下进行的多次重复性测量。另外，在实际测量中，若某些次要条件变化后对测量结果无明显的影响，则一般也按等精度测量处理。

（2）不等精度测量：测量中，只要其中一个测量条件发生变化，就变成不等精度测量。

3. 按测量结果的情况分类

（1）绝对测量：为进行测量须规定一些标准单位，如选定长度的单位为米、质量的单位为千克、时间的单位为秒、电流强度的单位为安培等国际单位制中的单位。凡利用与这些作为标准单位的标准量进行比较而得出待测量绝对大小的测量即为绝对测量。

例如，尺子量度物长、天平称质量等。

（2）相对测量：测量结果仅给出待测量与标准量之间的差值或比值的测量。

例如，波长的相对测量，可通过对两种波长的牛顿环测量，由一已知标准波长相对地测出另一未知波长。

4. 按测量过程中物理量的状态分类

（1）静态测量：指测量过程中待测物理量是不变的或者在相当程度上可以认为是不变的。

例如，物体长度测量和质量测量。

（2）动态测量：指测量过程中待测物理量是随时间变化的。

例如，测量加热过程中各时刻物体的温度。

物理实验中不仅要明确测量对象，选择恰当的测量方法，正确完成测量的各个步骤，还要学习误差理论和数据处理的方法，能够对多数测量表示出完整的测量结果。

二、误差

误差的普遍性：由于测量仪器不准确、原理或方法不完善、环境条件不稳定、人员操作不熟练等原因，任何测量结果都可能存在误差。

大量历史事例以及误差的普遍性要求我们：必须重视对测量误差的分析，重视不确定度评定，注意结果表示的完整性。

虽然一般因不知道真值而不能计算误差，但是可以分析误差产生的主要因素，能够减小或基本消除部分误差分量对测量的影响。对测量结果中未能消除的误差影响，要估计出它们的极限值或表征误差分布特征的参量，如标准偏差。

1. 误差的定义

任何物质都有自身各种各样的特征，反映这些特征的物理量在某一时刻、某一位置或状态下的效应体现了客观的真实数值，称为真值。

真值是一个理想的概念，通常一个物理量的真值是不知道的。我们进行测量的目的就是要力图得到真值。但在实际测量中，因各种原因，如测试者的操作、调整和读数不可能完全准确，实验理论的近似性，仪器结构不可能完美无缺，环境的不稳定性等，待测量的真值是不可能测量得到的，测量值与真值间总会存在着或多或少的差异。

我们把测量值与真值之差称为误差。若测量值为 N，真值为 N_0，则误差

$$误差 = 测量值 - 被测量真值$$
$$\Delta N = N - N_0 \tag{3-1}$$

ΔN 反映的是测量值偏离真值的大小和方向，因而被称为测量的绝对误差。

这个定义百年未变，实用中多产生歧义，容易误解。真值是理想概念，一般不能用于计算误差。

2. 误差的表示形式

1) 绝对误差

绝对误差表示测量结果 N 与真值 N_0 之间的差值以一定的可能性（概率）出现的范围，以及真值以一定的可能性（概率）出现在 $N-\mathrm{d}N \sim N+\mathrm{d}N$ 区间内，它表达了测量值对真值绝对值偏离的程度。

显然，绝对误差除大小之外，还有正负（方向）。但仅根据绝对误差的大小，而不考虑测量值的大小是不能比较不同测量结果的可靠程度的。相对误差则能显示测量误差所占的分量，因而能更直观地表示测量结果的可靠程度。

2) 相对误差

把

$$E_\mathrm{r} = \frac{\Delta N}{N} \times 100\% \qquad (3\text{-}2)$$

称为测量的相对误差。

例 1：测量一 1000cm 的长度时，绝对误差为 1cm，测量另一 100cm 的长度时，绝对误差也为 1cm，前者的相对误差为 0.1%，后者的相对误差为 1%。尽管它们的绝对误差相同，但显然前者比后者更可靠。

由于真值不可能测得，往往用准确度足够高的实际值来作为待测量的约定值，称为最佳估值或约定真值。绝对误差和相对误差中的 N_0 一般以测量量的算术平均值 $\bar{N}$ 来代替。

3. 误差的分类

根据误差的性质及产生的原因，可将误差分为系统误差、随机误差和过失误差三种。实验数据中，三种误差是混杂在一起出现的，但必须分别讨论其规律，以便采取相应的措施去减少相应误差。

基础实验中应主要掌握随机误差和系统误差，它们的性质不同，应分别处理。

1) 系统误差

重复测量中保持或以可预知方式变化的测量误差分量称为系统误差，简称系差。

这种误差，在测量过程中对结果的影响总是朝着一个方向偏离的，其大小不变或按一定规律变化。

例 2：电流表未调零，无电流时示值已是 0.03mA，测量产生+0.03mA 的系差。

（1）系统误差的来源。

① 仪器误差：所用量具或装置的不完善、仪器的固有缺陷或未按规定条件使用而引起的误差。如刻度不准、零点未调好、砝码未校准、天平不等臂、20℃标定的标准电阻而在 30℃下使用等。

② 方法误差（理论误差）：实验原理不够完善、测量理论公式带有近似性、实验条件不能达到理论公式所规定的要求、测量方法不完善或因对影响实验结果的某些因素不清楚而引起的误差。如单摆测周期，其理论公式成立的条件是摆角趋于零，而在实验测定周期时，又必然要求一定的摆角，再加上公式中未考虑空气浮力和摆线质量等影响因素，这就决定了测量结果必然有误差。

③ 环境误差：外界环境条件如光照、温度、电磁场、压强等规律变化的影响而引起的

误差。如环境温度随时间而升高。

④ 个人误差：观察者生理或心理特点以及不良习惯或偏向而引起的误差。如使用秒表时常常超前或滞后，读仪器刻度时常常偏高或偏低。

系统误差经常是一些实验测量的主要误差来源。由于它的出现一般有较明显的原因，也都有某种确定的规律，因此在设计实验时应设法考虑减少或消除它的影响；在实验前还应对测量中可能产生的系统误差加以充分地分析和估计，并采取适当的措施使之降低到可忽略的程度；做完实验后应设法估计未能消除的系统误差之值，对测量结果加以修正。分析系统误差的来源和减小系统误差是实验教学中重要的内容，更是实验报告要讨论的问题。

（2）系统误差包括已定系差和未定系差。

① 已定系差——符号和绝对值已经知道的误差分量，要做修正。

"已经知道"不是"已经确定"。实验中应尽量消除已定系差，或用已定系差值对测量结果进行修正，修正公式为

$$\text{已修正测量结果} = \text{测得值（或其平均值）} - \text{已定系差} \quad (3\text{-}3)$$

例3：采用电流表内接的电路接法测量电阻，由于电流表有内阻 R_I，如用中学常用的算法，将电压 V 除以电流 I 得电阻值 $R=V/I$，会产生大小为 R_I 的系差。

用 $R=V/I-R_I$ 代替 $R=V/I$ 的简单算法，能基本消除电流表内阻的已定系差影响。

② 未定系差——符号或绝对值未被确定而未知的系差分量，即估计特征值。

未定系差在一定意义上具有随机性。

例4：在（20.0±2.0）℃的空调室内，某一时刻室温对 20.0℃ 的偏离误差是已定系差，但不同时刻的偏离误差在 ±2.0℃ 内变动，变动范围已知但分布规律未知，具有随机性。

（3）消除系统误差的一些方法。

系统误差的特点是增加测量次数误差不能减少，只能从方法、理论、仪器等方面的改进与修正来实现。系统误差表现出恒偏大、恒偏小或周期性的特点，影响实验结果的正确度。

① 对换法：将测量值的某些条件如被测物的位置相互交换，使产生系统误差的原因对测量结果起作用，从而抵消了系统误差。例如，对于天平不等臂、电桥桥臂的比例不准采用换臂测量法来消除天平、电桥的不等臂误差；用滑线电桥测电阻时，被测电阻与标准电阻交换位置；借助于误差修正曲线来校正诸如刻度的不均匀而产生的误差等。

② 仪器对比法：将仪器或仪表的示值引入修正值，这是用准确级别高的仪器做对比进行修正的。例如，用两个电流表接入同一电路，读数不一致，若其中一个是标准表，即可找出修正值。

③ 改变测量方法：如将电流反向进行读数，在增加砝码与减少砝码过程中读数，在刻度盘上相隔 180° 的两个游标上读数等。

2）随机误差

随机误差是指重复测量中以不可预知方式变化的测量误差分量。

在同一条件下多次测量同一量时，测得值总是有稍许差异且变化不定，并在消除系统误差之后依然如此。这种绝对值和符号以不可预定方式经常变化着的误差，就是随机误差。

（1）随机误差的特点如下。

随机误差的大小和方向不定，时大、时小、时正、时负，完全是随机的，初看显得毫

无规律，但当测量次数足够多时，可以发现它具有内在的规律性，即统计规律。

随机误差是一种随机变量，它服从某种统计分布规律，可以用相应部分的概率密度函数或分布函数来描述。随机误差的常用分布有二项分布、正态分布、泊松分布、均匀分布、指数分布等。

在物理基础实验中等精度测量的随机误差有一部分服从正态分布（又称为高斯分布），下面将以正态分布为例来说明统计规律的一些概念和特征。

（2）随机误差的分布函数与实验标准偏差。

对某些物理量进行 k 次等精度测量，得出 N_1，N_2，N_3，$\cdots$，N_k。

令该物理量的真值为 N_0，则对应的误差为 ΔN_1，ΔN_2，ΔN_3，$\cdots$，ΔN_k。当 k 很大时，其误差的分布函数可证明为

$$f(\Delta N) = \frac{h}{\sqrt{2\pi}\sigma} \exp\left(-\frac{\Delta N^2}{2\sigma^2}\right) \tag{3-4}$$

上式称为随机误差的正态分布定律或高斯分布定律。

以 $\Delta N = N - N_0$ 为横坐标，$f(\Delta N)$ 为纵坐标，得到图 3-1 所示的正态分布曲线。该曲线表示的是测量值误差的分布情况，即单位误差范围内出现的误差概率。曲线下阴影部分的面积 $f(\Delta N)\mathrm{d}(\Delta N)$，就是误差出现在 ΔN 至 $\Delta N + \mathrm{d}(\Delta N)$ 范围内的概率。

由误差分布曲线可见，曲线的中部曲率中心在曲线的下部，曲线的两侧曲率中心在曲线的上部，故曲线上必有转折点。容易证明，该转折点的横坐标值 $\Delta N = \pm\sigma$。

参数 σ 直接反映了曲线的形状特征。由于概率密度函数的归一化特征，$f(\Delta N)$ 曲线下所围的面积恒等于1，则 σ 越小，图 3-1 所示正态分布曲线的峰值就越大，分布曲线就越陡，测量的重复性越好，即多次测量中靠近真值的测量值越多，测量误差 ΔN 的分散性越小。相反，若 σ 很大，则曲线的峰值就很小，误差分布范围就较宽，说明测量误差的离散性大，精密度低，如图 3-2 所示。由图 3-1 和图 3-2 可理解上面所总结的随机误差的特点。

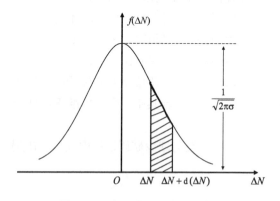

图 3-1　随机误差的正态分布曲线

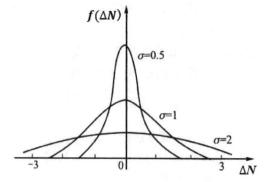

图 3-2　不同标准偏差时的误差分布曲线

所以，σ 是一个取决于具体测量条件的常数，其大小直接反映了测量数据分布的离散情况，称为正态分布的标准误差，推广后称 σ 为随机误差的实验标准偏差。

由图 3-1 可以归纳出正态分布的特点。

① 单峰性：绝对值小的误差比绝对值大的误差出现的机会多。

② 有界性：绝对值很大的误差出现的概率趋近于零，即误差有一定的实际限度，它不会超出一定的范围。

③ 对称性：绝对值相等的正、负误差出现的概率相等。

④ 抵偿性：误差的算术平均值随着测量次数的增加而逐渐接近于零，当测量次数为无穷大时，误差的算术平均值为零。

（3）随机误差可能的来源。

随机误差的产生是测量过程中许多偶然的或不确定的因素引起的。

例如，电表轴承摩擦力矩的变动，螺旋测微计测头的压紧力在一定范围内变化，操作读数时在一定范围内随机变动的视差影响，数字仪表末位取整数时的随机舍入过程。

又如，人们感官的分辨能力不尽相同，表现为每个人的估读能力不一致，因而出现各次观察时目标物对得不准，调节平衡时平衡点定得不准，读数不准确等；外界环境的干扰，诸如温度不均匀，无规则的振动，气流扰动，电源电压的波动，杂散电磁场的干扰以及湿度、噪声的影响等。这些因素的影响一般是微小的、混杂的，而且是随机出现的，因此难以确定某个因素产生具体影响的大小。所以，一般不易像对待系统误差那样寻找出原因加以排除。显然，随机误差一般既无法预知，又难以控制和估量，因而在测量过程中它的出现带有某种必然性和不可避免性。

随机误差是测量误差的一部分，其大小和符号虽然不知，但在相同条件下对同一稳定被测量的多次重复测量中，它们的分布常满足一定的统计规律。随机误差分布绝大多数是"有界性"的，大多有抵偿性，相当多的有单峰性，即绝对值小的误差出现概率大。

注意：事实上，统计规律不一定是正态分布。

3）高度异常值

由于外界干扰、操作读数失误等原因而明显超出规定条件下的预期值，以前称为粗大误差。凡是用测量时的客观条件不能解释为合理的那些明显歪曲实验结果的误差统称为过失误差。目前，在测量学的规范中并没有将"过失误差"包含在误差之内。

这种误差是由观测者在观测、记录和整理数据过程中，由于缺乏经验、粗心大意、过度疲劳、操作不当等原因引起的一种差错。例如，实验方法不合理、使用仪器的方法不正确、看错刻度、读错数字、错记数据、计算错误等。此误差无规则可循，但只要认真地做好测量准备，专心地进行观测、读数和记录等，是可以避免的。

带有过失误差的数据称为坏值或异常值，当今把包含粗大误差和过失误差的测得值统称为异常值。

测量要避免出现高度显著的异常值。含有坏值的测量结果是完全无效的，我们应当将其删除。有的坏值经过分析肯定为不合理的可以废弃，其余的可以根据误差理论定出的取舍准则决定取舍。

4. 测量中的误差

任何测量结果都会具有误差，误差"自始至终"存在于一切科学实验和测量的过程之中。

一个物理量的测量误差是测量过程中所有误差源影响的总体现。大学物理实验中以系统误差和随机误差为主，实验（计量）物理学规律总结如下。

系统误差：重复测量中保持恒定或以可预知方式变化的误差分量。

随机误差：重复测量中以不可预知方式变化的误差分量。

误差的随机性：包括随机误差的随机变量特性——严格随机；未定系差也有某种"随机性"——近似随机。

严格随机和近似随机是不确定度分量平方根合成法的基础。两类随机性是客观存在的。

由于未定系差具有随机性，所以系统误差和随机误差在一定的条件下可以相互转化。例如，直流电表在未用级别更高的标准表对其进行检定和修正之前，由于不知道标尺每分度处误差的大小和正负，其测量误差属于随机误差；但在经过校准测出修正曲线后，就可得知标尺每分度误差的大小和正负，并用它们对测量结果进行校正，这时标尺分度的随机误差就转化为系统误差。又如，使用钢尺测量长度时，钢尺的某段刻度存在着大小和正负确定的系统误差，但将物体放在标尺的不同位置进行多次测量时，刻度的系统误差又转化为随机误差，这种方法称为系统误差的随机化技术。

当系统误差的变化规律未知时，用这种随机化技术可将未定系统误差转化为随机误差来处理，以消除未定系差的影响。

误差公理：误差始终存在于一切检测和测量过程中，检测或计量结果必然包括真值和误差两个因子，不含误差的检测或计量结果是无意义的。

对误差公理重要性的狭义理解可以帮助我们：

① 掌握误差来源，分析误差性质，减小测量误差；
② 正确处理数据，合理评价结果，估计不确定度；
③ 优化实验方案，合理选用仪器，提高测量水平。

对误差公理重要性的广义理解：

① 通过较小误差的准确测量，观测量及量变现象，是认识与发现客观世界的新规律或新理论的实践基础，是检验和发展科学理论的依据；
② 一定意义上，误差的发现研究是发明和发现的基础；
③ 是科研、工、商业和物质生活中质量评价与保证工作的核心内容。

三、常用的对测量结果评价的三个概念

1. 精密度

精密度表示测量结果中随机误差大小的程度。它反映了重复测量所得结果的离散程度。所谓测量的精密度高，就是指测量的重复性好，测量数据比较集中，即随机误差小，但系统误差的大小不明确。

2. 准确度

准确度表示测量结果中系统误差大小的程度。它反映了测量值与真值符合的程度。所谓测量的准确度高，就是指测量数据的平均值偏离真值的程度小，即系统误差小，但随机误差的大小不明确。

3. 精确度

精确度是测量结果中系统误差与随机误差的综合评定。它表示测量值与真值的一致程度。所谓测量的精确度高，就是指测量数据比较集中在真值附近，即系统误差与随机误差都比较小。在科学实验中，总希望提高测量的精确度。精确度又常常简称为"精度"。

问题：请判断图 3-3 所示三个图形中，哪个靶面上弹着点分布分别表示精密度高、准确度高、精确度高？

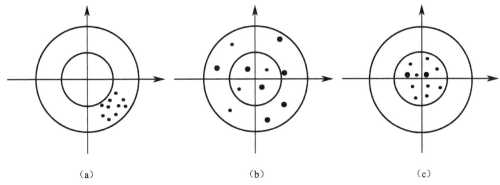

图 3-3　靶面上弹着点分布所表示的含义

第二节　直接测量随机误差的估算

不必使用测量与被测量有函数关系的其他量，就能直接得到被测量值的测量方法叫作直接测量法。用等臂天平测质量、用电流表测电流等都是直接测量。

前文已经介绍，误差等于测量值与真值之差。因真值不能确定，故误差也只能估计。在下面的讨论中，我们约定系统误差和过失误差已消除或修正，只剩下随机误差。

一、单次测量的误差

在实验中常常由于条件不许可，或测量精度要求不高，或在间接测量中某一物理量的误差对最后的结果影响较小等原因，对待测物理量的测量能一次精确地测定，没有必要多次重复测量。对于单次测量的误差，因为实验时的状况不同，很难确定统一的规定。一般情况下可根据仪器的最小分度和当时测量的具体条件去估计。

最小分度值：刻度尺上两条最相邻刻度线之间的距离。

若测量值的随机误差很小，则可按注明的仪器误差作为单次测量的误差。若没有注明，则可取仪器的最小分度或最小分度的一半作为单次测量的误差。

二、多次测量的误差

由随机误差的统计规律及其正态分布曲线可知，测量值的随机误差有正有负，相加后可抵消一部分，而且测量次数越多相消的机会越多。由此可见，在确定的测量条件下，减少测量结果的随机误差的方法是增加测量次数。

但必须注意，测量次数并不是越多越好。因为讨论随机误差的前提是等精度测量，而增加测量次数必定要延长测量时间，这将给保持稳定的测量条件增加困难。同时，延长时间也会给观测者带来疲劳，这有可能引起较大的观测误差。另外，增加测量次数只能对降低随机误差有利，而与系统误差的减小无关，所以在实际测量中，测量次数不必过多。一般在科学研究中测量次数取 10~20 次,而在基础实验中只取 3~10 次。

1. 用算术平均值表示测量结果的最佳值

在相同条件下,对某一被测量 N 进行 k 次测量,其测量值为 N_1,N_2,N_3,$\cdots$,N_k,则算术平均值为

$$\bar{N} = \frac{1}{k}\sum_{i=1}^{k} N_i \tag{3-5}$$

设 k 次测量值的误差分别为 ΔN_1,ΔN_2,ΔN_3,$\cdots$,ΔN_k,真值为 N_0,则各次的测量误差为

$$N_i - N_0 = \Delta N_i \quad (i=1,2,3,\cdots) \tag{3-6}$$

将各式相加,得

$$\sum_{i=1}^{k} N_i - kN_0 = \sum_{i=1}^{k} \Delta N_i \tag{3-7}$$

于是

$$\frac{1}{k}\sum_{i=1}^{k} N_i - N_0 = \frac{1}{k}\sum_{i=1}^{k} \Delta N_i \tag{3-8}$$

根据随机误差的性质,当 $k \to \infty$ 时,$\frac{1}{k}\sum_{i=1}^{k} \Delta N_i \to 0$,则 $\bar{N} = \frac{1}{k}\sum_{i=1}^{k} N_i \to N_0$。而实际上不可能使测量次数无限增多,因此 $\frac{1}{k}\sum_{i=1}^{k} \Delta N_i \neq 0$,而且是未知数,所以在有限次测量时不能求出真值。但此时算术平均值比取任何一个测定值作为真值的最佳值更有把握,因而把算术平均值作为直接测量的最佳近似值,简称最佳值。

2. 随机误差的表示

1) 偏差

在有限次测量的情况下,某物理量的测量误差可用测量值与其算术平均值之差来表示

$$v_i = N_i - \bar{N} \tag{3-9}$$

这种用算术平均值代替真值计算出的误差,称为偏差。误差与偏差是有区别的,k 越大,偏差与误差相差越小。在有限次测量情况下,都用偏差估算误差。

2) 测量列的实验标准偏差

测量列是指一组等精度测量值。用偏差 v_i 计算的标准误差称为实验标准偏差。运用统计学概念和工具,由贝塞尔法计算出测量列的标准误差用偏差表示为

$$\sigma = \sqrt{\frac{1}{k-1}\sum_{i=1}^{k}\left(N_i - \bar{N}\right)^2} \tag{3-10}$$

σ 反映了随机误差的分布特征。σ 值大表示测得值分散,随机误差分布范围宽,精密度低;σ 值小表示测得值密集,随机误差分布范围窄,精密度高。

增加测量次数对于提高测量结果的精密度是有利的,但 k 不必取得过大。在大学物理

物理实验中，k 一般取 4～10 次即可。但 k 如果取得过小，测量数据将严重偏离正态分布。

三、置信概率与极限误差

在误差理论中，一般将表示随机误差分布的概率称为置信度、置信水平或者置信概率，其对应的误差区间称为置信区间，对于服从正态分布的随机误差而言，置信概率 p 与置信区间 u 之间满足拉普拉斯方程。

由图 3-1、图 3-2 可知，任何一次测量值与平均值之差 v_i 落在区间 $[a, b]$ 范围内的概率可以用积分公式 $\int_a^b f(v)\mathrm{d}v$ 根据中值定理来进行计算。从概率密度分布函数的公式及特点，测量列标准误差 σ 的统计意义为任何一次测量值与平均值之差 v_i 落在区间 $[-\sigma, \sigma]$ 范围内的概率为 68.3%，即测量值落在 $[\overline{N}-\sigma, \overline{N}+\sigma]$ 区间的概率为 68.3%。区间 $[\overline{N}-\sigma, \overline{N}+\sigma]$ 被称为置信区间，对应的概率被称为置信概率。

对于标准误差为 σ 的测量，根据误差理论可知，测量列的误差落在 $\pm\sigma$ 区间内的置信概率为 68.3%，落在此区间外的可能性为 31.7%；落在 $\pm2\sigma$ 区间内的置信概率为 95.5%，落在此区间外的可能性为 4.5%；落在 $\pm3\sigma$ 区间内的置信概率为 99.7%，落在此区间外的可能性为 0.3%。图 3-4 描绘出在概率密度函数分布图中不同置信区间对应的置信概率。

显然，在 10 次左右的测量中，超过 $\pm3\sigma$ 区间的只有 0.03 次，表示几乎没有。对被测量的任何一次测量值，其误差大于 3σ 的可能性几乎不存在，因而一般将 3σ 称为极限误差。

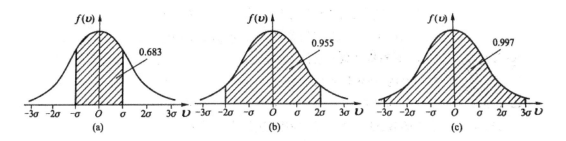

图 3-4　不同置信区间对应的置信概率

四、异常值剔除

从以上图和数据可以发现，当测量次数无限多时，测量值与平均值之差的绝对值大于 3σ 的概率仅为 0.3%，对于有限次测量，这种可能性是微乎其微的。因此对于一次测量中测量值与平均值之差的绝对值大于 3σ 则可以认为是测量失误，应该将该次的实验数据予以剔除。这一判据被称为 3σ 判据。

在物理实验中用极限误差与各次测量的偏差进行比较，若发现某偏差大于极限误差，则它所对应的测量值在过程中拟有过失误差存在，应予舍弃。在大学物理实验中，最简单地发现并剔除异常值的方法就是作图法，异常值所标示的点游离于直线较远之处，通过作图法很容易辨别它们。本课程中的实验项目中都会运用这种简单的方法，但前提是测量次数不能太少。

第三节 仪器误差

任何测量结果都可能具有误差,测量是用仪器或量具进行的,任何仪器都存在误差。

一、仪器误差限与标准误差

仪器误差限是指在正确使用仪器的条件下测量所得结果的最大误差,用 $\Delta_{仪}$ 或 Δ_{INS} 表示。教学中仪器误差限 Δ_{INS} 一般简单地取计量器具的最大允许误差的绝对值。

仪器误差也同样包含系统误差和随机误差两部分,究竟哪个因素为主,要具体分析。一般仪器误差的概率密度函数遵从均匀分布规律,由此可得仪器标准误差为

$$\sigma_{仪} = \frac{\Delta_{仪}}{\sqrt{3}}$$

二、常用仪器的仪器误差限

仪器准确度的级别通常由制造工厂和计量机构使用更精确的仪器、量具检定比较后给出。由仪器的量程和级别就可以计算出仪器误差限的大小。下面列举几种常用仪器的误差限。

1. 钢直尺和钢卷尺

常用钢直尺的分度值为 1 mm,有的在始端或末端 50 mm 内加有 0.5 mm 的刻度线。常用钢卷尺分为大、小两类,小钢卷尺的长度有 1 m 和 2 m 两种,分度值都是 1 mm。为了方便数据处理,**在大学物理实验中,除了注明之外,木质直尺、塑料直尺、钢直尺的仪器误差限一般分别取 0.5mm、0.2mm、0.1mm。钢卷尺的仪器误差限取 0.2mm。**

2. 游标卡尺

游标卡尺的分度值有 0.02mm、0.05mm 和 0.1 mm 三种,游标卡尺的最大允许误差就是该游标卡尺的分度值,即 Δ_{INS} = 分度值。通常表述为游标卡尺取最小分度值(精度)为示值误差。游标卡尺不分精度等级,一般测量范围在 300 mm 以下的卡尺其分度值便是仪器的示值误差。

3. 千分尺(螺旋测微计)

千分尺按其精度分为零级和一级两类。实验室通常使用的是一级千分尺,最大允许误差见表 3-1。

表 3-1 一级千分尺的最大允许误差 单位:mm

测量范围	~100	100~500	150~200
允许误差	±0.004	±0.005	±0.006

4. 天平

按结构原理,天平可分为机械天平和电子天平两种。机械天平按准确度又可分为Ⅰ、

Ⅱ、Ⅲ、Ⅳ四个等级，它们分别表示特别准确度、高准确度、中准确度、普通准确度。实验室常用的是高准确度天平。高准确度天平中，又进一步细分为8级、9级和10级。

对于机械天平，国家标准没有给出统一的最大允许误差，根据测量实践，在设法消除不等臂误差的测量条件下，可以粗略地认为，天平的分度值可以作为它的最大允许误差，即 Δ_{INS}=分度值。

对于电子天平，国家标准给出了在不同载荷下的最大允许误差值，Ⅱ级电子天平的最大允许误差（以分度值 e 表示）见表3-2。

表3-2　Ⅱ级电子天平的最大允许误差（以分度值 e 表示）

载荷/g	$0<m<5\times10^3$	$5\times10^3<m<2\times10^4$	$2\times10^4<m<1\times10^5$
最大允许误差	±1	±2	±3

5. 机械秒表和电子秒表

机械秒表的最大允许误差可以认为就是它的分度值，即 Δ_{INS}=分度值。电子秒表的最大允许误差 $\Delta_{仪}=(0.01+0.0000058t)$，式中 t 是被测时间间隔。

6. 测温仪表

实验室常用测温仪表主要有水银温度计、电阻温度计、热电偶和光测高温度计等，测温仪表的最大允许误差见表3-3。

表3-3　测温仪表的最大允许误差　　　　　　　单位：℃

测温仪表	测温范围	最大允许误差
普通水银温度计	0～100	±1
精密水银温度计	0～100	±0.2
铜热电阻	−50～150	$\pm(0.3+0.0006t)$
铂热电阻	−200～855	$\pm(0.3+0.0005t)$
工业铂铑-铂热电偶	600～1300	$\pm0.3\%\times t$
工业光测高温度计	2000 以下	±20

7. 电气指示仪表

电气指示仪表，如电压表、电流表等，它们的最大允许误差与该仪表的准确度等级、量程这两个参数有关。

1）电气仪表的准确度

根据中华人民共和国国家标准 GB/T 776—1976《电气测量指示仪表通用技术条件》，规定电表准确度分为 0.1、0.2、0.5、1.0、1.5、2.5、5.0 七个级别。

2）电表误差限与准确度

若准确度等级为 S_n，量程为 X_m，则最大允许误差可表示为

$$\Delta_{INS} = 量程 \times 准确度等级\% = X_m \times S_n\%$$

如某电流表，准确度等级为 1.0，量程为 500mA，则最大允许误差为

$$\Delta_{INS} = 1.0\% \times 500 = 5(\text{mA})$$

又如，0.5 级电压表量程为 3 V 时，

$$\Delta V_{INS} = 3 \times \frac{0.5}{100} = 0.015(\text{V})$$

3）示值误差与测量点

电学仪表的准确度等级标明了仪表的引用误差不能超过的界限。一般来讲，若仪表为 S_n 级，则说明合格的仪表最大引用误差不会超过 $S_n\%$，但不能认为它在各刻度点的示值误差都有 $S_n\%$ 的准确度。设仪表的满刻度为 X_m，测量点为 x，则该仪表在 x 点邻近处示值误差为

$$\text{绝对误差} \leq X_m \times S_n\%$$

$$\text{相对误差} \leq \frac{X_m}{x} \times S_n\%$$

一般 $x \neq X_m$，故当 x 越接近 X_m 时，其测量准确度越高；x 远离 X_m 时，其测量准确度就低。**这就是人们利用这类仪表测量时，尽可能在仪表满刻度值 2/3 以上量程内测量的原因**。因此，在分析此类仪表对测量值的实际影响时，需要按上式做换算，而不能直接采用对应于它的准确度等级的值，在选择仪表测量时，也要注意这一情况。

例5：某待测电压约 100V，现有 0.5 级 0～300V 和 1.0 级 0～100V 两块电压表，问用哪一块电压表测量较好？

由上式可知，第一块表测量时最大相对误差为

$$\frac{X_m}{x} \times S_n\% = \frac{300}{100} \times 0.5\% = 1.5\%$$

第二块表测量时最大相对误差为

$$\frac{X_m}{x} \times S_n\% = \frac{100}{100} \times 1.0\% = 1.0\%$$

显然后者比前者好。

8. **数字测量仪表**

数字测量仪表种类很多，根据仪表的用途有数字电压表、数字欧姆表、数字电流表、数字瓦特表、数字 Q 表等。

举例：某数字电压表的准确度可达到 $S_n = 0.0005$ 级，它的允许误差可以写成

$$\Delta_{仪} = \pm(S_n U_x + b\% U_m)$$

式中，U_x 为显示的读数，U_m 是满量程，S_n 是准确度等级，b 是仪器误差的固定项系数，S_n 和 b 可以在仪器说明书中查到。

以上是常用仪器的仪器误差限以及准确度与误差限之间的关系。

在大学物理实验中，除了以上介绍的仪器外，其他诸如直流电桥、直流电位差计等测量仪器会在后面章节的实验项目中专门讨论。

第四节 有效数字

由于测量的结果总是存在误差，因此误差直接影响着测量数据及其计算结果的位数，这是实验数据测量、处理过程中一个基本而又重要的问题。记录或运算结果的有效数字位数多取就会扩大测量精度，反之则降低了测量精度，这样都不能真实地得出测量的结果并对其做出合理的评价。因此，在记录和运算时必须严格遵守有效数字的有关规则。

任何一个物理量的测量结果总是有误差的，**测得值的位数**不能任意取舍，要**由不确定度来决定**，即测得值的末位数应与不确定度的末位数对齐。

一、有效数字的定义

测量结果中可靠的几位数字加上可疑的一位数字统称有效数字。有效数字只允许测量值的最后一位存在误差。国家标准中对有效位数的定义：对没有小数位且以若干个零结尾的数值，从非零数字最左一位向右数，所得位数减去无效零（即仅为定位用的零）的个数，就是有效位数；对其他十进制数，从非零数字最左一位向右数，所得位数就是有效位数。

物理实验中记录测得值、表示结果量值和不确定度都只取有限的位数。

本节要解决以下的问题：

直接测量量记录时，该保留几位有效数字？需要估读吗？

直接测量量的数据中估读位的数字该如何取？这个数字与测量仪器有关吗？或者说不同精度的仪器的测量结果相同吗？

间接测量量的数据的有效数字如何取？

测量结果的有效数位如何取？测量结果的精确度是怎样表示的？

二、修约规则（四舍六入五凑偶）

数值修约就是去掉数据中多余的位，也叫作化整。

修约间隔就是修约后所保留的有效数字末位的最小间隔。直接测量量的修约间隔等于测量仪器的仪器误差限。预先选定修约间隔，从它的完整的整数倍数列中挑选出一个数，来代替原来的数值，这个过程就叫作修约。修约间隔确定后，数据的有效位数也就确定了。

大学物理实验采用的修约规则：

（1）要舍弃的数字的最左一位小于5时，舍去；

（2）要舍弃的数字的最左一位大于5（包括等于5且其后有不全为零的数）时，进1；

（3）要舍弃数字最左一位是5，同时5后面没有数字或者数字全是0，若保留的末位是奇数则进1，是偶数或0则舍弃；

（4）负数修约时先把绝对值按上述规定修约，然后在修约后的值前面加负号。

这套规则被称为"四舍六入五凑偶"。例如：

1.234 51m 修约成 4 位有效位，为 1.235m；1.234 50m 修约成 4 位有效位，为 1.234m；

45.77 修约到小数点后 1 位，为 45.8；43.03 修约到小数点后 1 位，为 43.0；

0.26647 修约到小数点后 1 位，为 0.3；10.3500 修约到小数点后 1 位，为 10.4；

38.25 修约到小数点后 1 位，为 38.2；47.15 修约到小数点后 1 位，为 47.2；25.6500 修约到小数点后 1 位，为 25.6；20.6512 修约到小数点后 1 位，为 20.7。

修约过程应该一次完成，不能多次连续修约。例如，要使 0.546 保留到一位有效位数，不能先修约成 0.55，再修约成 0.6，而应当一次修约为 0.5。

三、实验数据的有效位数确定

修约间隔的选择是为了保证测量结果的准确度基本不因舍入而受影响，同时避免因读取或保留一些无意义的多余位数而做无用功。有效位数能在一定程度上反映量值的不确定度，数据修约应使最后测量结果的不确定度基本不会增大，不确定度（或误差限值）决定有效位数。

下文分别从读数、运算和结果表示三个环节来讨论如何确定有效位数的问题。

1. 原始数据（直接测量量）有效位数的确定

通过仪表、量具等测量直接测量量，读取和记录原始数据时，估读位的存疑数字与测量仪器的仪器误差限相关。直接测量的读数直接反映出有效数字。

（1）游标类量具，一般应读到游标分度值的整数倍。

（2）对数显仪表及有十进步进式标度盘的仪表，一般应直接读取仪表的示值。

（3）对指针式仪表，读数时一般要估读到最小分度值的 1/10～1/2，可疑数字的读取应符合修约间隔的规定，即该仪器的仪器误差限。

（4）对于可估读到最小分度值以下的计量器具，当最小分度不小于 1mm 时，通常要估读到 0.1 分度，如螺旋测微计和测量显微镜鼓轮的读数，都要估计到 1/10 分度。少数情况下也可只估读到 0.2 或 0.5 分度，如光具座上的标尺的坐标读数可以只估计到 mm 分度的 1/2 或 1/5。

例 6：用毫米刻度的米尺测量某物体长度，如图 3-5（a）所示，$L=1.67$ cm。"1.6"是从米尺上读出的"可靠"数字，"7"是从米尺上估读出的"存疑"数字，是含有误差的，但是有效的，所以读出的是三位有效数字。

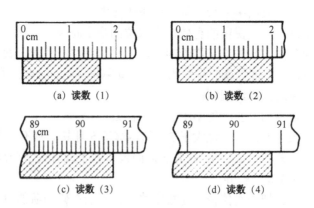

图 3-5 用不同刻度的米尺测量物体长度

如图 3-5（b）所示，$L=2.00$ cm，亦应是三位有效数字，而不能读写为 $L=2.0$ cm 或者 $L=2$ cm，因为这样表示分别只有两位或者一位有效数字。若用毫米刻度尺测量某物体长度，如图3-5（c）所示，$L = 90.70$ cm 有四位有效数字。但是如果改用厘米刻度米尺测该物体长度，如图3-5（d）所示，则 $L = 90.7$ cm，只有三位有效数字。

所以在直接测量读数时：
① 应估读到仪器最小刻度以下的一位存疑数字；
② 有效数字位数的多少既与使用仪器的精度有关，又与被测量本身的大小有关。

综上所述，有效数字位数是仪器精度和被测量本身大小的客观反映，不能任意增减。

2. 运算过程中的数和中间运算结果的有效位数

对于实验数据处理中利用某些原理和公式，由直接测量得到的若干物理量推算出待测量值的计算过程中的数值，一般为间接测量量和中间物理量的有效数字。遵循以下原则：可靠数字之间相运算，其结果仍为可靠数字。可靠数字与可疑数字或可疑数字之间相运算，其结果均为可疑数字。

对参与运算的数和中间运算结果都不修约，只在计算出不确定度后最后结果表示前再修约，这样做既是需要，也更有利于实验效率的提高。有多个数值参与运算时，在运算中应比按有效数字运算规则规定的多保留一位，以防止由于多次取舍引入计算误差，但运算最后仍应舍去。

有些教材列举了"四则运算的位数定则""尾数舍入法则"以及乘方与开方、对数、三角函数等诸多运算结果的有效位数处理的方法。必须强调指出：这些定则与方法仅仅是一种粗略的方法，是常常与合理规律有偏差的近似，由不确定度决定有效位数是根本的方法，这是"大学物理实验"课程的教学要点之一。

3. 测量结果最终表达式中的有效位数

独立被测量的不确定度一般只取一或两位有效位数。大学物理实验课程统一规定：实验测量结果的不确定度和用百分数表示的相对不确定度取 2 位。这一规则是对较严密规则的简化。

在结果表达式中，量值 y 与不确定度的修约间隔基本相同，末位要对齐，即不确定度最后一位数在小数点什么位置，测量结果有效数字的最后一位就取到什么位数。

例7：某伏安法测电阻的不确定度为 $u_C = 4.5\Omega$，电阻计算结果为 $\bar{R} = 4030.27\Omega$，最终表达式不应写为 $R = (\bar{R} \pm u_C) = (4030.27 \pm 4.5)\Omega$，而应表示为 $R = (\bar{R} \pm u_C) = (4030.3 \pm 4.5)\Omega$。

四、直线拟合结果的有效位数的初步确定

直线拟合时计算器或程序能同时给出截距 b_0、斜率 b_1 的值，可简化地使截距 b_0 的末位与 y_i 有效位数末位对齐，使斜率 b_1 的有效位数和最大间隔 $(y_{max} - y_{min})$ 位数大致相同。

五、数值修约的基本要求

有效位数的确定，既要能够充分反映测量或数学方法的精密度，又要避免位数过多而做无用功或造成误解。基本要求是抓两头、放中间。

抓两头，就是抓好原始实验数据读取和最后结果表示两个环节；放中间，就是中间运算放手多取几位，不无端地减少位数。

评定不确定度的教学实验应由教师来约定结果的位数，一般默认取 2 有效数字。

第五节 直接测量结果的不确定度评定

由于真值无法确定而使误差无法计算，以及误差名词的多义性，使用误差来评定测量结果的质量显然有些不太合适。因此，国际上已明确规定不用误差来评价测量结果的质量，而是使用不确定度来对测量结果进行质量评价，我国的计量标准部门也已明确指出应采用不确定度作为误差数字指标的名称。

一、测量不确定度的概念

1. 测量不确定度

测量不确定度（简称不确定度）是表征被测量的真值（或与定义、测量任务相关联的被测量值）所处的量值散布范围的评定。它表示由于测量误差的存在而对被测量值不能确定的程度。不确定度反映了可能存在的误差分布范围，即随机误差分量和未定系差分量的联合分布范围。测量不确定度表征测量值的分散性、准确性和可靠程度。

按照置信概率的标准，不确定度有两类：概率约为 2/3 的为合成标准不确定度，概率为 95% 的为扩展不确定度。

合成标准不确定度和扩展不确定度分别以已修正测量结果为中心考察重复测量中测量值的分布概率来确定所限定的范围。当概率分别为 2/3≈66.7% 和 95% 时，测量值的分布范围分别为合成标准不确定度 u_C 和扩展不确定度 U。显然，U 应比 u_C 的值大。

大学物理实验课程只要求掌握合成标准不确定度。

2. 合成标准不确定度

完整的测量结果表示中，必须包括测量所得的被测量的数值和测量单位，一般应给出不确定度。

$$Y = \bar{y} \pm u_C \qquad (p = 2/3 = 66.7\%) \qquad (3\text{-}11)$$

合成标准不确定度 u_C 说明被测量的真值 Y_t 基本位于区间 $(y - u_C, y + u_C)$ 之内，在 k 次测量中，测量值位于该区间的概率约为 2/3，或者说明误差在区间 $(-u_C, u_C)$ 内的概率约为 2/3。其中，y 是已对测量量的算术平均值 $\bar{y}$ 进行已定系差修正的测量结果。

例 8：用三个 0.1 级电阻箱组成自组电桥测量某个电阻，测量结果写成下式。

$$N = N_{\text{修}} \pm u_C = (4030.0 \pm 4.5)\ \Omega$$

$u_C = 4.5\Omega$ 是合成标准不确定度。表示电阻的真值 N_0 基本位于区间 $(4025.5, 4034.5)$ 之内，位于该区间的概率约为 2/3，或者说误差在区间 $(-4.5, 4.5)$ 内的概率约为 2/3（这个概率不等于以往所说的 0.683）。

处理实验数据时，通常先做误差分析，必要时谨慎地剔除高度异常值，修正已定系差，再评定不确定度。

在实验测量中，无论是直接测量量还是间接测量量，每一个测量量都有其对应的测量不确定度。按照不确定度数学模型分类，可分为直接测量量的合成标准不确定度和间接测量量的合成标准不确定度，这两种测量量的不确定度的计算方法不同，本节主要讨论直接测量量的合成标准不确定度，下节给出间接测量量的合成标准不确定度的计算方法。

二、直接测量量的合成标准不确定度的简化评定方法

1. A 类不确定度和 B 类不确定度

因误差来源不同，一个直接测量量的不确定度分为 A 类分量和 B 类分量。

（1）A 类不确定度：凡是可以通过统计方法来计算的不确定度称为 A 类不确定度，又称为统计不确定度。

（2）B 类不确定度：凡是不能用统计方法计算，而只能用其他方法估算的不确定度称为 B 类不确定度，又称为非统计不确定度。

使用不确定度来评定测量结果和误差时，不要再把误差分为随机误差与系统误差。但这并不表示 A、B 两类不确定度与随机误差和系统误差没有关系。实际上，随机误差全部和系统误差中具有随机性质的未定系差用 A 类不确定度来评定，即 A 类不确定度评定的不全是随机误差；系统误差也不能都用 B 类不确定度来评定，因为在进行测量结果的不确定度评定前，必须先把已定系差修正后再进行，即按 A、B 类划分不确定度时，已经不包括已定系差。

2. 直接测量量 y 的合成标准不确定度 u_C 的计算步骤

直接测量量应在等精度测量条件进行，其不确定度分为 A 类分量和 B 类分量。

直接测量量的合成标准不确定度是 A 类、B 类两类分量的方和根合成。

第一步：计算直接测量量的算术平均值。

计算公式为

$$\bar{y} = \frac{1}{k}\sum_{i=1}^{k} y_i \tag{3-12}$$

式中，k 为有效的测量次数。

第二步：A 类分量 u_A 的计算。

根据公式

$$\sigma = \sqrt{\frac{1}{k-1}\sum_{i=1}^{k}(y_i - \bar{y})^2} \tag{3-13}$$

计算实验标准偏差，然后由

$$u_A = \frac{\sigma}{\sqrt{k}} \tag{3-14}$$

计算出直接测量量 y 不确定度的 A 类分量 u_A。

第三步：B 类分量 u_B 的计算。

首先明确参与测量的实验仪器的仪器误差限 Δ_{INS}，然后代入下式：

$$u_B = \frac{\Delta_{INS}}{\sqrt{3}} \tag{3-15}$$

计算出直接测量量 y 不确定度的 B 类分量 u_B，多种仪器有多个值。

第四步：合成标准不确定度 u_C 的计算。

按照公式

$$u_C = \sqrt{u_A^2 + \sum_j u_{jB}^2} \tag{3-16}$$

得到直接测量量 y 的合成标准不确定度 u_C。若 $j=1$，则为

$$u_C = \sqrt{u_A^2 + u_B^2} \tag{3-17}$$

不确定度与平均测量量之比称为相对标准不确定度（简称相对不确定度），为

$$u_r = \frac{u_C}{\bar{y}} \times \% \tag{3-18}$$

第五步：直接测量量 y 的测量结果表示为

$$y = \bar{y} \pm u_C \tag{3-19}$$

若为最终结果，测量 u_C 取两位有效数字，相应 $\bar{y}$ 的最后一位数应与 u_C 的位数一致。若不为最终测量结果，则可以多保留几位有效数字位。

一般测量从效率考虑多数是单次测量，不评定 A 类不确定度。

但是当被测量的体现值波动显著时，须多次测量并评定 A 类不确定度。例如，测量某一钢丝的等效平均直径，该量值虽稳定，但在不同位置和方向上直径体现值因锥度和椭圆度而波动，测得值具有广义的"随机误差"，A 类分量较显著，它既反映了测量随机误差，又反映了直径体现值的波动。

三、计算举例

例 9：用 1 级螺旋测微计测量某钢丝直径 d（为求截面积），9 次测得值 y_i 分别为 0.294、0.300、0.303、0.295、0.298、0.293、0.292、0.300、0.305，单位为 mm。测量前螺旋测微计零点（零位）读数值（即已定系差）为 -0.003mm。已知 1 级螺旋测微计的示值误差限为 $\Delta_{INS} = 0.004$mm。试求：

（1）直径的算术平均值；
（2）用已定系差修正直径的测量值；
（3）直径的标准偏差；
（4）标准不确定度的 A 类分量；
（5）标准不确定度的 B 类分量；
（6）合成标准不确定度；
（7）表示出直径的测量结果；

（8）相对合成标准不确定度。

[解]：（1）先求平均值。

由
$$\bar{y} = \sum_{i=1}^{9} \frac{y_i}{9}$$

得钢丝直径的算术平均值
$$\bar{y} = 0.29778 \text{（mm）}$$

（2）对已定系差进行修正，根据

已修正测量结果 = 测得值(或其平均值) − 已定系差

可得
$$y = \bar{y} - (-0.003) = 0.3008 \text{（mm）}$$

（3）求偏差方和。
$$\sum_{i=1}^{9}(y_i - \bar{y})^2 = \sum_{i=1}^{9}(y_i - 0.2978)^2$$
$$= (-0.0038)^2 + 0.0022^2 + 0.0052^2 + (-0.0028)^2 + 0.0002^2$$
$$+ (-0.0048)^2 + (-0.0058)^2 + 0.0022^2 + 0.0072^2$$

由 $\sigma = \sqrt{\dfrac{1}{k-1}\sum_{i=1}^{k}(y_i - \bar{y})^2}$ 求得直径的标准偏差为

$$\sigma = \sqrt{\frac{1}{8}\sum_{i=1}^{9}(y_i - 0.2978)^2} = 0.00458 \text{（mm）}$$

（4）不确定度 A 类分量。

由
$$u_A = \frac{\sigma}{\sqrt{k}}$$

得标准不确定度的 A 类分量为
$$u_A = \frac{0.00458}{\sqrt{9}} = 0.00153 \text{（mm）}$$

（5）标准不确定度的 B 类分量为
$$u_B \approx \frac{\Delta_{\text{INS}}}{\sqrt{3}} = \frac{0.004}{\sqrt{3}} = 0.0023$$

（6）直径的合成标准不确定度为
$$u_C = \sqrt{u_A^2 + u_B^2} = \sqrt{0.00153^2 + 0.0023^2} = 0.002762 \approx 0.0028 \text{（mm）}$$

（7）直径的测量结果的表示。
$$d = \bar{d} \pm u_C = (0.3008 \pm 0.0028) \text{（mm）}$$

（8）相对合成标准不确定度为
$$u_r = \frac{u_C}{y} = \frac{u_C}{\bar{d}} = \frac{0.0028}{0.3008} = 0.9\%$$

第六节　间接测量结果的不确定度合成

间接测量法是指通过测量与被测量有函数关系的其他量才能得到被测量值的测量方法。例如，通过测导线电阻、长度和截面积计算出电阻率的过程就是间接测量。

间接测量是通过直接测量进行的，每个直接测量值的不确定度必然会传递给间接测量结果，最终影响到间接测量量的合成不确定度。

间接测量不确定度也使用方和根合成法，并使用不确定度传递公式来计算。所谓传递公式，就是直接测量量在测量过程中的不确定度（误差）对测量结果精确度的影响。

间接测量量的合成标准不确定度的计算采用微分变换法或者表格查阅法。

一、间接测量量不确定度合成公式的微分变换法

1. 微分变换法求间接测量结果标准不确定度传递公式

导出不确定度传递公式的数学基础是全微分。

设待测量量 Y 是 n 个独立的直接测量量 X_1、X_2、…、X_n 的函数，即

$$Y = f(X_1, X_2, \cdots, X_n) \tag{3-20}$$

首先写出间接测量量误差 $\mathrm{d}Y$ 的全微分表达式，即误差传递的代数和式

$$\mathrm{d}Y = \sum_i \frac{\partial f(X_i)}{\partial X_i}\mathrm{d}X_i = \frac{\partial f}{\partial X_1}\mathrm{d}X_1 + \frac{\partial f}{\partial X_2}\mathrm{d}X_2 + \cdots + \frac{\partial f}{\partial X_n}\mathrm{d}X_n \tag{3-21}$$

式中，用 ΔX_i 替换 $\mathrm{d}X_i$，ΔX_i 是直接测量量 X_i 的误差。

$$\Delta Y = \sum_i \frac{\partial f(X_i)}{\partial X_i}\Delta X_i = \frac{\partial f}{\partial X_1}\Delta X_1 + \frac{\partial f}{\partial X_2}\Delta X_2 + \cdots + \frac{\partial f}{\partial X_n}\Delta X_n \tag{3-22}$$

由于增量 ΔX_i 相对于直接测量量 X_i 是一个很小的量，且式（3-22）右端各项分误差的符号正负不定，为谨慎起见，做最不利情况考虑，认为各项误差将累加，因此，将式（3-22）右端各项分误差分别取绝对值相加，有

$$\Delta Y = \left|\frac{\partial f}{\partial X_1}\right|\Delta X_1 + \left|\frac{\partial f}{\partial X_2}\right|\Delta X_2 + \cdots + \left|\frac{\partial f}{\partial X_n}\right|\Delta X_n \tag{3-23}$$

式中

$$c_i = \left|\frac{\partial f(X_i)}{\partial X_i}\right| \tag{3-24}$$

c_i 称为灵敏系数，表示 X_i 的误差或不确定度对结果误差或不确定度的影响系数。

将式（3-23）中每一项的 Δ 变换为 u，并将不同的直接测量量符号标注在 u 的下标处

$$u_Y = c_1 u_1 + c_2 u_2 + \cdots + c_n u_n$$

按照合成标准不确定度的方和根合成原则，将等式右侧的每一项先平方，然后加起来，再对等式右侧开方。得到这个间接测量量 Y 的不确定度传递公式：

$$u_Y = \sqrt{(c_i u_i)^2} = \sqrt{(c_1 u_1)^2 + (c_2 u_2)^2 + \cdots + (c_n u_n)^2} \tag{3-25}$$

2. 求间接测量结果标准不确定度的步骤

（1）对函数求全微分（对加减法），或先取对数再求全微分（对乘除法）；
（2）合并同一分量的系数，合并时，有的项可以相互抵消，从而得到最简单的形式；
（3）系数取绝对值；
（4）将微分号变为不确定度符号；
（5）求平方和，再开方得到不确定度传递公式。

例 10：用流体静力称衡法测量固体密度，公式为 $\rho = \dfrac{m}{m-m_1}\rho_0$，求测量结果的不确定度表达式。

[解]：直接测量量有 ρ_0、m、m_1，它们的合成标准不确定分别为 u_{ρ_0}、u_m、u_{m1}，间接测量量为 ρ，取对数

$$\ln\rho = \ln\frac{m\rho_0}{m-m_1}$$

展开

$$\ln\rho = \ln m + \ln\rho_0 - \ln(m-m_1)$$

求全微分

$$\frac{\mathrm{d}\rho}{\rho} = \frac{\partial m}{m} + \frac{\partial \rho_0}{\rho_0} - \frac{\partial(m-m_1)}{m-m_1}$$

合并同类项

$$\frac{\mathrm{d}\rho}{\rho} = \frac{1}{\rho_0}\partial\rho_0 - \frac{m_1}{m(m-m_1)}\partial m + \frac{1}{m-m_1}\partial m_1$$

系数取绝对值并改成不确定度符号

$$\frac{\mathrm{d}\rho}{\rho} = \left|\frac{1}{\rho_0}\right|u_{\rho_0} + \left|\frac{m_1}{m(m-m_1)}\right|u_m + \left|\frac{1}{m-m_1}\right|u_{m_1}$$

取各项的平方，再求和

$$\left(\frac{u_\rho}{\rho}\right)^2 = \left(\frac{1}{\rho_0}u_{\rho_0}\right)^2 + \left[\frac{m_1}{m(m-m_1)}u_m\right]^2 + \left(\frac{1}{m-m_1}u_{m_1}\right)^2$$

根据方和根原则，得到固体密度的相对不确定表达式

$$\frac{u_\rho}{\rho} = \sqrt{\left(\frac{1}{\rho_0}u_{\rho_0}\right)^2 + \left[\frac{m_1}{m(m-m_1)}u_m\right]^2 + \left(\frac{1}{m-m_1}u_{m_1}\right)^2}$$

二、间接测量量不确定度合成公式的表格查阅法

常用的函数不确定度传递公式在表 3-4 中列出。
表 3-4 的所有公式中各测量量的值，可以是测量值标准偏差，或 A、B 类标准不确定

度，或扩展不确定度。但应注意合成时各测量值要有相同的量纲与置信概率，才能使最终结果的不确定度有共同的置信概率。

表 3-4　常用函数不确定度传递公式

常用函数表达式	不确定度传递（合成）公式
$N = x \pm y$	$\sigma_z = \sqrt{\sigma_x^2 + \sigma_y^2}$
$z = xy$ 或 $z = x/y$	$\dfrac{\sigma_z}{z} = \sqrt{\left(\dfrac{\sigma_x}{x}\right)^2 + \left(\dfrac{\sigma_y}{y}\right)^2}$
$z = kx$	$\sigma_z = k\sigma_x$；$\dfrac{\sigma_z}{z} = \dfrac{\sigma_x}{x}$
$z = k\sqrt{x}$	$\dfrac{\sigma_z}{z} = \dfrac{1}{2}\dfrac{\sigma_x}{x}$
$z = x^n$	$\dfrac{\sigma_z}{z} = n\dfrac{\sigma_x}{x}$
$\omega = \dfrac{x^m y^n}{z^k}$	$\dfrac{\sigma_\omega}{\omega} = \sqrt{m^2\left(\dfrac{\sigma_x}{x}\right)^2 + n^2\left(\dfrac{\sigma_y}{y}\right)^2 + k^2\left(\dfrac{\sigma_z}{z}\right)^2}$
$z = \sin x$	$\sigma_z = \lvert \cos x \rvert \sigma_x$
$z = \ln x$	$\sigma_z = \dfrac{\sigma_x}{x}$

三、最大不确定度

在实验测量中，若只需粗略估计不确定度的大小，则采用线性（算术）合成法则计算即可。因而只要按照前面的方法得到间接测量不确定度的传递公式，式中各不确定度符号可理解为仪器误差。由于取绝对值相加，得到的不确定度值偏大，又称最大不确定度。

常用函数的最大不确定度算术合成公式见表 3-5。

表 3-5　常用函数的最大不确定度算术合成公式

物理量的函数式	不确定度传递（合成）公式	相对不确定度传递（合成）公式
$\omega = x + y + z + \cdots$	$\Delta x + \Delta y + \Delta z + \cdots$	$\dfrac{\Delta x + \Delta y + \Delta z + \cdots}{x + y + z + \cdots}$
$z = x \pm y$	$\Delta x + \Delta y$	$\dfrac{\Delta x + \Delta y}{x + y}$
$z = kx$（k 为常数）	$k\Delta x$	$\dfrac{\Delta x}{x}$
$z = x \cdot y$ 或 $z = x / y$	$x\Delta y + y\Delta x$	$\dfrac{\Delta x}{x} + \dfrac{\Delta y}{y}$
$z = x^n$	$nx^{n-1}\Delta x$	$n\dfrac{\Delta x}{x}$
$z = \sin x$	$\cos x \cdot \Delta x$	$\cot x \cdot \Delta x$
$z = \ln x$	$\dfrac{\Delta x}{x}$	$\dfrac{\Delta x}{x \ln x}$

以上两节关于不确定度、直接不确定度、间接不确定度的计算方法取自清华大学朱鹤年教授在《新概念物理实验测量引论》一书以及朱鹤年教授一系列讲座中的内容，朱教授多年推行这种简化而不失严谨的实用方法，十分有效。

总结：

首先明确本次实验项目哪些测量量是直接测量量，哪些是间接测量量，间接测量量与直接测量量之间的关系及公式。间接测量量的数据之有效位数的选取与记录，测量结果精确度的表示方法。

间接测量量的合成标准不确定度的计算可采用微分变换法或者表格查阅法。

间接测量量的合成标准不确定度的微分变换法操作步骤如下。

第一步：对间接测量量公式求全微分。将直接测量量作为自变量，求偏导数（即灵敏系数）。有几个直接测量量，就有几项。

第二步：将每一个直接测量量微分前的函数整理为原间接测量量公式的形式，并作为公因项提出，以间接测量量符号代替之。

第三步：将微分算符变换为 Δ 符号并整理，使每一项都含有偏导自变量的相对分式项。

第四步：将间接测量量符号除以等式两侧，则等式左式可视为间接测量量的相对误差，等式右边每一项相当于每一个直接测量量的相对误差乘以该测量量的系数。此即为相对误差的传递公式。

第五步：将每一项的 Δ 变换为 u，并将不同的自变量符号标注在 u 的下标处，此即为该测量量的不确定度。

第六步：按照合成标准不确定度的方和根合成原则，将等式右边的每一项先平方，然后加起来，再对整个左式开方。注意，每一平方项内应包含两个因子：一是该直接测量量的相对不确定度，二是求偏导整理后的系数。

该系数就是该自变量（该直接测量量）的不确定度对测量结果不确定度的影响或者传递的权重。

第七步：上式为间接测量量的合成标准相对不确定度传递公式，将间接测量量符号从左式的分母乘到等式右边，就得到这个间接测量量合成标准不确定度的传递公式。

所谓传递公式，就是直接测量量在测量过程中的不确定度（误差）对测量结果精确度的影响。

第七节　数据处理的常用方法

进行科学实验的目的是找出事物的内在规律，或者检验出某种理论的正确性，或者准备作为以后实验工作的一个依据。因而，对实验测量收集的大量数据资料必须进行正确的处理。

数据处理是指从获得数据到得出结论为止的加工过程，包括记录、整理、计算、作图、分析等环节。本节中主要介绍数据处理常用的列表法、图示法、图解法和最小二乘法线性拟合等。

一、列表法

在记录和处理数据时，列出清晰的表格，将有关物理量的关系简单明确地表示出来。

这种方法便于随时检查核对，它是进一步处理数据的基础。

(1) 具体要求如下：

① 根据测量公式和实验的具体要求设计出适当的表格，教材上没有的应自行设计。

② 多次等精度测量应标出测量序号，表后留出平均值、标准偏差和 A 类标准不确定度的空位，以便进一步做数据处理；测量仪器的误差限一并写在数据后或者在表外另加注明。

③ 列表时要求标明各物理量符号和单位，单位要注在标题栏中，每个表格应有表题。

④ 忠于实验结果，记录原始数据，数据要正确反映测量的有效数字。

⑤ 表格力求简单、清楚、分类明显、便于看出有关量的关系。

下面以使用螺旋测微计测量钢球直径 d 为例，介绍列表记录和处理数据。

例 11：使用量程为 $0\sim 25$ mm 的一级螺旋测微计（$\Delta_{INS}=0.004$ mm）测量钢球的直径 d（同一方位），测得的数据见表 3-6 左 3 列，求测量的结果 $(d\pm u_C)$ mm$(p=2/3)$。

表 3-6 钢球直径 d 测量数据

使用仪器：螺旋测微计(一级，$0\sim 100$ mm)；$\Delta_{INS}=\pm 0.004$ mm

i	初读数/mm	末读数/mm	d_i / mm	$v_i=(d_i-\bar{d})$/ mm	$v_i^2\times 10^{-8}$ mm^2
1	0.004	6.002	5.998	+0.0013	169
2	0.003	6.000	5.997	+0.0003	9
3	0.004	6.000	5.996	-0.0007	49
4	0.004	6.000	5.997	+0.0003	9
5	0.005	6.001	5.996	-0.0007	49
6	0.004	6.000	5.996	-0.0007	49
7	0.004	6.001	5.997	+0.0003	9
8	0.003	6.002	5.999	+0.0023	529
9	0.005	6.000	5.995	-0.0017	289
10	0.004	6.000	5.996	-0.0007	49
平均			$\bar{d}=5.9967$	$\sum v_i=0$	$\sum v_i^2=1210\times 10^{-8}$ $S_{\bar{d}}=0.0004$ mm

[解]：计算直径的算术平均值

$$\bar{d}=\frac{1}{k}\sum_{i=1}^{10}d_i=5.9967(\text{mm}) \qquad (k=10)$$

计算直径的标准偏差

$$\sigma=\sqrt{\frac{1}{k-1}\sum_{i=1}^{k}(y_i-\bar{y})^2}=\sqrt{\frac{1}{9}\sum_{i=1}^{10}(d_i-5.9967)^2}$$

$$\sigma=\sqrt{\frac{1}{9}(1.69+0.09+0.49+0.09+0.49+0.49+0.09+5.29+2.89+0.49)\times 10^{-6}}$$

$$\sigma=1.1595\times 10^{-3}(\text{mm})$$

计算标准不确定度的 A 类分量

$$u_A = \sigma_{\bar{d}} = \frac{\sigma}{\sqrt{k}} = \frac{1.1595 \times 10^{-3}}{\sqrt{10}} = 3.67 \times 10^{-4} (\text{mm})$$

由 $\Delta_{INS} = 0.004 \text{mm}$，得标准不确定度的 B 类分量为

$$u_B \approx \frac{\Delta_{INS}}{\sqrt{3}} = 0.0023 (\text{mm})$$

合成不确定度为

$$u_C = \sqrt{u_A^2 + u_B^2} = \sqrt{0.000367^2 + 0.0023^2} = 0.0023 (\text{mm})$$

根据不确定度的微小分量判据，因

$$\frac{u_A}{u_B} = \frac{0.000367}{0.0023} \approx 0.16 < \frac{1}{6} < \frac{1}{5}$$

所以标准不确定度的 A 类分量可以忽略。

由此知测量结果为

$$d = (5.9967 \pm 0.0023)(\text{mm}) \qquad (p = 2/3)$$

相对标准不确定度为

$$E = \frac{0.0023}{5.9967} = 0.04\%$$

表 3-6 中的数据在计算钢球直径 d 的平均值时多保留了一位，一般处理时中间过程往往多保留一位，以使运算过程中不至于失之过多，最后仍应按有效数字有关规则取舍。

（2）数据在列表处理时，应该遵循下列原则。

① 各项目（纵或横）均应标明名称及单位，若名称用自定的符号，则需加以说明。

② 列入表中的数据主要应是原始测量数据，处理过程中的一些重要中间结果也应列入表中。

③ 项目顺序应充分注意数据间的联系和计算的程序，力求简明、齐全、有条理。

④ 若是函数测量关系的数据表，则应按自变量由小到大的顺序排列。

二、作图法

把实验中测得的数据按其对应关系在坐标纸上作出图线，此图线便直观地反映了各物理量间的关系及变化规律，从而求出被测物理量的数值或相应的物理公式，这就是作图法。

1. 作图法的优点

① 图线是根据多个数据点描绘出的光滑曲线，这相当于多次测量取平均的作用。

② 能简便地从图中求出实验需要的某些结果。例如，在单摆实验中，通过求出 $T^2 - L$ 直线的斜率 $4\pi^2/g$，即可得到重力加速度 g 的大小。

③ 从图线上可直接读出没有进行测量的对应于某个 x 的 y 值（内插法）；在一定的条件下也可从图线的延伸部分读得测量范围以外的数值（外推法）。

④ 可以帮助发现实验中个别测量值的错误以及实验中的系统误差。

⑤ 可用变量置换法把某些复杂的函数关系线性化及曲线改直，便于研究应用。
⑥ 可以绘制出仪器的校准曲线或正常工作曲线，以减少仪器的测量误差。

2. 作图要求

① 测量点和所作图线必须清楚正确，要能反映被测量的精度和数量间的关系，并便于读取数据。

② 作图必须用坐标纸，要使画出的图线比较对称地充满整个图纸，既不偏于一角或一边，也不要太陡或太平，若是直线，则应使倾角接近于45°。

③ 要根据数据处理的需要选用直角坐标纸、对数坐标纸、极坐标纸等，并确定其大小。在大学物理实验中常用的是规格为 17cm×25cm 的直角坐标纸。

3. 作图规则

① 标出坐标轴：坐标的起点可以不取零值而取比所测数据最小值略小的整数开始标值，并在轴的端点标明物理量名称及单位。X 和 Y 轴二变量的变化范围表现在坐标纸上的长度应该相差不大，最多也不要超过一倍。

② 坐标轴的分度：测量数据中的可靠数字在图中亦应是可靠的，存疑数字在图中亦应是估计的，所以轴线上的最小格对应数据中可靠数字的最后一位。两轴的比例尺可以不同，一般一小格代表存疑数字的一、二或五个单位，要避免用一小格代表三或九个单位。比例尺选定后，以变量的整数个单位为间距，在轴侧标出数值。

③ 标出数据点：用削尖的铅笔和直尺以"+""×""△""⊙"等符号标出各数据点，并使符号的中心与测量值准确一致。当在一张图纸上画几条曲线时，可用不同的符号加以区分。

④ 连线：除校准曲线要由各校准点连成折线外，一般要连成直线或光滑曲线，并在连线时使用直尺、曲线尺（板）等。所连直线或光滑曲线不一定要通过所有的数据点，而是要求数据点大致均匀地分布在线的两侧。对于显著偏离图线的点，要进行分析后决定取舍或重测。

⑤ 在图纸的适当位置写出图线名称，注明时间、作者、条件和图注等。

4. 作图举例

例12：如图 3-6 所示，绘制图线时，应以自变量作为横坐标，以因变量作为纵坐标，并标明各坐标轴所代表的物理量（可用相应的符号表示）及其单位。

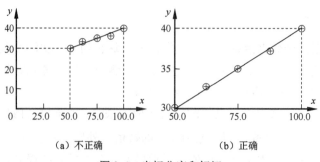

(a) 不正确　　　　(b) 正确

图 3-6　坐标分度和标记

坐标的分度要根据实验数据的有效数字和对结果的要求来确定。原则上，数据中的可靠数字在图中也应是可靠的，而最后一位的存疑数在图中也是估计的，即不能因作图而引进额外的误差。坐标的分度应以不用计算并能确定各点的坐标为原则，通常只用 1、2、5 进行分度，避免用 3、7 等进行分度。

如图 3-7 所示，欲在图纸上画出不同图线，应该用不同符号，以便区分。

为求直线的斜率，通常用两点法，不用一点法，因为直线不一定通过原点。一般不选实验点，而是在直线的两端任意选取两点 $A(x_1, y_1)$ 和 $B(x_2, y_2)$，并用与实验点不同的记号表示，在记号旁注明其坐标值。这两点应尽量分开写，如图 3-8（a）所示。如果两点太靠近，计算斜率时会使结果的有效数字减少；但也不能选取超出实验数据范围以外的数字，因为选这样的点无实验依据。

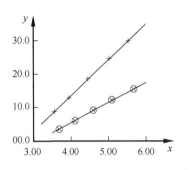

图 3-7　用不同符号表示出不同的图线

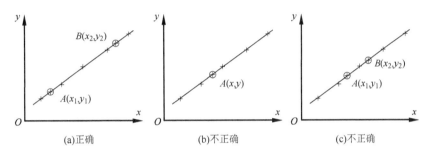

图 3-8　求直线斜率的选点

例 13：实验测量热敏电阻在不同温度下的阻值后，以变量 x、y 作图。如果 $y \sim x$ 图像为直线，就证明了 R_T 与 T 的理论关系式是正确的。

实验测量数据和变量变换值列于表 3-7 中。

表 3-7　实验测量数据和变量变换值

序号	t_c /℃	T / K	R_T / Ω	$x = \dfrac{1}{T} \times 10^{-3}$ / K^{-1}	$y = \ln R_T$ / Ω
1	27.0	300.2	3427	3.331	8.139
2	29.5	302.7	3124	3.304	8.047
3	32.0	305.2	2824	3.277	7.946
4	36.0	309.2	2494	3.234	7.822
5	38.0	311.2	2261	3.213	7.724
6	42.0	315.2	2000	3.173	7.601
7	44.5	317.7	1826	3.148	7.510
8	48.0	321.2	1634	3.113	7.399
9	53.5	326.7	1353	3.061	7.210
10	57.5	330.7	1193	3.024	7.084

图 3-9 为 $R_T \sim T$ 关系曲线，图 3-10 为 $\ln R_T \sim \dfrac{1}{T}$ 关系直线。

由 $A(3.050，7.175)$，$B(3.325，8.120)$ 可求得

$$b = \dfrac{\ln R_2 - \ln R_1}{\dfrac{1}{T_2} - \dfrac{1}{T_1}} = \dfrac{8.120 - 7.175}{(3.325 - 3.050) \times 10^{-3}} = 3.50 \times 10^3 (\text{K})$$

$$a' = \dfrac{\dfrac{1}{T_2}\ln R_1 - \dfrac{1}{T_1}\ln R_2}{\dfrac{1}{T_2} - \dfrac{1}{T_1}} = \dfrac{(3.325 \times 7.715 - 3.050 \times 8.120) \times 10^{-3}}{(3.325 - 3.050) \times 10^{-3}} = -3.367$$

因为 $a' = \ln a$，所以 $a = 0.0345\,\Omega$。最后可得该热敏电阻的阻值与温度关系为

$$R_T = 0.0345 \exp\left(\dfrac{3.50 \times 10^3}{T}\right)$$

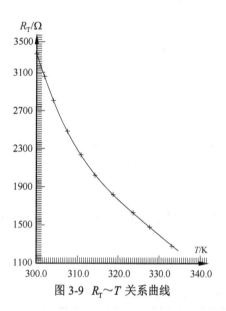

图 3-9 $R_T \sim T$ 关系曲线

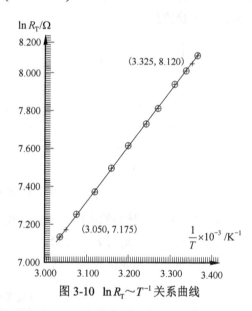

图 3-10 $\ln R_T \sim T^{-1}$ 关系曲线

三、直线拟合法和逐差法简介

用作图法处理数据虽有许多优点，但它是一种粗略的数据处理方法，因为它不是建立在严格的统计理论基础上的数据处理方法，在图纸上人工拟合直线（或曲线）时有一定的主观随意性。不同的人用同一组测量数据作图，可得出不同的结果。因而人工拟合的直线往往不是最佳的。所以，用作图法处理数据，一般是不求误差的。利用最小二乘法来确定一条最佳直线的方法，称为直线拟合法。它能够准确地求得两个测量值之前的线性函数关系（直线拟合方程，或称回归方程），再用作图或 MLS 等方法求出直线斜率、截距的最佳估值 a、b 以及与实验目的有关的其他参量。

当两个物理量呈线性关系时，常用逐差法来计算因变量变化的平均值；当函数关系为多项式形式时，也可用逐差法求多项式的系数。逐差法的优点：

（1）充分利用测量数据，更好地发挥了多次测量取平均值的效果；
（2）绕过某些定值未知量；
（3）可验证表达式或求多项式的系数。

还有其他的数据处理方法，这里不做介绍，当在实验或竞赛等活动需要时再急用先学。

第八节　Excel 在大学物理实验中的应用

传统的数据处理方法有很大的不足之处，如手工计算或者利用计算器计算不仅费时费力，而且容易出错；手工作图比较粗糙，主观随意性强；而最小二乘法用手工计算则难以完成。

1. 在数据处理中学会使用计算机软件

在大学物理实验教学过程中，用计算机辅助大学物理实验教学是非常有效的。使用计算机软件处理数据，可以达到以下目的。

（1）利用软件处理数据，可提高大学物理实验的现代化水平，培养低年级学生的综合各学科知识的能力，全面培养学生素质。

（2）利用软件处理数据，可在实验室快速地、定量而非定性地检验出实验数据的优劣程度。

（3）用软件处理的数据具有时效性，和理论结果可直接比较，加深学生对理论知识的理解和掌握，既提高了学生的动手能力，又能更好地发挥实验课辅助理论教学的作用。

（4）结果处理及报告的完成可全部由计算机完成，提高了实验数据处理的精确性，减少了烦琐的手工处理，降低了实验误差，提高了同学们对物理实验的兴趣。

2. 如何入手

在物理实验中常用的计算机软件有 MATLAB、Origi、PowerPoint、Excel 等。

初涉实验时，同学们对实验较为陌生，可选择容易上手的 Excel 来处理数据；并可以用 PowerPoint 画图。在学习 MATLAB、Origi、PowerPoint 软件前，同学们已经学习了计算机基础，接触过 Excel，对大学一年级的学生来说，稍加钻研即能掌握。

首先在网络中搜索相关文章或者阅读相关的书籍，熟悉和复习 Excel 的基本功能。

物理实验中，实验数据的处理、不确定度的计算、绘制表格、实验数据的图示，这些工作可以利用高版本的 Excel 中的内置工作表函数得到很方便地解决。

Excel 软件功能强大，集数据的编辑、整理、统计分析、图表绘制于一身，易学易用，无须编程。利用它能够很方便地解决实验数据的处理、不确定度的计算、绘制表格、实验数据的图示，并对实验结果进行分析，减少烦琐数据的运算，防止运算中的错误；节省时间，有效提高学生的学习兴趣和学习效率。

3. 自主学习，触类旁通

Excel 软件功能强大，但它对图线的拟合，仅限于直线，对曲线的拟合，误差较大。在具备一定的实验能力、掌握简单的实验数据处理方法后，可尝试采用 MATLAB 和 Origin

软件处理较为复杂的实验数据。例如,曲线仿真、误差处理、3D 图像处理等。使用软件处理实验数据所实现以下目标。

1)辅助分析,实现粗差数据的剔除

在测量的过程中,由于某些突发的因素和测量者的疏忽,测量数据中会含有稍许偏大或偏小的数据。根据格罗布斯判据,对一列等精度测量值 $X1$、$X2$、…、Xn,利用 Excel 的条件格式菜单即可轻而易举地发现存在粗差的数据。

2)完成复杂计算,实现数据的自动处理

在物理实验中,测量数据的处理、测量不确定的评定,函数关系复杂,利用 Excel 强大的函数功能,在表格中编辑各种复杂的函数,即可快捷完成各种复杂计算。同时,利用 Excel 的"自动重算功能",还可以根据数据源的变化随时"刷新"表格中设定的函数公式所给出的值,实现数据的自动处理。

3)生成图表,改变数据隐含的趋势信息

图解法是指利用图线显示数据间的内在信息,找出物理量之间的关系,具体操作时将数据点连成曲线固然直观,但要从复杂的曲线上确定函数的参数却比较困难,为此常进行坐标变换,改编数据抽象内涵的趋势信息。利用 Excel 的图表功能可快捷、准确地改变数据的抽象外观,将数据隐含的复杂信息趋势转换为简单的线性关系。

4)拟合曲线,显示数据的内在联系

在实验数据处理中,用最小二乘法进行线性拟合、参数的确定、数据的回归分析,大量的过渡性计算复杂烦琐,用手工操作既费时又易出错,利用 Excel 强大的数据分析功能,可一并获得回归方程的参数和各参数的标准偏差、拟合直线,化复杂为简单。在后文中将展示对单摆实验进行曲线拟合,并可得出线性参数、标准偏差和相关参数,使重复烦琐的计算变为简单的操作。

总之,利用计算机软件处理大学物理实验数据,既可以消除学生在手工计算时人为引入的各种误差,又可以使学生在掌握手工计算方法的同时避免繁杂费时的数据处理过程,节省时间,有效提高学生的学习兴趣和学习效率。对学生熟练掌握实验方法和实验技能、创新能力和素质的培养、教学内容的现代化都有十分重要的意义。

本章内容较多,短期内较难记住。可在多数实验中贯彻重视误差分析的思想。虽然原则上几乎所有物理量测量都能评定不确定度,但是考虑到"大学物理实验"课程的基础性,只在部分实验中安排评定某一类不确定度,只在少数实验中要求做完整的不确定度评定练习。对于提高要求中的步骤或方法,只要求了解主要概念和思路,能按照教学资料或参考软件来套用公式或程序即可。希望同学们在今后的具体实验中多次学习和运用上述基础知识,能逐步做到:

掌握重点概念方法,明确实验测量对象,分析主要误差因素,
尽量修正已定系差,正确评定不确定度,给出完整测量结果。

第四章

动力学综合设计性实验

地球上各地区重力加速度 g 的数值，随着该地区的地理纬度及相对于海平面的高度等不同而稍有差异。重力加速度 g 用磁悬浮动力学实验仪和单摆装置进行测量都较为简便。本章围绕与测量重力加速度有关的三种实验仪器来开展教学过程。

实验设备和教学内容会因不同的教学方法而产生不同的教学效果。

第一节 实验1 磁悬浮动力学实验

以往运动学和动力学的物理实验大都采用气垫导轨来减小运动的阻力，但气垫导轨维护比较麻烦，而且气垫导轨的气孔容易被堵塞。

随着科技的发展，磁悬浮技术逐渐成为的热点，如磁悬浮列车。永磁悬浮技术作为一种低耗能的磁悬浮技术，也受到了广泛关注。本实验使用永磁悬浮技术，是在磁悬导轨与滑块两组带状磁场的相互斥力之下，使磁悬滑块浮起来的，从而减少了运动的阻力，以进行多种力学实验。通过实验，学生可以接触到磁悬浮的物理思想和技术，拓宽知识面，加深对牛顿定律等动力学知识的感性认识。

本实验仪可构成不同倾斜角的斜面，通过滑块的运动可研究匀变速直线运动的规律、加速度测量的误差消除、物体所受外力与加速度的关系等。

实验目的

（1）学习导轨的水平调整，熟悉磁悬导轨和智能速度加速度测试仪的调整及使用；
（2）学习矢量分解的方法；
（3）学习使用作图法处理实验数据，掌握匀变速直线运动规律；
（4）测量重力加速度 g 并学习消减系统误差的方法；
（5）探索牛顿第二定律，探索物体运动时所受外力与加速度的关系；
（6）探索动摩擦力与速度的关系。

实验仪器

DHSY-1 磁悬浮动力学实验仪 1 套；

磁悬浮小车 3 辆，参考质量分别为 466g、463g、468g；

测试架（含 2 个电门）2 台，可在导轨上移动，轻易不能取下，但固定螺帽可拧出；

HZDH 磁悬浮导轨实验智能测试仪 DHSY-1；
普通电源线 1 根，2m 卷尺 1 把，水泡 3 只。

实验原理

一、瞬时速度的测量

一个沿 x 轴做直线运动的物体，在 Δt 时间内，物体经过的位移为 Δx，则该物体在 Δt 时间内的平均速度为

$$\overline{v} = \frac{\Delta x}{\Delta t}$$

为了精确地描述物体在某点的实际速度，应该把时间 Δt 取得越小越好，Δt 越小，所求得的平均速度越接近实际速度。当 $\Delta t \to 0$ 时，平均速度趋近于一个极限，即

$$v = \lim_{\Delta t \to 0} \frac{\Delta x}{\Delta t} = \lim_{\Delta t \to 0} \overline{v} \tag{4-1}$$

这就是物体在该点的瞬时速度。

但在实验时，直接用上式来测量某点的瞬时速度是极其困难的。因此，一般测量速度的方法常常是测量一段时间内物体的运动距离得到平均速度。要得到瞬时速度需要运动物体做匀速直线运动或近似做匀速直线运动，这时的速度测量显然是间接测量。随着科技的发展，采用灵敏的光电门可以在一定误差范围内，通过适当修正时间间隔，得到物体历时极短的 Δt 内的平均速度，这样就能够近似地代替瞬时速度。

本实验采用直接测量得到瞬时速度，能够提高测量的精度。

二、匀变速直线运动规律的研究

如图 4-1 所示，沿光滑斜面下滑的物体，在忽略空气阻力的情况下，可视为匀变速直线运动。设沿斜面向下建立 x 轴，t_0 时刻的坐标为 x_0，速度为 $\overline{v}_0$；t 时刻的坐标为 x，速度为 $\overline{v}$；加速度为 $\overline{a}$。

用坐标表示在 Δt 时间内物体的位移为 Δx，则物体匀变速直线运动的速度公式、位移公式、速度和位移的关系分别为

$$v = v_0 + a\Delta t \tag{4-2}$$

$$\Delta x = v_0 \Delta t + \frac{1}{2} a (\Delta t)^2 \tag{4-3}$$

$$v^2 = v_0^2 + 2a \Delta x \tag{4-4}$$

1. 作 $v - \Delta t$ 图

由式（4-2）可知，时间与速度的关系是线性的，即在速度与时间的关系 $v - \Delta t$ 图中 $v(\Delta t)$ 图线应为一条直线，其截距为 v_0，直线的斜率为 a。

在实验中，位于斜面上部 P_0 处放置第一光电门，分别在斜面不同位置 P_1 和 P_2 等处放置第二光电门（可移动），如图 4-2 所示。物体在第一光电门之前的斜面位置 P 处由静止开始下滑，用智能速度加速度测试仪测量物体通过 P_0、P_1、P_2 等处的速度 v_0、v_1、v_2。以 Δt 为横

坐标、v 为纵坐标作 v-Δt 图，如果图线是一条直线，则证明该物体所做的是匀变速直线运动，其图线的斜率即为加速度 a，截距为 v_0。

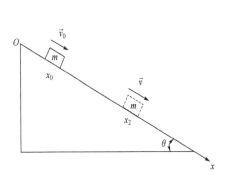

图 4-1 物体沿光滑斜面下滑

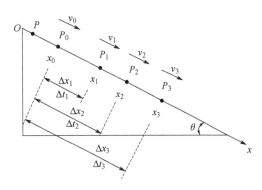

图 4-2 物体在斜面不同点的速度

在实际操作中，是通过将第二光电门分别放置在 P_1、P_2 等处测得不同点对应的速度的，因此需要在测量的过程中，保持斜面的倾角不变，即保持物体下滑的加速度不变。

思考：每次测量不同点物体的速度时，都需要将物体从同一点 P 静止下滑吗？如果不从同一 P 点下滑实验结果会如何？如果物体经过 P 点时速度不为零，实验结果会怎样？

2. 作 $\Delta x/\Delta t$ - Δt 图

将式（4-3）改写为

$$\frac{\Delta x}{\Delta t} = v_0 + \frac{1}{2}a\Delta t \tag{4-5}$$

可以看出 $\frac{\Delta x}{\Delta t}$ 与 Δt 呈线性关系，若以 Δt 为横坐标、$\frac{\Delta x}{\Delta t}$ 为纵坐标作 $\frac{\Delta x}{\Delta t}$ - Δt 图，如果图线是一条直线，则证明该物体所做的是匀变速直线运动，其图线的斜率为加速度的一半，即 $\frac{1}{2}a$，截距为 v_0。

实验中采用的测量方式与作 v - Δt 图线的实验测量方式相同，如图 4-2 所示。

3. 作 v^2 - Δx 图

同样，由式（4-4）可以发现，v^2 与 Δx 也呈线性关系。作 v^2 - Δx 图，若为直线，则也证明物体所做的是匀变速直线运动，图线斜率为 $2a$，截距为 v_0^2。

三、水平状态下磁悬浮小车阻力加速度的测量

物体在磁悬浮导轨上运动时，摩擦力和磁场的不均匀性对磁悬浮小车（简称小车）可产生作用力，对运动物体有阻力作用，用 F_f 来表示，即 $F_f = ma_f$，a_f 作为加速度的修正值。在实验中，把磁悬浮导轨设置成水平状态，将滑块放到导轨上，用手轻推一下滑块，让其以一定的初速度从左（在斜面状态时的高端）向右运动，依次通过第一光电门和第二光电门，测出加速度值 a_f。重复多次，用不同力度推动一下滑块，测出其加速度值 a_f，比较每次测量的结果，查看有何规律。平均测量结果 a_f，得到滑块的阻力加速度 $\bar{a}_f$。

思考：滑块阻力加速度存在何种误差？

四、导轨倾斜时，倾角、速度、加速度关系的测试

保持小车的质量不变，考虑滑块在磁悬浮导轨上运动时，将其所受阻力用 F_f 来表示。对滑块进行受力分析，如图 4-3 所示，列方程：

$$\begin{cases} N - mg\cos\theta = 0 \\ mg\sin\theta - F_f = ma \end{cases} \tag{4-6}$$

式中，$F = mg\sin\theta$ 为外力，$F_f = ma_f$ 为阻力。

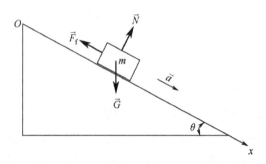

图 4-3 滑块在斜面上的受力分析图

1. 动摩擦加速度与斜面倾角的关系

若将小车在运动时所受到的其他形式的阻力（如磁场的不均匀、空气阻力、导轨不绝对平直，以及测试者推动小车启动的力有颤抖等）都归结到动摩擦力中，则动摩擦加速度

$$a_f = g\sin\theta - a \tag{4-7}$$

式中，重力加速度不变，随着斜面倾角 θ 的增大，小车的加速度 a 将增大，问在这种情况下，a_f 将如何？

在水平状态下，小车的阻力加速度已经得到，动摩擦加速度 a_f 与斜面倾角 θ 的关系如何？无论重力加速度取 $g = 9.80\text{m/s}^2$ 还是取成都地区的 $g = 9.79134\text{m/s}^2$，都可以作 $a_f - \theta$ 曲线反映出这种关系。

2. 考察外力与阻力的关系

由式（4-6）可得

$$F_f = mg\sin\theta - ma \tag{4-8}$$

用已知重力加速度 $g = 9.79134\text{m/s}^2$ 及小车质量，通过测量不同轨道角度 θ 时的滑块加速度值 a，可以求得相应的动摩擦力。

同样，由式（4-6）可得

$$F - F_f = ma \tag{4-9}$$

保持系统质量不变，改变磁悬浮小车所受外力，并逐渐增大斜面倾角 θ，对 F_f 与 F 的值作图，考察动摩擦力 F_f 与外力 F 的关系。

五、重力加速度的测定及消减导轨中系统误差的方法

1. 重力加速度的测定

由式（4-7）可得

$$a = g\sin\theta - a_f \tag{4-10}$$

则可知

$$g = \frac{a + a_f}{\sin\theta} \tag{4-11}$$

测量小车在不同斜面（倾角为 θ）时的加速度 a，求其算术平均值，即可得到本地的重力加速度。

2. 重力加速度的修正

若将式（4-10）中 a_f 作为与动摩擦力有关的加速度修正值，当斜面倾角不同时，有

$$a_1 = g\sin\theta_1 - a_{f1} \tag{4-12}$$

$$a_2 = g\sin\theta_2 - a_{f2} \tag{4-13}$$

$$a_3 = g\sin\theta_3 - a_{f3} \tag{4-14}$$

…

根据前面得到的动摩擦力 F_f 与 F 的关系可知，在一定的小角度范围内，滑块所受到的动摩擦力 F_f 近似相等，且 $F_f \ll mg\sin\theta$，即

$$a_{f1} \approx a_{f2} \approx a_{f3}\cdots = \overline{a_f} \ll g\sin\theta$$

式中，$\overline{a_f}$ 为阻力加速度的平均值。

由式（4-12）～式（4-14）可得到

$$g = \frac{a_2 - a_1}{\sin\theta_2 - \sin\theta_1} = \frac{a_3 - a_2}{\sin\theta_3 - \sin\theta_2} = \cdots \tag{4-15}$$

由上式可以测量小车在不同斜面倾角下对应的加速度，进而得到本地区的重力加速度。这个测量结果是不受系统误差影响的重力加速度，与由式（4-11）得到的结果进行比较。由

$$已修正测量结果 = 测得值（或其平均值）-已定系差$$

即可确定本实验装置的已定系差。

> **实验预习**

一、做实验前认真阅读本书第一章内容

（1）阅读第一章的第二、四节，这些内容在以后还要反复温习与思考。

（2）重点阅读第三章的第二、四、七 3 节，在撰写实验报告并进行数据处理时，还需反复研读。

二、进入大学物理实验教学平台并通过仿真实验进行预习

（1）打开大学物理实验中心网页，查看预习通知。

（2）按照预习和复习通知指定的时间和相关提示，进入实验预习系统，按照本书第二章第三节的内容，在计算机上进行相应操作，熟悉"大学物理实验预习系统"。

（3）请在规定的时间内在校园网的预习系统中完成"直线运动与碰撞"的预习。在预习系统中做预习试卷时，首先仔细阅读其中的实验原理和实验指导；再进行仿真实验操作题的练习，完成数据测量；最后回答试卷的其他问题，获得预习成绩。

说明：本次在大学物理实验预习系统中进行的"直线运动与碰撞"仿真实验，与在实验室做的"磁悬浮动力学基础实验"不完全一样，却是完成"磁悬浮动力学基础实验"的前提，也是掌握预习系统的必要步骤。

三、研读本书第四章并撰写实验预习报告

（1）仔细阅读本章第一节，掌握实验原理。

（2）研读本章第二节，熟悉磁悬浮导轨各部分名称及作用。

（3）重点掌握磁悬浮导轨实验智能测试仪的面板、功能、操作方法，了解碰撞模式。

（4）了解本章第一节中实验 1 的实验内容，并尝试制作测试表格（刚开始可能还不会制作，但要求经过两三个实验后，在实验预习中能根据实验内容完成测试表格的制作）。

（5）预习实验操作中应该注意的问题，在脑海中设计导轨和测试仪摆放的位置，并尝试在脑海里进行思想实验，实训后再在脑海里回顾整个实验的过程。

（6）结合第三章第七节，预习本实验的数据处理方法。

（7）阅读第四章第二节，了解实验 2 的实验原理和内容，可以更进一步地认识实验 1。

（8）在进入实验室前，撰写"磁悬浮动力学基础实验"实验预习报告（包括实验名称、实验仪器、实验原理、仪器介绍及实验内容和步骤），实验原理要简明扼要，列出在数据处理中需要的公式；注意仪器介绍的重点内容；试着根据实验内容和步骤自拟表格，在实验操作过程中检查自拟表格的合理性和完整性。

注意事项如下：

① 称量滑块质量时，请将非铁材料放于滑块下方，防止磁铁与电子天平相互作用，影响称量准确性。

② 实验做完后，滑块不可长时间放在导轨上，防止滑轮被磁化。

实验内容和步骤

一、学习导轨的水平调整，熟悉智能速度加速度测试仪的调整和使用

1. 摆放导轨和测试仪并连接它们的基本连线

摆放导轨和测试仪至合理的位置，解开、拆除连接线上的捆扎线时，注意其绑法及放置好捆扎线，以便完成实验后将实验仪器复原归位。

连接导轨上光电门和测试仪的 GX-16 线时，注意其接头型号及连接方法，在插入测试仪电源线前注意测试仪后面板上的开关是否关闭。

2. 检查磁悬浮导轨的水平度

把磁浮导轨设置成水平状态。水平度调整有两种方法。

（1）把配置的水平仪放在磁浮导轨槽中，调整导轨一端的支撑脚，使导轨水平。

（2）另一种方法作为实验报告的问题要求回答，最好是有余力的同学在实验基本内容做完后，试采用测量加速度的方法调整水平度。

在这一步骤中，明确磁悬浮导轨的水平是靠什么来调整的——底座两端的四个螺钉；是靠什么来判断导轨倾斜的——放置在导轨槽中的三个水泡。

思考：为什么要放置三个水泡？放两个可以吗？放一个呢？这个水泡是圆形的，有没有长条状的水平仪？

操作中应明确导轨底座中的支撑脚螺钉是顺时针升高导轨，还是逆时针升高导轨。

思考：水泡在左后方时，应该如何调整支撑脚的螺钉？

由于导轨的底座有四个支撑脚螺钉，左右调整易导致一个支撑脚悬空，在调整时应注意。调整好后，不要碰撞导轨或移动导轨，移动后要重新调整使其水平。

因制造和运输中的问题，导轨底面不是很平，所以有时难以达到百分之百的水平，这也是实验误差产生的一个因素。如果导轨的底座与地面不呈平行状，将导致实验数据如何？

在调整中，只有三个支撑脚螺钉起主要作用，但第四个支撑脚螺钉要随之接触桌面，由于重力的作用，导轨中间部分会稍稍下坠。当调整接近水平时，旋转受力螺钉会使导轨错位，所以调整时要用右手扶稳。

3. 检查测试仪的测试准备

检查导轨上的第一光电门和第二光电门有没有与测试仪的光电门1和光电门2相连，开启电源，观察测试仪正面面板上的8个指示灯、8位数码管、4个按钮。

（1）测试仪的"功能"按钮。

按"功能"按钮，选择工作模式，其工作模式是由最高位（最左侧）数码管显示的。

其共有三大类14种实验工作模式。

第一大类：加速度。按"功能"按钮，最高位数码管显示为"0"时，加速度指示灯（最下面一排信号灯分别为加速度和碰撞）亮，而且上面三排指示灯按照 $t_1 \rightarrow v_1 \rightarrow t_2 \rightarrow v_2 \rightarrow t_3 \rightarrow a$ 的次序依次亮4s。没有测试时，后三位数码管显示"0.00"。这就是加速度模式。这种模式可以测得6种数据，对应滑块的 t_1、v_1、t_2、v_2、t_3、a。

注意：磁悬浮导轨实验智能测试仪面板上的 t_1、t_2、t_3 对应 Δt_1、Δt_2、Δt。

Δt_1 为小车上面两个挡光片通过第一光电门的时间间隔，Δt_2 为同一小车上面两个挡光片通过第二光电门的时间间隔，而 Δt 则为小车从第一光电门到第二光电门所需要的时间间隔。

第二大类：碰撞。按"功能"按钮，最高位数码管显示为"1""2"…"A""B""C"中的一种时，此时碰撞指示灯（最下面一排信号灯分别为加速度和碰撞）亮，而且第三排的滑块A和滑块B分别亮，对应上面两排指示灯按照 $t_1(A) \rightarrow v_1(A) \rightarrow t_2(A) \rightarrow v_2(A) \rightarrow t_1(B) \rightarrow v_1(B) \rightarrow t_2(B) \rightarrow v_2(B)$ 的次序依次亮4s。没有测试时，后三位数码管显示"0.00"。这就是碰撞模式。这种模式可以测得8种数据，对应滑块A的 t_1、v_1、t_2、v_2 和滑块B的 t_1、v_1、t_2、v_2。

碰撞模式中共有12种类型，见表4-1。

表 4-1　碰撞的 12 种类型

模式	初始状态			结束状态
1	A 位于光电门 1 左侧向右运动，B 静止于两光电门之间	A—> 　B_0	A—> 　B—>	A 过光电门 1、光电门 2 后向右运动 B 过光电门 2 后向右运动
2		A—> 　B_0	A<— 　B—>	A 过光电门 1 后折返向左运动 B 过光电门 2 后向右运动
3		A—> 　B_0	A_0 　B—>	A 过光电门 1 后静止在两个光电门中间 B 过光电门 2 后向右运动
4	A 位于光电门 1 左侧向右运动，B 位于光电门 2 右侧向左运动	A—> 　B<—	A—> 　B—>	A 过光电门 1、光电门 2 后向右运动 B 过光电门 2 后折返向右运动
5		A—> 　B<—	A<— 　B<—	A 过光电门 1 后折返向左运动 B 过光电门 2、光电门 1 后向左运动
6		A—> 　B<—	A<— 　B—>	A 过光电门 1 后折返向左运动 B 过光电门 2 后折返向右运动
7		A—> 　B<—	A_0 　B—>	A 过光电门 1 后静止在两个光电门中间 B 过光电门 2 后折返向右运动
8		A—> 　B<—	A<— 　B_0	A 过光电门 1 后折返向左运动 B 过光电门 2 后静止在两个光电门中间
9		A—> 　B<—	A_0 　B_0	A 过光电门 1 后静止在两个光电门中间 B 过光电门 2 后静止在两个光电门中间
A	A 和 B 都位于光电门 1 左侧，A 撞击 B 后同时向右侧运动	A—> 　B—>	A—> 　B—>	A 过光电门 1、光电门 2 后向右运动 B 过光电门 1、光电门 2 后向右运动
B		A—> 　B—>	A<— 　B—>	A 过光电门 1 后折返向左运动 B 过光电门 1、光电门 2 后向右运动
C		A—> 　B—>	A_0 　B—>	A 过光电门 1 后静止在两个光电门中间 B 过光电门 1、光电门 2 后向右运动

由于滑块 A、滑块 B 分别位于光电门 1、光电门 2 的不同位置以及运动状态不同而排列出的 12 种实验模式，为了便于测试仪记录，所以分出了 12 种运动状态的 8 个时间和速度都由相同的 4 个指示灯、数码管来显示不同时间、速度的数据。

碰撞实验中需要先明确测试哪一种碰撞状态，再根据其条件设置两个滑块的位置和其运动的状态，然后才能够正确从测试仪的数码管中得到相对应的数据。

碰撞可以研究的内容：弹性碰撞和非弹性碰撞（碰撞、相对碰撞、尾随碰撞）。

第三大类：挡光片宽度设置。按"功能"按钮，使最高位数码管由碰撞的模式变为不显示，最后两位数码管（右侧两位）显示为"00"，等待数秒后，第四排指示灯"加速度"和"碰撞"指示灯都熄灭后，就可以通过其他按钮完成挡光片宽度的设置。

（2）测试仪的"翻页"按钮。

按"翻页"按钮，可选择需存储的组号或查看各组数据。最高位数码管显示"0"～"9"，表示存储的组号。

同时,"翻页"按钮也是十位数字设置按钮。

(3) 测试仪的"开始"按钮。

当测试加速度或碰撞实验的数据调整好后,按"开始"按钮,即开始一次加速度或碰撞速度的测量过程,测量结束后数据会自动保存在当前组中。

同时,"开始"按钮也是个位数字设置按钮。

(4) 测试仪的"复位"按钮。

清除所有数据可按"复位"按钮。

4. 挡光片宽度设置

先用游标卡尺测量三个小车上光电门两个挡光片的宽度,记录它们的质量和宽度。

再检查测试仪中显示的参数值是否与光电门挡光片的间距参数相符,按照下列步骤进行检查。

(1) 按"功能"按钮,选择工作模式,测试仪的最低两位数码管显示为"00",等待数秒,当"加速度"和"碰撞"指示灯(第四排指示灯)都熄灭后,若显示的数据为测量的数据,则为正确。一般默认值为30mm。

(2) 若测试仪中显示的参数值与光电门挡光片的间距参数不符,则必须加以修正。此时,需要通过"翻页"和"开始"按钮进行参数的设置。

(3) 按"翻页"按钮,设置十位数,按一下增加10倍,由00至90循环。

(4) 按"开始"按钮,设置个位数,按一下增加1,由0至9循环。

(5) 通过"开始"和"翻页"按钮,将光电门挡光片的间距参数设置到测试仪中。

至此,挡光片宽度设置完成。

二、匀变速运动规律的研究

1. 检查测试仪的测试准备

(1) 检查测试仪中显示的参数值是否与光电门挡光片的间距参数相符,若不相符则必须加以修正,修正方法请参见上面的内容。

(2) 检查"功能"按钮是否置于"加速度"模式。

2. 明确本实验研究的内容及需要测量的数据

首先,为了防止物理量特别是时间符号发生混乱,规定滑块通过第一光电门的时间间隔用 Δt_0 表示,其对应于智能测试仪上的 t_1;滑块通过不同位置的第二光电门的时间间隔用 Δt_i 表示,它们对应于智能测试仪上的 t_2;而滑块从第一光电门到不同位置的第二光电门所需要的时间用 t_i 表示,对应于智能测试仪上的 t_3。

用智能速度加速度测试仪测量 Δt_0、Δt_i、t_i 和速度 v_0、v_i。以 Δt 为横坐标、v 为纵坐标作 $v - \Delta t$ 图。

取 $\Delta x_i = P_i - P_{i-1}$,作 $\dfrac{\Delta x}{\Delta t} - \Delta t$ 图和 $v^2 - \Delta x$ 图。

测量前规划好 P、P_0、P_1、P_2 等点的位置,将斜面上的滑块每次从同一位置 P 处由静止开始下滑,第一光电门置于 P_0,第二光电门分别置于 P_1、P_2 等点处,用智能速度加速度

测试仪测量 Δt_0、Δt_1、Δt_2 等和速度 v_0、v_1、v_2 等；列表依次记录 P_0、P_1 等点的位置和速度 v_0、v_1、v_2 等，以及由 P_0 到 P_i 的时间 t_i。

3. 列表举例

例如，取 $\theta=2°$；滑块的初始位置 P 为 2cm，第一光电门的位置 $P_0=30$cm，第二光电门的位置分别为 $P_1=50$cm、P_2、P_3、P_4、P_5、P_6 等；$m=467$g（参考值），两挡光板的距离为 30mm；总长 $L=120$cm，高 $H=14.2$cm。

注意各量的单位，时间的单位为 ms，速度的单位为 cm/s，加速度的单位为 cm/s²。

列表，见表 4-2。

表 4-2　匀变速直线运动的研究 $v-\Delta t$

$x_0 = \underline{\quad 30.00\text{cm} \quad}$　　$\Delta = \underline{\quad 30.0\text{mm} \quad}$　　$\theta = \underline{\quad 2.00° \quad}$

i	x_i/cm	Δx_i/cm	Δt_0/ms	v_0/(cm/s)	Δt_i/ms	v_i/(cm/s)	t_i/ms	a_i/(cm/s²)
1								
2								
3								
4								
5								
6								

4. 完成表格中各测量量的测量

在实验桌上摆放导轨、测试仪，注意光电门的连线不能挡住小车的运动。导轨调整好水平后，测试导轨不同倾角时的加速度的步骤如下。

（1）设置导轨的倾斜角度（此次测量倾斜角最好不小于 2°）。

（2）安放第一光电门的位置，确定第二光电门的位置及随后变化的位置，测量两光电门的距离。如何确定两个光电门的间距？是以导轨的斜面最高点或内侧槽壁最高点开始为起点，还是测量两个光电门上铜扣螺钉之间的距离？

（3）打开测试仪后面板上的开关，检查挡光片距离的数值是否正确。

（4）按"功能"按钮，设置为加速度工作模式，在拟定的表格中记录导轨倾斜角度、第一光电门的坐标、第二光电门的坐标、小车的质量、导轨长度、导轨最高点的高度以及挡光片的距离值。

（5）按"开始"按钮后，马上将小车放置在第一光电门左侧的导轨上，用手指抵住小车的右侧，并保持静止和平稳。注意：选择不带弹簧的小车，放置小车时其黏性尼龙毛或黏性尼龙刺不要被导轨上的弹簧挂住。

（6）松开扶住小车的手，小车开始运动，经过两个光电门后，用手扶住小车使其不发生较大的碰撞和响声，并将小车放置在桌上。

（7）观察并记录测试仪面板上显示的 6 个数据，并检查记录的数据。

（8）按照步骤（5）～（7）再测量一遍这组数据，或者换另一位同学再测量一遍这组数据，但注意不要与前后的几组数据搞混，分别填写在表格的不同行中。比较条件相同情况下的这几组数据，分析、判断数据的可靠程度，找出操作中的问题，改进后再测量该条件下的另一组数据，并按照改进后的方式进行下面的实验操作。

（9）移动第二光电门到新的位置，固定之。

（10）重复步骤（5）～（8）。

5. 实验操作中的观察和思考

问：确定 P_0、P_1、P_2 等点处的数值时，测量的起点对结果有没有影响？

问：滑块都在第一光电门的左侧时，其初始位置、初始速度不同或不能由测试者完全确定，对测试的结果有没有不良影响？

问：光电门的位置如何确定？是滑块的起始位置到光电门的距离吗？光电门位置的坐标误差范围有多少？这种误差来自何处？

问：对同一位置多测试几遍，得到的多个数据之间存在怎样的差异？判断哪些数据较为可靠，哪些数据不太可靠？分析不太可靠的数据是什么原因造成的。

问：科学实验中，在大量的数据面前，是全部计算所有的数据，还是有所筛选，只保留那些自己认为可靠的数据？还是对所有数据进行分析，找出不可靠数据的问题所在，并在随后的实验中，尽量排除实验操作中造成误差的因素，使得所有数据越来越可靠？即便是在大量数据中，存在个别偏离较大的数据，也先不要轻易剔除它们，将它们作为体现误差的一部分，或者实验事实的一部分，在实验讨论中分析这些高度异常值出现的原因。所以，实验误差的分析、误差来源的分析是科学研究中不能忽视的一部分，要将其作为科学的一部分来认知。

问：在数据分析中，哪些数据更接近最佳估值，哪些数据误差较大？分析原因。例如，P_0 的位置与 P 的位置间距太小；两个光电门的距离太近；放置滑块时不注意导致滑块左右或上下摆动，或者调整导轨时没有做到水平而引起磁场的倾斜；光电门挡光片的距离不完全等于 30.0mm 等。

三、水平状态下磁悬浮小车阻力加速度 a_f 的测量

（1）调整导轨水平。

（2）将两个光电门放置在合适的位置上，两个光电门的距离可以是任意的，但应大于 50cm。

（3）设置测试仪为加速度工作模式，并按"开始"按钮。

（4）将小车放入第一光电门左侧的导轨中，用手轻推一下小车，让其以一定的初速度从左向右运动经过第二光电门，测量并记录小车阻力加速度 a_f。

（5）用不同的力度和初速度重复多次，测出阻力加速度 a_f。

（6）比较每次测量的结果，分析其规律，计算阻力加速度的平均值 $\bar{a}_f$。

列表，见表 4-3，第一光电门的位置为 $P_0=40.00\text{cm}$，第二光电门的位置为 $P_1=90.00\text{cm}$，小车质量 $m=467\text{g}$。

表 4-3 水平状态下小车阻力加速度 a_f 的测量

$\theta = 0.00°$, $x_0 = 40.00\text{cm}$, $x_1 = 90.00\text{cm}$, $\Delta = 30.0\text{mm}$, $m = 467\text{g}$

i	推 力	v_1 /(cm/s)	v_2 /(cm/s)	t /ms	a_f /(cm/s²)	$\bar{a}_f$ /(cm/s²)
1	最初给予小车的速度依次增大					
2						
3						
4						
5						
6						
7						
8						
9						
10						

四、导轨倾斜时，倾角、速度、加速度的测试

（1）设置两个光电门的位置，使它们的距离固定为 Δx。

（2）改变导轨倾斜角 θ（在 2°~3°上多测几组数据），测量导轨两个固定点（尽量使它们的间距远一些）之间的距离 L 和高度差 h，以确定倾斜角的正弦 $\sin\theta = h/L$。

（3）滑块每次由同一位置滑下，依次经过两个光电门，记录其加速度 a_i。

注意：一方面可以直接查正弦函数表得到 $\sin\theta_i$；另一方面，可以在导轨上取两个相距较远的点，以两点的高度差 h_i 和斜边距离之比 h_i / L_i 得到测量值。

设置导轨倾斜角时，多在 2°~3°中取几组倾斜角进行数据测量。

列表，见表 4-4。

表 4-4 导轨倾斜时，倾角、速度、加速度的测试

$x_0 = $ _____ $x_1 = $ _____ $\Delta x = $ _____ $\Delta = $ _____ $m = $ _____

i	θ_i /°	L_i /cm	h_i /cm	$\sin\theta_i$	h_i / L_i	a_i /(cm/s²)
1						
2						
3						
4						
5						
6						
7						

五、重力加速度的测定及消减导轨中系统误差的方法

重力加速度测定数据记录表见表 4-5。

表 4-5　重力加速度测定数据记录表

$x_0 =$ _____　　$x_1 =$ _____　　$\Delta x =$ _____　　$\Delta =$ _____　　$m =$ _____　　$\bar{a}_t =$ _____

i	θ_i/°	a_i/(cm/s²)	$\sin\theta_i$	g_i/(cm/s²)
1				
2				
3				
4				
5				
6				
7				
8				
9				
10				

数据处理与作图

利用已做好的图线，定量地求得待测量或者得出经验方程，称为图解法。尤其当图线为直线时，采用此法更为方便。

直线图解一般是求出斜率和截距，进而得出完整的线性方程，其步骤如下。

（1）选点。

（2）求斜率。

（3）求截距。

在坐标纸上作图时要留心所设定的横、纵轴刻度的不同比例的问题。坐标系的横、纵轴分度可以等长，也可以不等长。横轴和纵轴的分度不等时，一定要计算出横轴和纵轴的比例。在这样的图线上，新的坐标系要重新确定比例尺并在图中标注，按照比例尺计算出对应的截距。

1. 匀变速直线运动规律的研究

仔细阅读作图法的要求，由表 4-2 原始数据分别列出 $v - \Delta t$、$\dfrac{\Delta x}{\Delta t} - \Delta t$、$v^2 - \Delta x$ 图线所对应的表格，再求表格中数据的算术平均值 $\bar{a}$ 与 $\bar{v}_0$。

根据实验原理和实验内容的要求进行数据处理，分别作 $v - \Delta t$ 图线、$\dfrac{\Delta x}{\Delta t} - \Delta t$ 图线和 $v^2 - \Delta x$ 图线，若所得均为直线，则表明滑块做匀变速直线运动。设置纵、横坐标轴的分度和起点以及纵、横坐标的比例尺，在坐标纸上标出数据点，按照数据点的分布绘制出恰当的直线作为 $v - \Delta t$、$\dfrac{\Delta x}{\Delta t} - \Delta t$ 和 $v^2 - \Delta x$ 的关系曲线。

用直尺和量角器测出图中直线的截距和角度，查出斜率，按照比例尺计算出 a 与 v_0。

用列表法，将 a、v_0 与数据表中的 $\bar{a}$、$\bar{v}_0$ 进行比较，并加以分析和讨论。

计算滑块经过第一光电门的速度的算术平均值以及直接测量的不确定度（$p=2/3$），并表示出完整的结果。

2. 水平状态下小车阻力加速度的测量

根据表 4-3 计算阻力加速度及其算术平均值，对比两个光电门距离不同的情况下所得到的结果。

3. 导轨倾斜时，倾角、速度、加速度关系的测试

由表 4-4 分别列出动摩擦加速度与斜面倾角的关系表格和外力及阻力的关系表格，并作出它们的关系曲线，然后得出结论并讨论。

4. 重力加速度的测定及消减导轨中系统误差的方法

根据表 4-5 分别列出测定重力加速度的两种表格，并计算出它们各自重力加速度的算术平均值，讨论两种方法测得的重力加速度以及系统误差。

选做：重力加速度的间接测量不确定度（$p=2/3$），表示出完整的结果。

注意：作图时所画的直线位置可在很小的范围内变动，这取决于测试的数据、对数据的分析及经验，而这些都需要有深厚的实验素养的支撑。

坐标轴的最小刻度（分度）在坐标纸上的长度尽量大一些，这样可以提高处理测量数据的精度。

成都地区的重力加速度的标准值可取 $g = 979.134 \text{cm/s}^2$。

第二节　实验 2　碰撞设计性实验

碰撞问题，在历史上曾是科学界共同关心的课题，惠更斯、牛顿等科学家先后曾做过系统的研究，总结了碰撞规律。牛顿正是在碰撞定律基础上提出了作用与反作用定律，碰撞定律同样适用于微观领域和现实生活，如汽车碰撞等。

实验目的

（1）观察弹性碰撞和完全非弹性碰撞现象。
（2）验证碰撞过程中动量守恒和机械能守恒定律。
（3）观察碰撞过程中系统动能的变化情况，分析实验中的碰撞属于哪种类型的碰撞。

实验仪器

DHSY 型磁悬浮动力学实验仪。

实验原理

设两个滑块的质量分别为 m_1 和 m_2，碰撞前的速度为分别 v_{10} 和 v_{20}，相碰后的速度为分别 v_1 和 v_2。根据动量守恒定律，有

$$m_1 v_{10} + m_2 v_{20} = m_1 v_1 + m_2 v_2 \tag{4-16}$$

测出两个滑块的质量和碰撞前后的速度，即可验证碰撞过程中动量是否守恒。其中，v_{10} 和 v_{20} 是两个滑块在两个光电门处的瞬时速度，即 $\Delta x/\Delta t$，Δt 越小则瞬时速度越准确。在实验中，设挡光片的宽度为 Δx，挡光片通过光电门的时间为 Δt，即有

$$v_{10} = \Delta x / \Delta t_1$$
$$v_{20} = \Delta x / \Delta t_1$$

实验分以下三种情况进行。

一、弹性碰撞

两个滑块的相碰端装有缓冲弹簧，它们的碰撞可以看作弹性碰撞。在碰撞过程中除了动量守恒外，也遵守机械能守恒定律，有

$$\frac{1}{2}m_1v_{10}^2 + \frac{1}{2}m_2v_{20}^2 = \frac{1}{2}m_1v_1^2 + \frac{1}{2}m_2v_2^2 \tag{4-17}$$

（1）若两个滑块质量相等，$m_1=m_2=m$，且令 m_2 碰撞前静止，即 $v_{20}=0$，则由式（4-16）、式（4-17）得到

$$v_1 = 0, \quad v_2 = v_{10}$$

即两个滑块将彼此交换速度。

（2）若两个滑块质量不相等，$m_1 \neq m_2$，仍令 $v_{20}=0$，则有

$$m_1v_{10} = m_1v_1 + m_2v_2$$

以及

$$\frac{1}{2}m_1v_{10}^2 = \frac{1}{2}m_1v_1^2 + \frac{1}{2}m_2v_2^2$$

可得

$$v_1 = \frac{m_1 - m_2}{m_1 + m_2}v_{10}, \quad v_2 = \frac{2m_1}{m_1 + m_2}v_{10}$$

当 $m_1>m_2$ 时，两个滑块相碰后，二者沿相同的速度方向（与 v_{10} 相同）运动；当 $m_1<m_2$ 时，二者相碰后运动的速度方向相反，m_1 将反向，速度应为负值。

二、完全非弹性碰撞

将两个滑块上的缓冲弹簧取出。在滑块的相碰端装上尼龙扣。相碰后尼龙扣将两个滑块扣在一起，具有同一运动速度，即

$$v_1 = v_2 = v$$

仍令 $v_{20} = 0$，则有

$$m_1v_{10} = (m_1 + m_2)v$$

所以

$$v = \frac{m_1}{m_1 + m_2}v_{10}$$

当 $m_2=m_1$ 时，$v = \frac{1}{2}v_{10}$，即两个滑块扣在一起后，质量增加为原来的两倍，速度为原来的一半。

三、非弹性碰撞

碰撞过程中有机械能损失，系统在碰撞后的动能小于碰撞前的动能，动量保持不变。

实验预习

登录大学物理实验教学平台，进入预习系统，通过碰撞仿真实验完成预习试卷。本仿真实验是基于气垫导轨、数字毫秒计、滑块及天平，并采用完全弹性碰撞验证动量守恒。学会使用静态法和动态法调整气垫导轨平衡，在此基础上进行磁悬浮导轨的碰撞设计性实验。

实验内容

本实验是在磁悬浮导轨上进行的，有关实验装置的结构、原理和使用方法请参照实验 1 中的有关部分。这里提供三个滑块，一个滑块的一头装有弹簧；一个滑块装有黏性尼龙毛，一个滑块装有黏性尼龙刺。如图 4-4 所示在磁悬浮导轨实验装置中，放置了质量基本相同的两个磁悬浮滑块（A、B）。

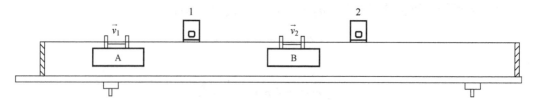

图 4-4　磁悬浮导轨上的两个滑块和两个光电门

一、检查磁悬浮导轨的水平度并检查测试仪的测试准备

把磁浮导轨调整成水平状态。水平度调整有以下两种方法。

（1）把配置的水平仪放在磁浮导轨槽中，调整导轨一端的支撑脚，使导轨水平。

（2）把滑块放到导轨中，滑块以一定的初速度从左到右运动，测出加速度值，然后反方向运动，再次测出加速度值。若导轨水平，则左右运动减速情况相近，即测量的 a 相近。

检查导轨上的第一光电门和第二光电门有否与测试仪的光电门 1 和光电门 2 相连，开启电源，检查测试仪中显示的参数值是否与光电门挡片的间距参数相符，否则必须加以修正，修正方法请参见本章第三节，并检查"功能"按钮是否置于"加速度"模式。

二、设计研究 12 种不同类型的碰撞

（1）设计弹性碰撞的实验方案时，首先画出发生弹性碰撞实验的示意图。

（2）注明两个光电门的位置以及滑块的位置。

（3）参照"实验设置模式及操作方法"设定两个滑块发生碰撞的各种可能的运动方向。

（4）设计数据记录和处理表格，表格中应有动量增量和动能增量及其相对变化值。

（5）在磁悬浮导轨上运动的滑块所受的阻力虽然很小，但不完全等于零，其所受阻力的大小会随着实验条件的不同而略有不同。请根据力学定律，用简单的实验方法，估算出平均阻力的大小，并求出平均阻力，然后进一步判断是否需要修正实验结果及如何修正实

验测得的数据。

下面只详细列出两种典型碰撞的步骤和表格，其他类型的表格自拟。

三、完全非弹性碰撞

（1）在两个滑块的相碰端安置有尼龙扣，碰撞后两个滑块黏在一起运动，因动量守恒，故

$$m_1 v_{10} = (m_1 + m_2) v$$

（2）在碰撞前，将一个滑块（如质量为 m_2）放在两个光电门中间，使它静止（$v_{20}=0$），将另一个滑块（如质量为 m_1）放在导轨的一端，轻轻将它推向 m_2 滑块，记录 v_{10}。

（3）两个滑块相碰后，它们黏在一起以速度 v 向前运动，记录挡光片通过光电门的速度 v。

（4）按上述步骤重复数次，计算碰撞前后的动量，验证是否守恒。

可考察当 $m_1 = m_2$ 的情况，并重复进行数据记录。

四、弹性碰撞

在两个滑块的相碰端安置缓冲弹簧，当滑块相碰时，由于缓冲弹簧发生弹性形变后恢复原状，在碰撞前后，系统的机械能近似保持不变。仍设 $v_{20}=0$，则有

$$m_1 v_{10} = m_1 v_1 + m_2 v_2$$

参照"完全非弹性碰撞"的操作方法，重复数次，数据记录于表 4-6 和表 4-7 中。

数据记录与处理

表 4-6　完全非弹性碰撞数据表

相同质量滑块碰撞：$m_1 = $ _____ g，$m_2 = $ _____ g，$v_1 = v_2 = v$，$v_{20} = 0$				
次　数	碰　前		碰　后		百分偏差 $E = \dfrac{k_0 - k}{k_0} \times 100\%$
	v_{10} /(cm/s)	$k_0 = m_1 v_{10}$ /(g·cm/s)	v /(cm/s)	$k = (m_1 + m_2) v$ /(g·cm/s)	
1					
2					
3					
不同质量滑块碰撞：$m_1 = $ _____ g，$m_2 = $ _____ g，$v_{20} = 0$					
次　数	碰　前		碰　后		百分偏差 $E = \dfrac{k_0 - k}{k_0} \times 100\%$
	v_{10} /(cm/s)	$k_0 = m_1 v_{10}$ /(g·cm/s)	v /(cm/s)	$k = (m_1 + m_2) v$ /(g·cm/s)	
1					
2					
3					

表 4-7　弹性碰撞数据表

不同质量滑块碰撞：$m_1 = $ ____ g, $m_2 = $ ____ g, $v_{20} = 0$						
次　数	碰　前		碰　后				百分偏差
^	v_{10} /(cm/s)	$k_0 = m_1 v_{10}$ /(g·cm/s)	v_1 /(cm/s)	$k_1 = m_1 v_1$ /(g·cm/s)	v_2 /(cm/s)	$k_2 = m_2 v_2$ /(g·cm/s)	$E = \dfrac{k_0 - (k_1 + k_2)}{k_0}$
1							
2							
3							

相同质量滑块碰撞：$m_1 = $ ____ g, $m_2 = $ ____ g, $v_{20} = 0$, $v_1 = 0$				
次　数	碰　前		碰　后		百分偏差
^	v_{10} /(cm/s)	$k_0 = m_1 v_{10}$ /(g·cm/s)	v_2 /(cm/s)	$k_2 = m_2 v_2$ /(g·cm/s)	$E = \dfrac{k_0 - k}{k_0} \times 100\%$
1					
2					
3					

注意事项

（1）称量滑块质量时，请将非铁材料放于滑块下方，防止磁铁与电子天平相互作用，影响称量准确性（本实验中每个滑块上都标注了质量，无须使用电子天平测量）。

（2）实验做完后，滑块不可长时间放在导轨上，防止滑轮被磁化。

思考题

（1）测出一组数据后，最好先计算并查看动量是否守恒、是否在实验误差范围内（碰撞前后的动量相差不大于碰撞前系统动量的 2%），否则必须找出产生误差的原因，重新进行实验，并再看一看动量变化的情况。

（2）做磁悬浮导轨上的碰撞实验时，滑块与侧面导轨面之间存在滚动摩擦，对于该模型的研究更有利于同学们模拟分析现实生活中的汽车相撞。

（3）比较气垫导轨与磁悬浮导轨的优缺点，分析这两个实验的异同。

第三节　DHSY 型磁悬浮动力学实验仪

一、概述

DHSY 型磁悬浮动力学实验仪（简称磁悬浮实验仪）是一种将磁悬浮机理和动力学结合起来的力学实验仪。磁悬浮导轨实际上是一个槽轨，长约 1.2m，在槽轨底部中心轴线嵌入钕铁硼（NdFeB）磁钢，在其上方的滑块底部也嵌入磁钢，形成两组带状磁场。由于磁场极性相反，上下之间产生斥力，滑块处于非平衡状态。为使滑块悬浮在导轨上运行，采用了槽轨。

在导轨的基板上安装了带有角度刻度的标尺。根据实验要求，可把导轨设置成不同角度的斜面，通过滑块的运动探索牛顿第二运动定律，考察动能定理。

通过实验，可以接触到磁悬浮的物理思想和技术，拓宽知识面，加深对牛顿定律、动能定理等动力学知识的理解。

二、主要工作条件及技术指标

1. 工作条件

（1）电源电压及频率：（220±22）V，（50±5%）Hz。

（2）功率：≤20W。

（3）工作温度：0~40℃。

2. 技术指标

（1）磁悬浮导轨几何尺寸：130.0cm×9.0cm×21.0cm。

（2）磁感应强度：200 mT。

（3）磁悬浮滑块几何尺寸：15.4cm×6.8cm×6.0cm。

三、实验装置

磁悬浮实验装置如图 4-5 所示。

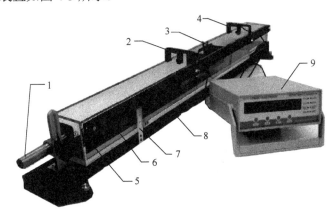

1—手柄；2—光电门1；3—磁悬浮滑块；4—光电门2；5—导轨；6—标尺；
7—角度尺；8—基板；9—计时器

图 4-5　磁悬浮实验装置

磁悬浮导轨截面如图 4-6 所示。

四、DHSY 型磁悬浮导轨实验智能测试仪

1. 概述

DHSY 型磁悬浮导轨实验智能测试仪是根据磁悬浮导轨实验专门设计研制的实验装置，同时可实现 10 组加速度测量存储和 12 种碰撞实验。此测试仪基于微控制器嵌入式设计，具有测量精度高、读数清晰、使用方便等特点。

2. 性能

DHSY 型磁悬浮导轨实验智能测试仪使用的三种磁悬浮滑块如图 4-7 所示，测试仪性能见表 4-8。

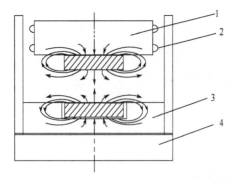

1—磁悬浮滑块；2—导向滑轮；3—磁悬浮导航；4—基板

图 4-6　磁悬浮导轨截面图

图 4-7　三种磁悬浮滑块

表 4-8　性能

测 量 值	范　　围	精　　度
光电门挡光时间 t_1（t_2）	0.00～99999.99ms	0.01ms
两次挡光时间差 t_3	0.00～99999.99ms	0.01ms
速度 v_1（v_2）	0.00～600.00cm/s	0.01cm/s
加速度 a	0.00～600.00 cm/s^2	0.01cm/s^2

3. 测试仪外观

磁悬浮导轨实验智能测试仪 DHSY-1 的外观如图 4-8 所示。

图 4-8　磁悬浮导轨实验智能测试仪 DHSY-1 的外观

4. 操作方法

磁悬浮导轨实验智能测试仪正面面板如图 4-9 所示。

图 4-9　磁悬浮导轨实验智能测试仪正面面板

*约定：加速度测量时将首先经过的光电门定为光电门 1；碰撞测量时 A 小车位于 B 小车左侧，将导轨左侧光电门定为光电门 1。

1）加速度测量

（1）按"功能"按钮，选择加速度模式，使"加速度"指示灯亮。（信号源从加速度到碰撞依次扫描显示。）

（2）按"翻页"按钮，可选择需存储的组号或查看各组数据。最高位数码管显示"0"～"9"，表示存储的组号。

（3）按"开始"按钮，即开始一次加速度测量过程，测量结束后数据会自动保存在当前组中。

（4）测量数据依次显示顺序：$t_1 \rightarrow v_1 \rightarrow t_2 \rightarrow v_2 \rightarrow t_3 \rightarrow a$。对应的指示灯会依次亮，每个数据显示时间为 4s。

（5）清除所有数据可按"复位"按钮。

2）碰撞测量

（1）按"功能"按钮，选择碰撞模式，使"碰撞"指示灯亮。最高位数码管显示"1"～"C"对应 12 种碰撞模式。（信号源从加速度到碰撞依次扫描显示）

（2）按"开始"按钮，即开始一次碰撞测量过程，测量结束后数据会自动保存在当前组中。

（3）测量数据依次显示顺序：$t_1(A) \rightarrow v_1(A) \rightarrow t_2(A) \rightarrow v_2(A) \rightarrow t_1(B) \rightarrow v_1(B) \rightarrow t_2(B) \rightarrow v_2(B)$。对应的指示灯会依次亮，每个数据显示时间 4s。

（4）碰撞模式说明示意图如图 4-10 所示。

5. **碰撞模式**

实验设置模式及操作方法见表 4-1，表中的内容与磁悬浮实验智能测试仪的操作、设置模式相同。

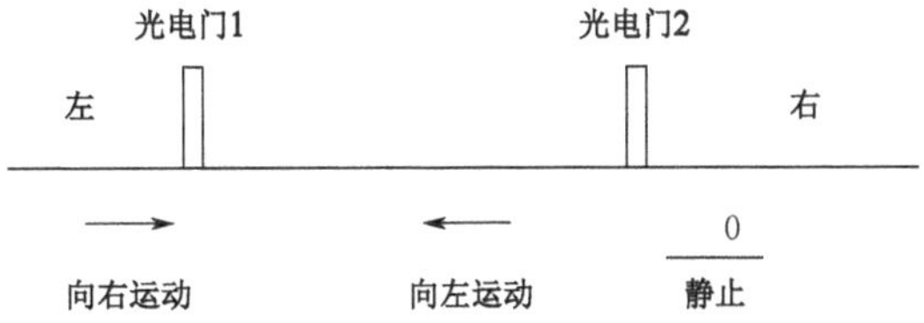

图 4-10 碰撞模式说明示意图

6. **挡光片宽度设置**

（1）按"功能"按钮，选择工作模式，使测试仪显示为"00"，等待数秒钟，"加速度"和"碰撞"指示灯都灭后开始设置。

（2）按"翻页"按钮设置十位数字，按"开始"按钮设置各位数字，设定范围为 0～99mm，默认值为 30mm。

（3）低二位数码管显示当前设定的宽度值。

滑块上有两条挡光片或挡光框，滑块在导轨上运动时，挡光片对光电门进行挡光，每挡光一次，光电转换电路便产生一个电脉冲信号，以控制计时器的开和关。

磁浮导轨上有两个光电门，此光电测试仪测定并存储了滑块上的二条挡光片通过第一光电门时的第一次挡光与第二次挡光的时间间隔 Δt_1 和通过第二光电门时的第一次挡光与第二次挡光的时间间隔 Δt_2，滑块从第一光电门到第二光电门所经历的时间间隔为 $\Delta t'$，如图 4-11 所示。根据两个挡光片之间的距离参数即可计算出滑块上两个挡光片通过第一光电门时的平均速度 $v_1 = \dfrac{\Delta}{\Delta t_1}$ 和通过第二光电门时的平均速度 $v_2 = \dfrac{\Delta}{\Delta t_2}$。由于 Δt_1 和 Δt_2 都很小，我们又可近似地认为在该时间内物体做匀加速运动。因此得出，时间 Δt_1 内的平均速度当作 $\frac{1}{2}\Delta t_1$ 时刻的瞬时速度 v_1；把 Δt_2 时间内的平均速度当作 $\frac{1}{2}\Delta t_2$ 时刻的瞬时速度 v_2。

在此实验测试仪中，已将从 v_1 增加到 v_2 所需时间修正为 $\Delta t = \Delta t' - \frac{1}{2}\Delta t_1 + \frac{1}{2}\Delta t_2$，因此，所测数据为修正值。根据加速度定义，在 Δt 时间内的加速度为 $a = \dfrac{v_2 - v_1}{\Delta t}$。

根据测得的 Δt_1、Δt_2、Δt 和键入的挡光片间隔 Δx 值，经智能测试仪运算可得 v_1、v_2，a_0；测试仪中显示的 t_1、t_2、t_3 对应上述的 Δt_1、Δt_2、Δt，如图 4-12 所示。

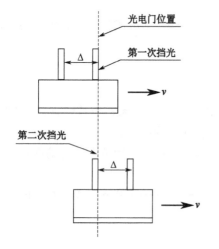

图 4-11　两个挡光片经过光电门的时间间隔　　图 4-12　滑块经过两个光电门时间的修正

第四节　实验 3　单摆基础性实验

单摆实验是典型实验，许多著名的物理学家都对单摆实验进行过细致的研究。本实验的目的是进行简单设计性实验基本方法的训练，根据已知条件和测量精度的要求，学会应用误差均分原则选用适当的仪器和测量方法，学习累计放大法的原理和应用，分析基本误差的来源，提出进行修正和估算的方法。

实验目的

（1）学习用单摆测量当地重力加速度的方法。
（2）研究单摆的振动周期与摆长、摆角之间的关系。
（3）掌握测量单摆周期的方法，理解测量摆动时间中周期数对测量精确度的意义。
（4）学习用图像法处理数据。

实验仪器

单摆装置、电子秒表、钢卷尺、游标卡尺。

实验原理

一、利用单摆测量重力加速度

传统的单摆是一种理想的物理模型,它由理想化的摆球和摆线组成。

如图 4-13 所示,把一个金属小球拴在一根不能伸长的轻质细线下端,如果细线的质量比小球质量小很多,而球的直径又比细线的长度小很多,则该装置可看作一个不计质量的细线系住一个质点。将悬挂的小球(摆球)自平衡位置拉至一边(很小距离,摆角 θ 小于 5°)后释放,摆球即在平衡位置左右往返做周期性摆动,这种装置称为单摆。

摆球所受的力 F 是重力 mg 和绳子张力 T 的合力,指向平衡位置,当摆角很小时,圆弧可近似视为直线,合力 F 可近似地看作沿着这一直线。设摆长为 L,小球位移为 x,质量为 m,则 $\sin\theta \approx x/L$,因此

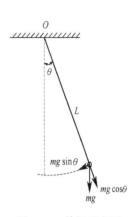

图 4-13 单摆示意图

$$F = -mg\sin\theta \approx -mg\frac{x}{L} \tag{4-18}$$

根据 $F = ma$,可知

$$a = -\frac{g}{L}x$$

单摆在摆角很小时的运动近似视为谐振动,上述公式中负号表示合力 F 始终与位移 x 方向相反,由谐振动公式

$$a = \frac{F}{m} = -\omega^2 x$$

可得

$$\omega = \sqrt{\frac{g}{L}}$$

于是单摆运动的周期为

$$T = \frac{2\pi}{\omega} = 2\pi\sqrt{\frac{L}{g}} \tag{4-19}$$

$$T^2 = \left(\frac{4\pi^2}{g}\right)L \tag{4-20}$$

或者

$$g = 4\pi^2 \frac{L}{T^2} \tag{4-21}$$

一般做单摆实验时,采用某一固定摆长 L(悬点到摆球球心的距离),精密地多次测量周期 T 代入式(4-21),即可求得当地的重力加速度 g。或者测出不同摆长 L_i 下的周期 T_i^2,

作 $T_i^2 \sim L_i$ 曲线，所得结果为一直线，这就证明了单摆的振动为谐振动，其周期随摆长的变化满足式（4-20），由直线的斜率即可求出当地的重力加速度 g。从理论上讲，式（4-20）所表示的直线应通过坐标原点，实际所得直线如果不通过原点，说明测量存在系统误差。

设电子秒表启动和停止引起的计时误差为 Δ_t，如果直接测量周期 T（完成一次全振动的时间），则周期的测量误差为 Δ_t/T。如果根据摆动周期的等时性，测量 n 次全振动的时间为 t，$t = nT$，电子秒表启动和停止引起的计时误差仍为 Δ_t，测量误差变为 $\Delta_t/(nT)$，当 n 较大时，$\Delta_t/(nT) << \Delta_t/T$，从而提高了测量周期的精确度。$n$ 越大，测量的精确度越高，这种方法称为积累（或累计）放大法。

二、研究周期与摆角的关系

经理论推导可得周期与摆角之间满足二级近似式

$$T = T_0 \left(1 + \frac{1}{4} \sin^2 \frac{\theta}{2} \right) \tag{4-22}$$

式中，T_0 为摆角接近 0° 时的周期。

如果在某一固定摆长下，测得不同的摆角 θ 和对应周期 T，绘制 $T \sim \sin^2(\theta/2)$ 直线图，从图线的斜率和截距的比值是否等于 $1/4$ 来验证式（4-22），并且可用外推法求出 $\theta = 0°$ 时的周期 T_0，从而求出重力加速度 $g = 4\pi^2 L / T^2$。

实验内容和步骤

一、用固定摆长的单摆测量重力加速度

（1）安装和调整单摆装置（注意镜像三线重合），并了解所使用的电子秒表的结构和功能。

（2）用米尺测量摆线长 l，用卡尺测量摆球直径 D，各量重复测 5 次。

（3）用累计放大法测单摆周期。使单摆做小角度（$\theta < 5°$）摆动，测出摆动 30 次所需的时间 t，重复测 5 次，将数据填入表 4-9。

（4）利用式（4-21）求重力加速度 g 及其不确定度。

二、用作图法求重力加速度

（1）取摆线长约 1m，分别测出 l、t，重复 5 次，然后逐渐改变摆线的长度（每次变化约 5cm）进行测量，将数据记入表 4-10。

（2）以横坐标表示 L、纵坐标表示 T^2，绘制 $T^2 \sim L$ 图。

（3）在作出的直线上取间隔较大的任意两点 $A(L_1, T_1^2)$ 和 $B(L_2, T_2^2)$，由斜率公式

$$k = \frac{T_2^2 - T_1^2}{L_2 - L_1}$$

计算出重力加速度

$$g = \frac{4\pi^2}{k}$$

三、研究周期 T 与摆角 θ 的关系

（1）固定摆长不变，测出摆线长 l、摆角 θ 及对应的振动时间 t（周期 $T = t/30$）。

（2）改变摆角，测出摆角 θ 及对应的振动时间 t，重复 5 次，将数据记入表 4-11。

（3）以横坐标表示 $\sin^2(\theta/2)$，纵坐标表示 T，绘制 $T \sim \sin^2(\theta/2)$ 关系图。

（4）在作出的直线上取间隔较大的任意两点 $A(L_1, T_1^2)$ 和 $B(L_2, T_2^2)$，从图线的斜率和截距的比值是否等于 1/4 来验证式（4-22），并且根据外推法求出 $\theta = 0°$ 时的 T_0，进而准确求出重力加速度 g。

数据记录表格示例

表 4-9　用固定摆长的单摆测量重力加速度

次数 物理量	1	2	3	4	5	6
摆线长 l/cm						
直径 D/mm						
时间 t/s						

表 4-10　用作图法求重力加速度

物理量 次数	摆长 L/cm			时间 t/s				
	摆线长 l/cm	直径 D/mm	摆长 L/cm	t_1	t_2	t_3	t	T
1								
2								
3								
4								
5								
6								

表 4-11　研究周期 T 与摆角 θ 的关系

物理量 次数	摆角 θ	$\sin^2\dfrac{\theta}{2}$	T/s			
			1	2	3	T
1						
2						
3						
4						
5						
6						

预习思考题

（1）分析并推导当单摆的摆球从平衡位置移开的距离为摆长的几分之一时，摆角约为5°。

（2）实验中为了精确测量摆长 L，可用镜尺法，画图说明镜尺法的测量原理。

（3）考虑到减小误差，测量周期时，要在摆球通过平衡位置时按停表，而不是在最大位移处，试分析其理由。

实验讨论题

（1）根据间接测量不确定度公式分析，在本实验中，哪个量对 g 的测量影响最大？

（2）单摆在摆动过程中受到空气阻力，振幅会越来越小，试问它的周期是否会变化？请根据具体的观察做出回答，并说出理论根据。

（3）用摆长为1m 的单摆测重力加速度 g，将对周期的测量产生多大的影响？

第五节 实验4 单摆设计性实验

本实验利用不确定度均分原理，设计单摆测量重力加速度。这是学生进入大学后真正意义上的第一个物理实验的设计内容。

实验目的

（1）进行简单设计性实验基本方法的训练。

（2）掌握不确定度传递公式及其均分原理。

（3）根据已知条件和测量精度的要求，学会应用不确定度均分原理选用适当的仪器和测量方法。

（4）学习累计放大法的原理和应用，分析基本误差来源，提出进行修正和估算的方法。

实验原理

一、单摆一级近似的周期公式

理想的单摆，是一根没有质量、没有弹性的线系住一个没有体积的质点。在真空中，由于只受重力作用，在与地面垂直的平面内做摆角趋于零的自由振动。而这种理想的单摆实际上是不存在的，在实际的单摆实验中，悬线是一根有质量（弹性很小）的线，摆球是有质量有体积的刚性小球，摆角不能为零，而且又受空气浮力的影响。

实际单摆的周期公式为

$$T = 2\pi\sqrt{\frac{l}{g}\left[1 + \frac{D^2}{20l^2} - \frac{m_0}{12m}\left(1 + \frac{D}{2l} + \frac{m_0}{m}\right) + \frac{\rho_0}{2\rho} + \frac{\theta^2}{16}\right]} \qquad (4\text{-}23)$$

式中，T 是单摆的振动周期，l 和 m_0 是单摆的线长和质量，D、m_0、ρ 是摆球的直径、质量和密度，ρ_0 是空气密度，θ 是摆角。

如果 $m = 33.0\text{g}$，$m_0 = 0.1\text{g}$，$\theta = 5°$，$L = 80.00\text{cm}$，$D = 2.00\text{cm}$，$\rho = 7.8\text{g/cm}^3$，

$\rho_0 = 1.3 \times 10^{-3} \text{ g/cm}^3$，则摆球几何形状对 T 的修正量为

$$\frac{D^2}{20l^2} \approx 3 \times 10^{-5}$$

摆线的质量的修正为

$$\frac{m_0}{12m}\left(1 + \frac{D}{2l} + \frac{m_0}{m}\right) \approx 2.6 \times 10^{-4}$$

空气浮力的修正为

$$\frac{\rho_0}{2\rho} \approx 8.3 \times 10^{-5}$$

摆角的修正为

$$\theta = 5°, \quad \frac{\theta^2}{16} \approx 4.7 \times 10^{-4}$$

$$\theta = 3°, \quad \frac{\theta^2}{16} \approx 1.7 \times 10^{-4}$$

通过以上计算可以得出，如果实验精度要求在 10^{-3} 以内，则这些修正项都可忽略不计。若要求更高的精度，则这些因素就不可忽略，必须考虑。

在这个实验中，由于实验的相对标准不确定度要求为1%，因此我们忽略了摆线的质量，空气浮力，要求摆角小于5°，将单摆看作是一个理想的单摆，其振动周期为

$$T = 2\pi\sqrt{\frac{l}{g}} \tag{4-24}$$

因此，通过测量周期 T、线长 l 可求重力加速度。

二、测量与不确定度

1. 数据处理前的异常值，数据处理中的已定系差

直接测量量都应是等精度量。

测量中伴随着误差，有系统误差、随机误差及过失误差。

要鉴别及剔除过失误差所带来的测量异常值，并在等精度测量条件下补充测量，以保证直接测量量的测量次数和数据满足实验要求，进行实验处理和分析的数据只包含系统误差和随机误差，而没有过失误差。

系统误差中又可分为已定系差和未定系差。由于未定系差与随机误差都遵循统计规律，而已定系差不服从统计规律，则测量误差的计算不再按照系统误差和随机误差来计算，而是按照数学模型来分类计算。

不能简单地认为将未定系差与随机误差归为不确定度的 A 类分量，已定系差属于不确定度的 B 类分量。因为在用不确定度进行测量结果和误差评定时，必须把已定系差修正后再进行，即按 A、B 类划分不确定度时，已经不包括已定系差。由此提请注意：**在进行数据处理前，要鉴别及剔除测量异常值，用已定系差修正直接测量的平均值。**因此在实验操作和测量时，测量的不确定度要求：**按照规程步骤严格进行操作，测量、读数、记录时一定要细致专注**，尽量避免出现异常值，应及时发现测量异常值并在等精度条件下补测；**每**

次测量前一定要对测量用具和仪器进行校正，若无法较零应将其校对的已定系差记录在相应表格里或者表格上方的测量条件中，记得在进行数据处理时用已定系差修正测量量的平均值。

2. 不确定度与概率

不确定度是表征被测量的真值（或与定义、测量任务相关联的被测量值）所处的量值散布范围的评定，它反映可能存在的误差分布范围，即随机误差分量和未定系差分量的联合分布范围。

用概率来表示由于测量误差的存在而对被测量值不能确定的程度。根据不同的概率要求，分别将概率 $p = 2/3 = 66.7\%$ 和 $p = 95\%$ 的不确定度称为合成标准不确定度和扩展不确定度。

举例说明，两个神枪手竞赛，各发射 100 发子弹，以落在靶中心内的 67 发弹孔的范围大小来决胜负。从靶心往外数到第 67 个弹孔，谁的这个弹孔的半径小，谁就获胜，谁的不确定度就小，精确度就高。

图 4-14 中，两个靶上有分布相同的 15 个弹孔，按照合成标准不确定 67%衡量，左靶上离靶心最近的第 10 个弹孔在第 2 个环附近，以靶心为中心、用靶心到第 10 个弹孔的距离为半径画圆，这个范围就是合成标准不确定度。以此衡量，发挥稳定的神枪手所发射的任一弹头落在这个范围的概率就是 67%。

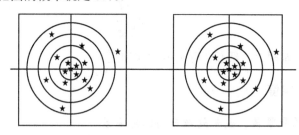

图 4-14 不确定度的图示

在图 4-14 右图中，以扩展不确定度 95%来衡量，扩展不确定度的范围是第 4 圈的区域，神枪手所发射的任一弹头落在这个区域的可能性为 95%，即发射 15 枪，会有 1 个弹头落在第 4 圈之外。

大学物理实验只要求掌握合成标准不确定度及其计算。

三、单摆测重力加速度的不确定度计算

由式（4-24）可得重力加速度

$$g = 4\pi^2 \frac{l}{T^2} \tag{4-25}$$

式（4-25）中有两个直接测量量、一个间接测量量。

1. 直接测量量的不确定度

设直接测量量周期 T、线长 l 的测量次数都为 k 次。

（1）线长：

$$\bar{l} = \frac{1}{k}\sum_{i=1}^{4} l_i, \qquad u_{1A} = \sqrt{\frac{1}{k(k-1)}\sum_{i=1}^{4}(l_i - \bar{l})^2}, \qquad u_{1B} = \frac{\Delta_{lINS}}{\sqrt{3}}$$

$$u_1 = \sqrt{u_{1A}^2 + u_{1B}^2}$$

（2）周期：

$$\bar{T} = \frac{1}{k}\sum_{i=1}^{4} T_i, \qquad u_{TA} = \sqrt{\frac{1}{k(k-1)}\sum_{i=1}^{4}(T_i - \bar{T})^2}, \qquad u_{TB} = \frac{\Delta_{TINS}}{\sqrt{3}}$$

$$u_T = \sqrt{u_{TA}^2 + u_{TB}^2}$$

（3）直接测量量的测量结果表示：

$$l = \bar{l} \pm u_1$$
$$T = \bar{T} \pm u_T$$

2. 重力加速度不确定度的传递公式

已知直接测量量的不确定度，根据第三章第六节总结中"间接测量量的合成标准不确定度的微分变换法操作步骤"，推导如下。

根据式（4-25），以 l 和 T 为变量，对式（4-25）求全微分，有

$$dg(l,T) = \frac{\partial}{\partial l}\left(4\pi^2 \frac{l}{T^2}\right)dl + \frac{\partial}{\partial t}\left(4\pi^2 \frac{l}{T^2}\right)dT$$

$$dg(l,T) = \frac{4\pi^2}{T^2}dl - 2\frac{4\pi^2 l}{T^3}dT$$

用 Δ 代替 d，则微分变为绝对误差：

$$\Delta g = \frac{4\pi^2}{T^2}\left(\Delta l - 2\frac{l}{T}\Delta T\right)$$

误差读取正值，并利用式（4-25），上式可写为

$$\Delta g = g\left(\frac{\Delta l}{l} + 2\frac{\Delta T}{T}\right)$$

上式为以误差为核心时处理实验数据的重力加速度绝对误差传递公式。下式为重力加速度相对误差的公式

$$\frac{\Delta g}{g} = \frac{\Delta l}{l} + 2\frac{\Delta T}{T}$$

而以不确定度为核心的现代实验数据处理的重力加速度不确定度传递公式，将 $dl \to \Delta l \to u_1$，$dT \to \Delta T \to u_T$，采用方和根合成，将 $\Delta g \to u(g)$、$\frac{\Delta g}{g} \to \frac{u_g}{g}$ 变换如下。

（1）重力加速度合成标准不确定度的传递公式：

$$u_g = g\sqrt{\left(\frac{u_1}{l}\right)^2 + \left(2\frac{u_T}{T}\right)^2} \qquad (4-26)$$

（2）重力加速度的合成标准相对不确定度公式：

$$\frac{u_g}{g} = \sqrt{\left(\frac{u_l}{l}\right)^2 + \left(2\frac{u_T}{T}\right)^2} \qquad (4\text{-}27)$$

式中，$\frac{u_l}{l}$ 和 $\frac{u_T}{T}$ 分别为线长、周期的相对不确定度。

式（4-26）、式（4-27）与以往重力加速度的相对误差 $\frac{\Delta g}{g} = \frac{\Delta L}{L} + 2\frac{\Delta t}{t}$ 有很大的差别。

四、不确定度分析的意义和不确定度均分原理

1. 重力加速度不确定度的传递公式

不确定度表征测量结果的可靠程度，反映测量的精确度。在测量时，可以根据对不确定度的要求设计实验方案、选择仪器和实验环境。在实验过程中和实验后，通过对不确定度大小及其成因的分析，找到影响实验精确度的原因并加以校正。比如，测量重力加速度的实验，要求不确定度小于 1%，可以用最简单的单摆法，但如若要求不确定度小于 0.1%，如果仍采用单摆法，就必须注意到公式的近似性，而考虑摆角的高次方、摆线的质量、线长在振动中的变化、空气阻力的影响等诸多因素，而这些因素是难以准确测量的，因此可以考虑用物理摆来测量。

历史上有很多科学家精益求精，通过对实验不确定度的分析并不断改进实验做出重大的物理发现。例如，科学家曾通过对氢的相对原子质量实验值不确定度的研究，认定有未知系统误差的存在，最终发现了氢的同位素氘和氚。

2. 不确定度均分原理

在间接测量中，每个独立测量量的不确定度都会对最终结果的不确定度有贡献。如果已知各个测量量之间的函数关系，可写出不确定度传递公式，并按均分原理将测量结果的总不确定度均匀分配到各个分量中，由此分析各物理量的测量方法和使用的仪器，指导实验。对测量结果影响较大的物理量，应采用精度较高的仪器，而对结果影响不大的物理量，就不必追求使用高精度的仪器进行测量。

例： 重力加速度可通过测量单摆的摆长和周期，根据公式（4-25）得到。应怎样设计实验以及选择合适的实验仪器才能够达到重力加速度的相对不确定度不超过 1% 的要求？

[解]： 如果所用单摆的线长 $l \approx 70\text{cm}$，摆球的直径 $D \approx 2.00\text{cm}$，那么单摆的周期 $T \approx 1.7\text{s}$。

根据式（4-27）有

$$\frac{u_g}{g} = \sqrt{\left(\frac{u_l}{l}\right)^2 + \left(2\frac{u_T}{T}\right)^2} \leqslant 1\%$$

应用不确定度均分原理，应有

$$\frac{u_l}{l} \leqslant \frac{\sqrt{2}}{2}\% = 0.7\% \qquad (4\text{-}28)$$

和

$$2\frac{u_T}{T} \leqslant \frac{\sqrt{2}}{2}\% = 0.7\% \qquad (4\text{-}29)$$

若用钢卷尺测量单摆线长，用游标卡尺测量摆球直径，则 $u_l \leqslant 0.5\text{cm}$，钢卷尺 $\Delta_卷=0.02\text{cm}$，游标卡尺 $\Delta_游=0.002\text{cm}$，因此式（4-28）能够满足需求。

然而如果 $T \approx 1.7\text{s}$，根据式（4-29），要求 $u_T \leqslant 0.006\text{s}$，一般的实验室计时仪器都很难达到这个精度，那么可以采取测量多个周期的办法使得式（4-29）满足要求。

若测量 n 个周期，那么式（4-25）应改为

$$g = 4\pi^2 n^2 \frac{l}{t^2} \tag{4-30}$$

式中，$t = nT$ 称为摆动时间，则以线长 l 和摆动时间 t 为直接测量量的重力加速度不确定度传递公式为

$$u(g) = g\sqrt{\left(\frac{u_l}{l}\right)^2 + \left(2\frac{u_t}{t}\right)^2} \tag{4-31}$$

重力加速度的合成标准相对不确定度公式为

$$\frac{u(g)}{g} = \sqrt{\left(\frac{u_l}{l}\right)^2 + \left(2\frac{u_t}{t}\right)^2} \tag{4-32}$$

此时，与式（4-29）类似，有

$$2\frac{u_t}{t} = 2\frac{u_t}{nT} \leqslant 0.7\% \tag{4-33}$$

若用电子秒表测量单摆周期，那么虽然秒表的测量精度能达到 0.01s，但用秒表测量周期的主要误差来自估计误差，也就是人的反映误差，该误差为 0.2s，因此 $u_t \approx 0.2\text{s}$，带入式（4-33）可得

$$n \geqslant 34$$

因此可以采取用电子秒表测量 50 个周期的方法，用钢卷尺测量单摆线长，用游标卡尺测量摆球直径，达到重力加速度的相对不确定度 $\frac{u_g}{g} \leqslant 1\%$ 的要求。

实验内容

1. 根据不确定度均分原理和测量精度要求，设计一单摆装置（见图 4-15），测量重力加速度 g，要求 $\frac{u_g}{g} \leqslant 1\%$。

（1）设计要求：
① 根据不确定度均分原理和设计要求，自行设计实验方案，合理选择测量仪器和测量方法。
② 写出设计依据和实验步骤。
③ 用实验室提供的单摆装置测量重力加速度 g。

（2）实验室可提供的器材及参数：
游标卡尺、米尺、螺旋测微计、电子秒表、支架、细线（尼龙线）、钢球、摆幅测量标尺。

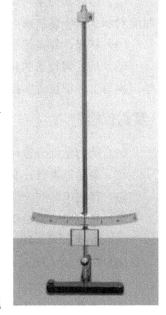

图 4-15 单摆装置

(3) 仪器误差限：

假设摆长 $l \approx 70.00\text{cm}$，摆球直径 $D \approx 2.00\text{cm}$，摆动周期 $T \approx 1.700\text{s}$，木质米尺的仪器误差限为 $\Delta_{\text{米}}=0.05\text{cm}$，钢卷尺的仪器误差限为 $\Delta_{\text{卷}}=0.02\text{cm}$，游标卡尺的仪器误差限为 $\Delta_{\text{游}}=0.002\text{cm}$，螺旋测微计的仪器误差限为 $\Delta_{\text{螺}}=0.001\text{cm}$，电子秒表的仪器误差限为 $\Delta_{\text{秒}}=0.01\text{s}$。

根据统计分析，实验人员开或停秒表反应时间为 0.1s 左右，所以实验人员开、停秒表总的反映时间近似为 $\Delta_{\text{人}}=0.2\text{s}$，初学者要大一些。

(4) 认真阅读本章前两节内容，通过"物理实验预习报告和实验报告自动评判系统"学习单摆测重力加速度实验，讨论预习系统中的误差计算与本实验的不确定度计算的差异。

2. **对重力加速度 g 的测量结果进行误差分析、不确定度计算及数据处理，检验实验结果是否达到设计要求。**

3. （晋级选做）自拟实验步骤研究单摆周期与摆长、摆角、悬线的质量和弹性系数、空气阻力等因素的关系，试分析各项不确定度的大小。

4. （晋级选做）自拟实验步骤用单摆实验验证机械能守恒定律。

第六节　实验 5　单摆研究性实验

实验目的

(1) 学会使用光电门计时器和米尺及游标卡尺，较精确测量单摆的周期和摆长。

(2) 验证摆长与周期的关系，掌握使用单摆测量当地重力加速度的方法。

(3) 熟悉动力学（单摆）综合设计性实验装置，认识利用光电门和电子秒表测量摆动时间对测量精确度的影响，通过对数据不确定度的分析研究提高测量精确度的方法。

(4) 掌握计算直接测量量和间接测量量的合成标准不确定度的方法。

(5) 从工程技术的角度，通过科学的计算和论证，提出解决工程技术问题的方案，并学习撰写工程解决方案报告。

实验仪器

(1) 动力学综合设计性实验装置——单摆（DH4605MP）实验仪。

(2) 多功能微秒计 DHTC-1 一台。

(3) 普通电源线一根。

(4) 光电门一副及连接线一根。

(5) 水平水泡 1 只。(3)、(4)、(5) 放在一个塑料盒里。

(6) 线径 $\varphi 0.13\text{cm}$、长 8cm 铜线 10 根。

(7) 摆球（$\varphi 16\text{cm}$、$\varphi 20\text{cm}$、$\varphi 30\text{cm}$）各 3 只。

(8) 挡光棒（$\varphi 2.7\text{cm} \times 18\text{cm}$）3 根。(6)、(7)、(8) 放在同一个塑料盒里，挡光棒与摆球串在一起，注意不要损伤挡光棒！

（9）钢卷尺（2m）1 把。

（10）游标卡尺（0~150mm）1 把。

（11）活动扳手 2 只（20 名实验组学生共用）。

实验原理

一、用单摆装置测量重力加速度

参考上一节"单摆设计性实验"的原理，以摆长和摆动时间为直接测量量求得本地区的重力加速度。

由
$$g = 4\pi^2 \frac{L}{T^2}, \quad T = \frac{t}{n}$$

可得
$$g = 4\pi^2 n^2 \frac{L}{t^2} \tag{4-34}$$

式中，摆长 $L = l + D/2$，其中 l 为摆线线长，D 为摆球直径。

通过测量不同的摆长所对应的一定周期数的摆动时间，运用作图法和计算法求得重力加速度。问：

（1）在式（4-34）中有几个测量量？哪几个是直接测量量？哪几个是间接测量量？

（2）记录直接测量量数据时，应该保留几位有效数字？需要估读吗？

（3）直接测量量的数据中估读位的数字应该如何取？这个数字与仪器有关吗？或者说，不同精度的仪器测量的结果相同吗？

（4）由测量精确度的要求，回答为什么摆动时间需要测量 n 个周期？

（5）间接测量量的数据的有效数字如何取？

（6）测量结果的有效数位如何取？测量结果的精确度是怎样表示的？

二、直接测量量和间接测量量的不确定度

本实验要求掌握直接测量量和间接测量量不确定度的计算方法。

1. 直接测量量的合成标准不确定度的计算方法

直接测量量的合成标准不确定度由一套公式进行计算。
合成标准不确定度的计算分为 A 类分量 u_A 和 B 类分量 u_B 的计算。

1）A 类分量 u_A 的计算

A 类分量 u_A 是重复测量时用统计学方法计算的分量。

（1）某直接测量量 y，测量了 k 次，其算术平均值为

$$\bar{y} = \frac{1}{k} \sum_{i=1}^{k} y_i \tag{4-35}$$

（2）直接测量量 y 的实验标准偏差为

$$\sigma = \sqrt{\frac{1}{k-1}\sum_{i=1}^{k}(y_i - \bar{y})^2} \tag{4-36}$$

(3) 直接测量量 y 的 A 类分量 u_A 的计算公式为

$$u_A = \frac{\sigma}{\sqrt{k}} \tag{4-37}$$

2) B 类分量 u_B 的计算

B 类分量 u_B 是用其他方法（非统计法）评定的分量，计算方法简单。

(1) 查询并记录直接测量量 y 的测量仪器的仪器误差极限 Δ_{INS}。

(2) B 类分量 u_B 的近似评定公式为

$$u_B = \frac{\Delta_{INS}}{\sqrt{3}} \tag{4-38}$$

3) 直接测量量 y 的合成标准不确定度 u_C 的计算

$$u_C = \sqrt{u_A^2 + u_B^2} \tag{4-39}$$

合成标准不确定度 u_C 由 A、B 两类分量合成。

如果影响直接测量量 y 的 B 类分量不止上面的一种因素，则需要考虑多种因素所占权重，然后按照下面的公式进行计算：

$$u_C = \sqrt{u_A^2 + u_{jB}^2} = \sqrt{u_A^2 + \sum_{j}(u_{jB})^2} \tag{4-40}$$

4) 采用单摆实验装置的直接测量量及其不确定度

本实验中所有直接测量量的测量次数都取 $k = 4$。

(1) 摆球直径：

$$\bar{D} = \frac{1}{4}\sum_{i=1}^{4}D_i, \quad u_{DA} = \sqrt{\frac{1}{4\times 3}\sum_{i=1}^{4}(D_i - \bar{D})^2}, \quad u_{DB} = \frac{\Delta_{DINS}}{\sqrt{3}};$$

$$u_D = \sqrt{u_{DA}^2 + u_{DB}^2}$$

(2) 棉线长：

$$\bar{l} = \frac{1}{4}\sum_{i=1}^{4}l_i, \quad u_{lA} = \sqrt{\frac{1}{4\times 3}\sum_{i=1}^{4}(l_i - \bar{l})^2}, \quad u_{lB} = \frac{\Delta_{lINS}}{\sqrt{3}};$$

$$u_l = \sqrt{u_{lA}^2 + u_{lB}^2}$$

(3) 摆动时间：

$$\bar{t} = \frac{1}{4}\sum_{i=1}^{4}t_i, \quad u_{tA} = \sqrt{\frac{1}{4\times 3}\sum_{i=1}^{4}(t_i - \bar{t})^2}, \quad u_{tB} = \frac{\Delta_{tINS}}{\sqrt{3}};$$

$$u_t = \sqrt{u_{tA}^2 + u_{tB}^2}$$

(4) 直接测量量的测量结果表示:
$$D = \bar{D} \pm u_D$$
$$l = \bar{l} \pm u_l$$
$$t = \bar{t} \pm u_t$$

2. 间接测量量的合成标准不确定度的计算方法

间接测量量的合成标准不确定度的计算采用微分变换法或者表格查阅法。

下面结合本实验推导间接测量量——重力加速度的合成标准不确定度的传递公式。所谓传递公式，就是直接测量量以各自的位置、权重将它们的误差通过公式传递给间接测量量。按照第三章第六节总结中"间接测量量的合成标准不确定度的微分变换法操作步骤"，推导如下。

1）摆长的不确定度传递公式

因棉线长 $l = x_2 - x_1$，则摆长为

$$L = x_2 - x_1 + \frac{D}{2} = l + \frac{1}{2}D \tag{4-41}$$

以直接测量量为变量，对上式求全微分

$$dL = dl + \frac{1}{2}dD$$

代换，dL、dl、dD 可以看作绝对误差 ΔL、Δl、ΔD，经过统计规律处理后，可以用不确定度 u_L、u_l、u_D 代换，然后用方和根合成，其中各项前的系数反映了各直接测量量不确定度的权重，即

$$u_L = \sqrt{(u_l)^2 + \left(\frac{1}{2}u_D\right)^2} \tag{4-42}$$

2）重力加速度的不确定度传递公式

根据式（4-34），以 L 和 t 为变量，对式（4-34）求全微分，有

$$dg(L,t) = \frac{\partial}{\partial L}\left(4\pi^2 n^2 \frac{L}{t^2}\right)dL + \frac{\partial}{\partial t}\left(4\pi^2 n^2 \frac{L}{t^2}\right)dt$$

$$dg(L,t) = \frac{4\pi^2 n^2}{t^2}dL - 2\frac{4\pi^2 n^2 L}{t^3}dt$$

用 Δ 代替 d，则微分变为绝对误差:

$$\Delta g = \frac{4\pi^2 n^2}{t^2}\left(\Delta L - 2\frac{L}{t}\Delta t\right)$$

误差读取正值，并利用式（4-34），上式可写为

$$\Delta g = g\left(\frac{\Delta L}{L} + 2\frac{\Delta t}{t}\right)$$

上式为以误差为核心时处理实验数据的重力加速度绝对误差传递公式，下式为重力加速度相对误差的公式

$$\frac{\Delta g}{g} = \frac{\Delta L}{L} + 2\frac{\Delta t}{t}$$

而以不确定度为核心的现代实验数据处理的重力加速度不确定度传递公式，将 $dL \to \Delta L \to u_L$，$dt \to \Delta t \to u_t$，采用方和根合成，将 $\Delta g \to u(g)$、$\frac{\Delta g}{g} \to \frac{u(g)}{g}$ 变换如下。

（1）重力加速度合成标准不确定度的传递公式：

$$u(g) = g\sqrt{\left(\frac{u_L}{L}\right)^2 + \left(2\frac{u_t}{t}\right)^2} \tag{4-43}$$

（2）重力加速度的合成标准相对不确定度公式：

$$\frac{u(g)}{g} = \sqrt{\left(\frac{u_L}{L}\right)^2 + \left(2\frac{u_t}{t}\right)^2} \tag{4-44}$$

式中，$\frac{u_L}{L}$ 和 $\frac{u_t}{t}$ 分别为摆长、摆动时间的相对不确定度。

3）重力加速度测量结果的表示

$$\bar{g} = 4\pi^2 n^2 \frac{\bar{L}}{\bar{t}^2}$$

$$g = \bar{g} \pm u(g)$$

三、提高重力加速度测量精确度的研究

1. 采用本章第一节的单摆装置测重力加速度的原始数据

（1）用游标卡尺测球的直径 D，数据见表 4-12。

表 4-12　球的直径

次　　数	1	2	3	4	平均值
摆球直径 D/cm	2.694	2.692	2.696	2.690	2.693

请回忆高中学过的运用游标卡尺测量长度的方法，总结直接读出测量值的方法。

（2）用米尺测摆长 $L\left(L = x_2 - x_1 + \frac{D}{2}\right)$，如图 4-16 所示，数据见表 4-13。

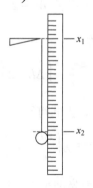

图 4-16　米尺测摆线长

表 4-13 摆长

次　　数	1	2	3	4	平　均　值
x_1 / cm	5.00	5.00	5.00	5.00	
x_2 / cm	117.24	117.24	117.30	117.28	
L / cm	113.60	113.59	113.65	113.63	113.62

请思考为什么长度测量需要测量始端坐标和末端坐标，然后取两坐标之差？这种测量方法蕴含什么原理或技术？能否上升到实验的理论高度？

（3）用量电子秒表测 $n=50$ 的摆动时间 t 值，数据见表 4-14。

表 4-14 摆动时间

次　　数	1	2	3	4	5	6	平　均　值
t/s	106.84	106.87	106.95	106.85	106.82	106.93	106.88

为什么要测量 50 个周期的摆动时间？摆动时间测量 4 次和 6 次有区别吗？

2. 数据的前期处理

1）直接测量量的算术平均值公式和标准偏差公式

经过计算得出摆长、摆动时间，以及单摆周期的算术平均值、标准偏差分别为

$$\overline{L} = 1.1362 \, \text{m}, \qquad \sigma(L) = 0.00028 \, \text{m}$$

$$\overline{t} = 106.88 \, \text{s}, \qquad \sigma(t) = 0.052 \, \text{s}$$

$$\overline{T} = 2.1376 \, \text{s}, \qquad \sigma(T) = 0.00104 \, \text{s}$$

2）求得重力加速度

$$g(T) = 4\pi^2 \frac{\overline{L}}{\overline{T}^2} = \frac{4\pi^2 \times 1.1362}{2.1376} = 9.8166 (\text{m}/\text{s}^2)$$

$$g(t) = \frac{4\pi^2 n^2 \overline{L}}{\overline{t}^2} = \frac{4\pi^2 \times 50^2 \times 1.1362}{106.88^2} = 9.8166 (\text{m}/\text{s}^2)$$

若采用相同的仪器测量摆动时间，表面上看，周期数为 1 和 50 时，重力加速度的测量平均值没有差别。其实由它们的测量平均值可以看出，电子秒表的有效数位不可能达到上面所示的小数点后面第 4 位，这样表现在两个 B 类分量将有很大差异。

3. 探讨测量摆长所用的钢卷尺和游标卡尺对摆长不确定度的影响

1）求摆长 L 的不确定度 $u(L)$

（1）由 $u_A = \sigma_{\bar{y}} = \dfrac{\sigma}{\sqrt{k}}$ 得摆长 A 类分量为

$$u_{LA} = \sigma(\overline{L}) = 0.00014 \, \text{m}$$

（2）摆长 L 的 B 类分量其实是间接测量的分量。

米尺 $\Delta_{INS} = 0.2$ mm，游标卡尺 $\Delta_{INS} = 0.02$ mm。注意，本实验所用游标卡尺的 Δ_{INS} 在游

标卡尺上有标注。

由 $u_B = \dfrac{U_B}{\sqrt{3}} \approx \dfrac{\Delta_{INS}}{\sqrt{3}}$ 求摆长的 B 类分量。

由式（4-40）和式（4-42），得摆长的不确定度 B 类分量为

$$u_{LB} = \sqrt{\left(\dfrac{0.2}{\sqrt{3}}\right)^2 + \left(\dfrac{0.02}{2\times\sqrt{3}}\right)^2} = \sqrt{0.0133 + 0.000033} = 0.12\,(\text{mm})$$

由上式可知，游标卡尺的不确定度可忽略。如果用米尺测量摆球的直径，其不确定度可忽略吗？

严格来说，若以棉线长和摆球直径为直接测量量，分别求出棉线长和摆球直径的不确定度，再利用式（4-42）得到摆长的不确定度，也可以分析出，采用游标卡尺测量摆球直径的不确定度比采用米尺测量棉线长度的不确定度小到可以忽略不计。

由此可知，当用多个测量工具测得一个间接测量量时，量具带来的误差是否可以忽略，一是看不确定度传递公式中该直接测量量的权重，二是比较量具之间的精密程度。

2）求摆长 L 的合成不确定度

由 $u_L = \sqrt{u_{LA}^2 + u_{LB}^2}$，得

$$u_L = \sqrt{0.00014^2 + 0.00012^2} = 0.00018 = 0.0002\,(\text{m})$$

摆长 L 的算术平均值：$\bar{L} = 1.1362\,\text{m}$。

摆长 L 的不确定度：$u_{LA} = 0.14\,\text{mm}$，$u_{LB} = 0.12\,\text{mm}$，$u_L = 0.0002\,\text{m}$。

虽然游标卡尺对摆长 B 类不确定度分量的影响忽略了，但其测得的摆球半径还是不能忽略。

4. 当摆动时间的周期数分别为 1 和 50 时，研究周期数对测量结果的影响

在上一节单摆设计性实验中，通过不确定度均分原理得到结论：由于电子秒表的 B 类不确定度分量较大，当达不到不确定度的要求时，采取测量多个周期的办法能够达到对测量精确度的要求。

（1）求摆动时间的不确定度 $u(t)$。

① 摆动时间 t 的算术平均值：$\bar{t} = 106.88\,\text{s}$，$\sigma(t) = 0.052\,\text{s}$。

② 摆动时间 t 的 A 类不确定度：

$$u_{tA} = \sigma(\bar{t}) = \dfrac{\sigma(t)}{\sqrt{6}} = 0.021\,\text{s}$$

③ 摆动时间 t 的 B 类不确定度：从停表（根据 JJG107—83，3 级电子秒表）$\Delta_{INS} = 0.5\,\text{s}$，得

$$u_{tB} = u_{TB} = \dfrac{\Delta_{INS}}{\sqrt{3}} = \dfrac{0.5}{\sqrt{3}} = 0.29\,(\text{s})$$

④ 摆动时间 t 的不确定度：

$$u_t = \sqrt{u_{tA}^2 + u_{tB}^2} = \sqrt{0.021^2 + 0.29^2} \approx 0.29\,(\text{s})$$

（2）求周期的不确定度 $u(T)$。

① 周期 T 的算术平均值：$\bar{T} = 2.14\,\text{s}$，$\sigma(t) = 0.000104\,\text{s}$。

② 周期 T 的 A 类不确定度：

$$u_{TA} = \sigma(\bar{T}) = \frac{\sigma(t)}{\sqrt{6}} = 0.00042 \text{s}$$

③ 周期的 B 类不确定度：从停表（根据 JJG107-83，3 级秒表）$\Delta_{INS} = 0.5 \text{s}$，得

$$u_{TB} = u_{tB} = \frac{\Delta_{INS}}{\sqrt{3}} = \frac{0.5}{\sqrt{3}} = 0.29 \text{ (s)}$$

④ 周期的不确定度：

$$u_T = \sqrt{u_{TA}^2 + u_{TB}^2} = \sqrt{0.00042^2 + 0.29^2} \approx 0.29 \text{(s)}$$

摆动时间中的周期数为 1 和 50 时，对摆动时间的相对不确定度影响不大，摆动时间的不确定度取决于仪器误差限。但是通过不确定度传递公式，却起到不一样的效果。

5. 两个直接测量量（摆长、摆动时间）对重力加速度不确定度影响的对比，是否并驾齐驱？研究提高测量结果精确度的方法，应从那种仪器着手

1）以摆长和摆动时间为直接测量量的重力加速度 g 的合成标准不确定度 $u_g(t)$

当取周期数 $n = 50$ 的摆动时间时，由式（4-43）可得重力加速度 g 的合成标准不确定度为

$$u_g(t) = g\sqrt{\left(\frac{u_L}{L}\right)^2 + \left(2\frac{u_t}{t}\right)^2} = 9.8166 \times \sqrt{\left(\frac{0.0002}{1.1362}\right)^2 + \left(2 \times \frac{0.29}{106.88}\right)^2}$$

$$u_g(t) = 9.8166 \times \sqrt{3.098492 \times 10^{-8} + 2.9448 \times 10^{-5}} = 9.8166 \times 0.0054 = 0.053 \text{(m/s}^2\text{)}$$

重力加速度的合成标准相对不确定度：

$$\frac{u_g(t)}{g} = \sqrt{3.098492 \times 10^{-8} + 2.9448 \times 10^{-5}} = 0.0054 = 0.54\%$$

2）以摆长和周期为直接测量量的重力加速度 g 的合成标准不确定度 $u_g(T)$

若仍采用上面表格（表 4-12 至表 4-14）的数据，但摆动时间只有一个周期，由式（4-43）可得

$$u_g(T) = g\sqrt{\left(\frac{u_L}{L}\right)^2 + \left(2\frac{u_T}{T}\right)^2} = 9.8166 \times \sqrt{\left(\frac{0.0002}{1.1362}\right)^2 + \left(2 \times \frac{0.29}{2.1376}\right)^2}$$

$$u_g(T) = 9.8166 \times 0.27133 = 2.6636 \approx 2.7 \text{(m/s}^2\text{)}$$

重力加速度的合成标准相对不确定度为

$$\frac{u_g(T)}{g} = \sqrt{\left(\frac{u_L}{L}\right)^2 + \left(2\frac{u_T}{T}\right)^2} = \sqrt{\left(\frac{0.0002}{1.1362}\right)^2 + \left(2 \times \frac{0.29}{2.1376}\right)^2}$$

$$\frac{u_g(T)}{g} = \sqrt{3.098492 \times 10^{-8} + 7.36212 \times 10^{-2}} \approx 27\%$$

3）结论

以一个周期为直接测量量得到的重力加速度为

$$g = (9.8 \pm 2.7)\,(\text{m}\cdot\text{s}^{-2})$$

以 50 个周期的摆动时间为直接测量量得到的重力加速度为

$$g = (9.817 \pm 0.053)\,(\text{m}\cdot\text{s}^{-2})$$

由两种重力加速度不确定度的计算结果可以看出，测量一次周期和测量 n 次周期得到的精确度有明显差别。上面的计算结果 2.7 和 27%，大约是 50 个周期摆动时间的计算结果的 50 倍。后者与前者相比，使得测量结果的有效位数提高了两位。

与以周期表示的传递公式不同，当摆动时间 $t = nT$ 的测量次数 n 超过一定数值（如 6 次）时，时间的 A 类不确定度对其合成不确定度的影响微乎其微，且 $u_t \approx u_T$，此时，因为电子秒表的 Δ_{INS} 较大，因此重力加速度的不确定度值就由测量时间的周期数 n 决定。

因此，在以电子秒表为测量时间的实验装置中，提高测量结果精确度的方法在于摆动时间中的周期数；但当周期数的影响只要一定的数值范围，如"单摆设计性实验"所展示的那样，当周期数为 500 或 1000 时，对测量结果的不确定度的影响力差别不大。由

$$\frac{u_g(T)}{g} = \sqrt{3.098492 \times 10^{-8} + 7.36212 \times 10^{-2}} \approx 27\%$$

$$\frac{u_g(t)}{g} = \sqrt{3.098492 \times 10^{-8} + 2.9448 \times 10^{-5}} = 0.54\%$$

对比可知，上两式根号中第一项为摆长的相对不确定度，第二项为摆动时间的相对不确定度；与电子秒表相比，钢卷尺对测量结果误差的贡献很小，所以测量时间的仪器要比测量长度的仪器对不确定度更有影响；随着周期数的增加，摆动时间在测量结果的不确定度中所占的份额逐渐降低，但因为仪器误差限不变，周期数增加到一定数值后很难再提高精确度了；电子秒表测量量在不确定度中所占的份额至少比钢卷尺高 1000 倍，所以要进一步提高重力加速度的测量精确度，需要改进实验装置，应从测量时间的仪器着手，大幅度降低仪器误差限。

小结：

① 由两种重力加速度不确定度的计算结果可以看出，测量一次周期和测量 n 次周期得到的精确度有明显差别。

② 因此，在以电子秒表为测量时间的实验装置中，提高测量结果的精确度的方法在于摆动时间中的周期数。

③ 影响重力加速度的不确定度的绝对性因素是测量时间的电子秒表仪器误差限。

④ 如果要进一步提高测量重力加速度的精确度，需要从测量时间的仪器着手，采用具有很小 Δ_{INS} 值的时间测量仪器。

四、单摆（DH4605MP）实验仪提高测量精确度的研究

本实验在"单摆基础性实验""单摆研究性实验"的基础上，采用光电门与多功能微秒

计协同智能化测量摆动时间，微秒计的 $\Delta_{INS}=10^{-6}$ s。

采用表 4-12、表 4-13、表 4-14 中的数据，取摆动时间的周期数 $n=50$，从理论上验算采用这套实验装置测量的重力加速度的不确定度值，估算重力加速度的测量平均值的有效数字提高了多少位。

通过本实验来证实上面的分析结果，对比研究采用微秒计测量摆动时间与采用电子秒表测量摆动时间，能够提高测量结果精确度到什么程度？影响进一步提高的因素有哪些？

这套设备是如何保证单摆在摆动过程中的摆角小于 5°？在摆球摆动过程中，连续测量相同摆长的多个摆动时间数据，查看这些数据呈现怎样的规律？

此实验采用高速激光光电门传感器，其具有光束直径小、测量精度高的特点，可以测量瞬时速度。

实验预习

（1）按照本书第二章第三节的内容，熟悉"大学物理实验预习系统"。

（2）请在规定的时间内，进入校园网的预习系统完成"单摆测重力加速度"的预习。学习本章第五节的内容，在预习系统做预习试卷时，首先做操作题，调出操作题下的仿真实验，仔细阅读其中的实验原理和实验指导，熟悉该仿真实验中仪器的操作方法；其次，按照操作题的要求，完成数据测量；最后，回答试卷的其他问题，获得预习成绩。

说明：本次在大学物理实验预习系统进行的"单摆测重力加速度"仿真实验，虽与在实验室做的"单摆研究性实验"不完全一样，却是"单摆研究性实验"的基础，也是掌握预习系统的必要步骤。

（3）实验操作前，阅读直尺和游标卡尺测量长度的内容，学会长度测量的读数和有效数字的记录。

（4）认真阅读与领会本节中的实验原理，掌握重力加速度不确定度的计算方法。

（5）在进入实验室前，写出"单摆研究性实验"实验报告的前一部分——预习报告（包括实验名称、实验仪器、实验原理、仪器介绍及实验内容和步骤），实验原理要简明扼要，写出在数据处理中需要的公式；仪器介绍要求的重点是注意事项；试着根据实验内容和步骤自拟表格（注意表格中的空格需要能够记录 8 位数字），在实验操作过程中检查自拟表格的合理性和完整性。

实验内容和步骤

一、DH4605MP 实验装置

认识单摆 DH4605MP 实验装置各部件、零件的名称和作用，熟悉实验装置的说明。

单摆的实验装置（使用单摆支架）如图 4-17 所示。

预习时观看 DH4605MP 单摆实验仪的录像。

认识单摆的顶端部件，如图 4-18 和图 4-19 所示。

图 4-17 单摆支架

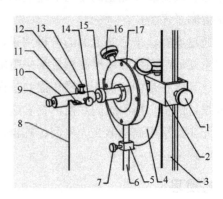

1—锁紧螺钉（1）；2—夹座；3—支架柱；
4—刻度盘（新装置没有图中所示的那么大）；
5—刻度指针（新装置在刻度盘上）；6—摆杆；
7—锁紧螺钉（2）（新装置没有）；8—摆线；
9—锁紧螺钉（3）；10—挂线轴；11—挂板；
12—穿线柱；13—绕线轴；14—锁紧螺钉（4）；
15—锁紧螺帽；16—锁紧螺钉（5）；17—转动圆环

图 4-18 单摆顶端控制盘实物图　　图 4-19 单摆顶端的控制盘

二、光电门

认识光电门及单摆其他各部件、零件的名称和作用，熟悉实验装置的说明，如图 4-20 所示。

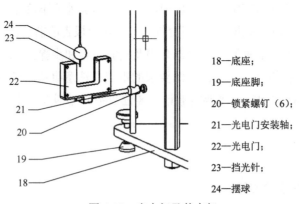

18—底座；
19—底座脚；
20—锁紧螺钉（6）；
21—光电门安装轴；
22—光电门；
23—挡光针；
24—摆球

图 4-20 光电门及其支架

三、安装实验装置并连线

（1）将光电门安装轴套在摆杆的下端，拧紧"20—锁紧螺钉（6）"；再将光电门插入光电门安装轴中，调整光电门垂直放置后拧紧锁紧螺钉（图 4-20 中没有标注）。

（2）将一只水平水泡放在底座上，通过底座的三个底座脚螺钉调整底座水平。

（3）调整刻度盘上的刻度为 0 后，使摆杆垂直，再拧紧刻度盘上的两个"16—锁紧螺钉（5）"（图 4-19 中只标注了一只）。

（4）消除室内环境中流动的风、人走动引起的空气流动，保持单摆实验装置周围环境的稳定、安静。

（5）松开挂线轴顶端的"9—锁紧螺钉（3）"，位于挂线轴凹槽内的摆球，其上有挡光针，摆球另一端连接着摆线；摆线从"10—挂线轴"的中间小孔穿过"12—穿线柱"的小孔绕在"13—绕线轴"上。注意不要弄断棉线，不能直接拉扯棉线。

（6）缓慢旋转"13—绕线轴"的螺钉，使摆线伸长摆球下降。如果摆球由自身重量没有使其下坠，可将手指伸进挂线轴凹槽内，将绕线轴螺钉推进，使棉线不被卡住。根据实验内容设计摆线的长度，调节好后用"9—锁紧螺钉（3）"将其锁紧。

（7）将光电门连接线（RS765，JK3P）插入多功能微秒计 DHTC-1 的输入插孔，拧紧固定螺帽，注意连接线不要挡住摆球的摆动范围。

（8）将多功能微秒计后面板的开关置于关的状态，插入电源线，将电源线插头插入实验桌上的电源插座。

四、熟悉多功能微秒计 DHTC-1 面板上各按键（钮）的功能和操作方法

1. 概述

多功能微秒计 DHTC-1 可用于单个或多个周期（最多 197 个周期）、瞬时速度等物理量的测量，采用高速光电门可达到很高的响应速度和计时精度，是研究物理运动的有力工具，如图 4-21 所示。

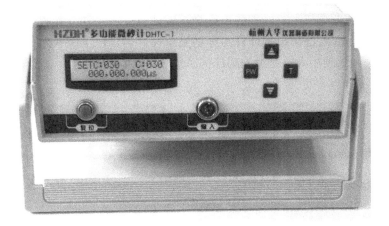

图 4-21 DHTC-1 多功能微秒计

2. 主要技术指标

（1）工作环境条件：温度 10～35℃，相对湿度 25%～85%。

（2）额定工作电源电压：AC（220V±10）V，50Hz，耗电≤5W。

（3）光电门响应时间：<1μs。

（4）挡光针直径可小至 0.5mm。

(5) 计时分辨率：1μs。

(6) 计时长度：9 位。

(7) 被测周期可小至 800μs。

(8) 使用直径为 5mm 的挡光针，可测量 10m/s 的瞬时速度。

(9) 计时误差：<20ppm（来源于时间基准，所以误差具有短期稳定性）。

3. 使用方法

（1）进入通电后初始界面，如图 4-22 所示。

（2）按▲或▼键设置测量周期数[单摆周期=（SETC-1）/2]，按 T 键进入测量状态，如图 4-23 所示。

图 4-22　通电后初始界面

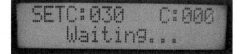

图 4-23　进入测量状态

（3）计时从第一次挡光开始，到最后一次挡光截止，挡一次光 C 加 1，直到满设定值，显示测量结果，如图 4-24 所示。

（4）重新进入测量周期可重复步骤（2）。

（5）测速度时按 PW 键，进入测量脉冲宽度状态，如图 4-25 所示。

图 4-24　测量结果

（6）当挡光针经过光电门时，计时器计算出挡光针挡住光的时间,测量出挡光路径即可计算出瞬时速度。注意：使用长度测量工具测量挡光针直径精度有限；挡住光多少时光电门开始响应，不同的光电门由于器件的不完全一致性也有所不同；接收光的圆形小孔的规则程度有限。以上因素都会影响计算实际挡光路径，但是以上因素对于每个光电门都具有短期稳定性，建议使用表面光滑的圆柱状挡光针。测量完成，显示测量结果（挡光时间）如图 4-26 所示。

图 4-25　进入测量脉冲宽度状态

图 4-26　显示挡光时间

（7）重新进行速度测量，重复步骤（5）。

（8）按▲或▼键，进入测量周期状态。

4. 注意事项

（1）不使用时将电源关闭，节约用电和延长光电门的使用寿命。

（2）不能硬拉摆线，需要松开锁紧螺钉，松动挂线轴与挂板之间的弹簧，利用摆球的重量用绕线轴逐步向下放棉线，不可弄断棉线。

（3）测量摆动时间时，请完整记录多功能微秒计显示的时间，它可显示 9 位数字。

五、单摆摆长的确定及对应摆动时间的测量

1. 分别测量三个摆球的直径

用游标卡尺测摆球的直径 D，分别用精度为 0.02mm 和 0.01mm 的游标卡尺测量。此步主要是学习游标卡尺的使用，测周期时只需要一个摆球。三个摆球直径测量表见表 4-15。

注意：
（1）要提前预习游标卡尺的使用。测量时，必须卡住的是摆球的最大部分。
（2）为了求得摆球直径的平均值，应在 4 个不同位置测量摆球的直径。
（3）阅读第三章第四节有效数字的相关内容，正确读取和填写有效位数。
（4）记录游标卡尺的分度以及其 Δ_{INS}。

表 4-15 三个摆球直径测量表

次　　数	1	2	3	4	平　均　值
摆球 1 直径 D/cm					
摆球 2 直径 D/cm					
摆球 3 直径 D/cm					

游标卡尺的分度：　　　　　　　；游标卡尺的 Δ_{INS}：　　　　　　　。

2. 测量摆长大约为 60cm 时的摆动时间

测量前的准备：
（1）测量时，不用米尺的零刻度线作为测量的起点，可选择某一整数刻线，如 10 cm 处刻度线作为起始点。
（2）正确读取和填写有效位数，记录米尺的分度以及其 Δ_{INS}。
（3）取三个摆球中的一个作为下面实验的单摆的实验摆球。
（4）合理绘制表格。

测量步骤：
（1）准备好多功能微秒计，设置多功能微秒计的 SETC:101，即周期数为 50。
（2）调节摆长为 60cm 左右，用米尺测量摆线长，并记录在表 4-16 中。
（3）调节刻度盘为零度，摆杆处于垂直状态。将"20—锁紧螺钉（6）"松开以使光电门可以上下调节，移动光电门，使光电门的光能够被静止的挡光针挡住，即光电门处于单摆的平衡位置处。
（4）将"16—锁紧螺钉（5）"松开，转动"17—转动圆环"，调节刻度盘上的角度大约为 5°，即将摆杆处于与垂直方向小于 5°的位置，光电门随摆杆一起处于摆球最大的摆动位置。
（5）将摆球拉至位于此刻的光电门位置，由静止释放摆球，让摆球摆动起来。注意摆球不能打圈，要在同一个竖直面内摆动，当摆球的振幅小于摆长的 1/12 时，摆角<5°，稳定后，通过旋转刻度盘回到零刻度。使摆杆处于垂直位置，光电门回到原来的平衡位置。
（6）稳定后，用多功能微秒计测量周期，具体测量 $n = 50$ 的 t 值。

设置 SETC:101，即周期数为 50，记录数据后按"T"键进行再次测量，将数据填入表 4-16。

表 4-16　摆长 60cm 左右时的摆长与摆动时间的测量

次　数	1	2	3	4	平　均　值
x_1/cm					
x_2/cm					
$L=x_2-x_1+D/2$/cm					
t_1/μs					

米尺的分度：　　　　；米尺的 Δ_{INS}：　　　　。

3. 测量摆长大约为 70cm 时的摆动时间

（1）将摆球下放，使摆长约为 70cm，用米尺测量摆线长度，填入表 4-17。

（2）按照摆长大约 60cm 时步骤（3）、步骤（4）中的方法，调整摆杆和光电门，确定摆球的平衡位置和最大摆幅位置。让摆球摆动起来，注意摆球不能打圈，要在同一个竖直面内摆动，当摆球的振幅小于摆长的 1/12 时，摆角＜5°。

（3）稳定后，用多功能微秒计测量周期，测量 $n=50$ 的 t 值，填入表 4-17。

注意：

（1）如何确定摆角＜5°？如何利用刻度盘下的摆杆来确定摆角？

（2）预习时阅读第三章第三节仪器误差中测量仪器分度与最大允许误差的相关内容，留心多功能微秒计上显示时间的位数，为了体现多功能微秒计的精度应真实记录其显示的时间。

（3）记录多功能微秒计的分度，确定其 Δ_{INS}。

表 4-17　摆长约为 70cm 时的摆长与摆动时间的测量

次　数	1	2	3	4	平　均　值
x_1/cm					
x_2/cm					
$L=x_2-x_1+D/2$/cm					
t_2/μs					

多功能微秒计的分度：　　　　；多功能微秒计的 Δ_{INS}：　　　　。

4. 测量摆长大约为 80cm 时的摆动时间

（1）将摆球下放，使摆长约为 80cm，用米尺测量摆线长，填入到自拟的表中。

（2）让摆球摆动起来，注意摆球不能打圈，要在同一个竖直面内摆动，当摆球的振幅小于摆长的 1/12 时，摆角＜5°。

（3）稳定后，用多功能微秒计测量周期，测量 $n=50$ 的 t 值，填入自拟的表中。

5. 测量摆长大约为 90cm 时的摆动时间

（1）将摆球下放，使摆长约为 90cm，用米尺测量摆线长，填入自拟的表中。

（2）让摆球摆动起来，注意摆球不能打圈，要在同一个竖直面内摆动，当摆球的振幅小于摆长的 1/12 时，摆角＜5°。

（3）稳定后，用多功能微秒计测量周期，测量 $n=50$ 的 t 值，填入自拟的表中。

6. 测量摆长大约为 100cm 时的摆动时间

（1）将摆球下放，使摆长约为 100cm，用米尺测量摆线长，填入自拟的表中。

（2）让摆球摆动起来，注意摆球不能打圈，要在同一个竖直面内摆动，当摆球的振幅小于摆长的 1/12 时，摆角<5°。

（3）稳定后，用多功能微秒计测量周期，测量 $n=50$ 的 t 值，填入自拟的表中。

7. 测量摆长大约为 110cm 时的摆动时间（选做）

（1）将摆球下放，使摆长约为 110cm，用米尺测量摆线长，填入自拟的表中。

（2）让摆球摆动起来，注意摆球不能打圈，要在同一个竖直面内摆动，当摆球的振幅小于摆长的 1/12 时，摆角<5°。

（3）稳定后，用多功能微秒计测量周期，测量 $n=50$ 的 t 值，填入自拟的表中。

8. 汇总

将以上设置六种摆长所测量得到的摆长、摆动时间记录在表 4-18 中，其中，表格中的摆长为平均值；表格列中有四次摆动时间的测量值、摆动时间的平均值和周期值，与上面的摆动时间表格对应。

表 4-18　改变摆长 L，在 $\theta < 5°$ 的情况下，连续摆动 50 次时间 t 的测量结果

摆长 L/cm	60.00	70.00	80.00	90.00	100.00	110.00
摆长测量值/m						
时间 t_{50}/s						
时间 t_{50}/s						
时间 t_{50}/s						
时间 t_{50}/s						
时间 $\overline{t_{50}}$/s						
周期 T/s						
T^2						

数据处理

对表 4-18 中的测量数据有两种处理方法。

（1）作图法（首先采用工程制图中的方法在坐标纸上绘图，也可以用软件制图）。

根据表 4-18 中的数据，作 L-T^2 图线（见图 4-27），在直线上取两点 A 和 B，求直线斜率：

$$k = \frac{y_1 - y_2}{x_1 - x_2}$$

即

$$k = \frac{T_1^2 - T_1^2}{L_2 - L_1}$$

计算出重力加速度：

$$g = \frac{4\pi^2}{k}$$

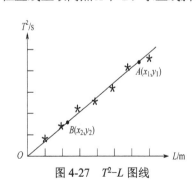

图 4-27　T^2-L 图线

(2)计算法：根据表 4-18 中的数据，分别计算不同摆长的重力加速度 g_1、g_2、g_3、g_4、g_5、g_6，然后取平均，再计算重力加速度合成标准不确定度。可尝试采用计算机软件来进行计算。

(3)将用多功能微秒计测量时间得到的重力加速度的结果与在实验原理中的数据处理示例得到的重力加速度结果进行比较，讨论误差的来源，分析直接测量量的不确定度对重力加速度结果的影响，探讨改进实验仪器、选择测量方法对提高实验精确度的意义，谈谈本实验研究性的内容给你的启示。

实验讨论题

(1)设单摆的摆角 θ 接近 0°时的周期为 T_0，任意摆角 θ 时周期为 T，两个周期间的关系近似为

$$T = T_0 \left(1 + \frac{1}{4}\sin^2\frac{\theta}{2}\right)$$

若在 $\theta = 10°$条件下测得 T 值，将给 g 值引入多大的相对误差？

(2)有一摆长很长的单摆，不许直接去测量摆长，你能设法用测时间的工具测出摆长吗？

(3)对比基础实验所采用的电子秒表与本实验所采用的光电门及多功能微秒计，分析摆长的测量在两个实验的不确定度计算中所占的比例。

(4)以所测量的数据为依据，计算要使重力加速度的最大不确定度<0.04%，需测量多少个周期的摆动时间？

(5)已经用游标卡尺测量了三个摆球的直径，当在不同摆长测量摆动时间时，采用了不同的摆球，对测量重力加速度有何影响？

(6)如果只测量一个周期的摆动时间，请计算其得到的重力加速度的不确定度；如果测量的摆动时间含有 30 个周期，请计算对应的重力加速度的不确定度，并比较这两种不确定度。

(7)本实验中直接测量量的测量次数都是 4 次，一次或者 10 次可以吗？为什么？

(8)摆动时间的周期数 n 为 50，20 个周期作为摆动时间可以吗？n 是否是越多越好？试说明 n 取 1000 次和 n 取 100 次对实验结果的影响。

(9)测量摆长用到了两个测量用具：钢卷尺和游标卡尺。为什么摆长可以作为直接测量量？

(10)在用钢卷尺测量摆长、用电子秒表测量摆动时间的测量重力加速度的单摆实验中，影响测量结果精确度最大的因素是什么测量仪器？为什么？

(11)针对问题(10)，若要将实验中重力加速度测量结果的有效数字的小数点向右多保留 2~3 位数，应该从何处着手？请根据本实验阐述提高测量结果精确度的有效方法。

附录 4-A 采用 Excel 软件处理单摆研究性实验的数据示例

(1)Excel 中的重力加速度不确定度的计算公式函数如附图 4-A-1 所示。

附图 4-A-1　Excel 中重力加速度不确定度的计算公式函数

用分度为 0.02mm 的游标卡尺测量摆球的直径，数据见附表 4-A-1。

附表 4-A-1　用分度为 0.02mm 的游标卡尺测量摆球的直径

物理量	平均值	σ	u_A	u_B	u_C	相对 u_C	测量结果
1号摆球 D/mm	30.265	0.03416	0.01708	0.01155	0.0206	0.068	30.265 + 0.021
2号摆球 D/mm	20.035	0.01915	0.00957	0.01155	0.0150	0.075	20.035 + 0.015
3号摆球 D/mm	16.050	0.02582	0.01291	0.01155	0.0173	0.108	16.050 + 0.017

用仪器误差限为 0.2mm 的米尺测得的棉线长度，数据见附表 4-A-2。

附表 4-A-2　用仪器误差限为 0.2mm 的米尺测得的棉线长度

物理量	平均值	δ	Δ	u_A	u_B	u_C	相对 u_C	测量结果的表示
棉线长 l_{60}/m	0.58490	0.000476	0.0002	0.000238	0.000115	0.000265	0.045	0.58490 + 0.00026
棉线长 l_{70}/m	0.71015	0.001340	0.0002	0.000670	0.000115	0.000680	0.096	0.71015 + 0.00068
棉线长 l_{80}/m	0.80050	0.000622	0.0002	0.000311	0.000115	0.000332	0.041	0.80050 + 0.00033
棉线长 l_{90}/m	0.90560	0.000589	0.0002	0.000294	0.000115	0.000316	0.035	0.90560 + 0.00032
棉线长 l_{100}/m	1.00060	0.000432	0.0002	0.000216	0.000115	0.000245	0.024	1.00060 + 0.00024
棉线长 l_{110}/m	1.09985	0.000719	0.0002	0.000359	0.000115	0.000377	0.034	1.09985 + 0.00038

不同摆长时，多功能微秒计测得的摆动时间及其不确定度，数据见附表 4-A-3。

附表 4-A-3　不同摆长时，多功能微秒计测得的摆动时间及其不确定度

物理量	平均值	δ	Δ	A 类	B 类	u_C	相对 u_C	测量结果的表示
t_{60}/μs	77290289	50202.80	1	25101.40	0.577	25101.40	0.032	77290000 + 25000
t_{70}/μs	85002991	33035.25	1	16517.62	0.577	16517.62	0.019	85003000 + 17000
t_{80}/μs	90309521	32298.19	1	16149.10	0.577	16149.10	0.018	90310000 + 16000
t_{90}/μs	96016864	47697.47	1	23848.73	0.577	23848.73	0.025	96017000 + 24000
t_{100}/μs	100936017	51251.65	1	25625.83	0.577	25625.83	0.025	100936000 + 26000
t_{110}/μs	105774389	41596.52	1	20798.26	0.577	20798.26	0.020	105774000 + 21000

棉线长、摆球直径与摆长的不确定度的关联（游标卡尺分度 0.02mm），数据见附表 4-A-4。

附表 4-A-4　棉线长、摆球直径与摆长的不确定度的关联（游标卡尺分度 0.02mm）

物理量	平均值	u_l / u_D	摆长测量值	u_L	相对 u_L	测量结果
摆球 D(m)	0.020035	0.000015				
棉线长 l_{60}/m	0.58490	0.000265	0.5949175	0.000265106	0.044561828	0.59492 + 0.00027
棉线长 l_{70}/m	0.71015	0.000680	0.7201675	0.000680041	0.094428221	0.72017 + 0.00068

续表

物理量	平均值	u_I/u_D	摆长测量值	u_L	相对 u_L	测量结果
棉线长 l_{80}/m	0.80050	0.000332	0.8105175	0.000332085	0.040971935	0.81052 + 0.00033
棉线长 l_{90}/m	0.90560	0.000316	0.9156175	0.000316089	0.034521947	0.91562 + 0.00032
棉线长 l_{100}/m	1.00060	0.000245	1.0106175	0.000245115	0.02425396	1.01062 + 0.00025
棉线长 ll_{110}/m	1.09985	0.000377	1.1098675	0.000377075	0.03397474	1.10987 + 0.00038

当卷尺仪器误差限为 0.2mm、游标卡尺分度为 0.02mm 时的重力加速度，数据见附表 4-A-5 和附表 4-A-6。

附表 4-A-5 当卷尺仪器误差限为 0.2mm、游标卡尺分度为 0.02mm 时的重力加速度

摆长	$\bar{L}$	u_L	$u_L/\bar{L}$	$\bar{t}$ /s	u_t	$u_t/\bar{t}$	g /(m/s²)	$\bar{g}$ /(m/s²)
摆长 L_{60}/m	0.5949175	**0.0002651**	0.04456	77.290289	0.0251014	0.03248	9.818975537	
摆长 L_{70}/m	0.7201675	0.0006800	0.09443	85.002991	0.0165176	0.01943	9.827077919	9.79960353
摆长 L_{80}/m	0.8105175	0.0003321	0.04097	90.309521	0.0161491	0.01788	9.798387593	
摆长 L_{90}/m	0.9156175	0.0003161	0.03452	96.016864	0.0238487	0.02484	9.792156504	
摆长 L_{100}/m	1.0106175	**0.0002451**	0.02425	100.936017	0.0256258	0.02539	9.780336202	
摆长 L_{110}/m	1.1098675	0.0003771	0.03397	105.774389	0.0207983	0.01966	9.780687424	

附表 4-A-6

摆长	$\bar{L}$ /m	$u_L/\bar{L}$	$\bar{t}$ /s	$u_t/\bar{t}$	g /(m/s²)	u_g	u_g/g	测量结果
摆长 L_{60}/m	0.5949175	0.04456	77.290289	0.03248	9.818976	0.0077344	0.078770063	9.8190 + 0.0077
摆长 L_{70}/m	0.7201675	0.09443	85.002991	0.01943	9.827078	0.0100347	0.102113029	9.827 + 0.010
摆长 L_{80}/m	0.8105175	0.04097	90.309521	0.01788	9.798388	0.0053289	0.054385246	9.7984 + 0.0053
摆长 L_{90}/m	0.9156175	0.03452	96.016864	0.02484	9.792157	0.0059236	0.060493665	9.7922 + 0.0059
摆长 L_{100}/m	1.0106175	0.02425	100.936017	0.02539	9.780336	0.0055036	0.056271619	9.7803 + 0.0055
摆长 L_{110}/m	1.1098675	0.03397	105.774389	0.01966	9.780687	0.0050829	0.051969163	9.7807 + 0.0051

重力加速度平均测量结果：$\bar{g} + \bar{u}_g = (9.7996 + 0.0066)(m/s^2)$

（2）本实验所使用的 Excel 函数为 SQRT，即开方函数。

第五章

振动与波动实验

振动与波动是大学物理实验课程知识体系中很重要的教学内容，简谐振动、受迫振动、阻尼振动及共振现象是机械振动中典型的现象，简谐波、驻波及波的叠加也是与日常工作和生活紧密相关的，虽然振动与波动是从机械运动入手的，但是其概念和原理一直通向热运动、电磁波和光波，扩展到信息科学，在信息时代无处不在。

物质、能量和信息是物理世界的三个层次，在宏观世界里物质以质量和电荷来表征，能量有机械能、内能、电磁能等多种形式，而信息怎么观察和量度，需要从振动和波动的几何描述、数学形式开始，挖掘出隐藏其中的具有广泛意义的非物质的、非能量的、第三个层面的最底层的概念，然后由此建立第三个层面的描述语言、数学表达以及物理实质。

这些都需要从最基本的简谐振动与简谐波开始，我们要体会与总结，在实验室里如何精巧设计实验，人为地调控仪器，通过实验过程的展示，抽取出蕴含在实验现象中那些能够从机械运动贯穿到电磁运动的基本概念和规律。

第一节 实验 6 示波器的基本使用

示波器是现代科学技术领域中应用非常广泛的测量工具，其最大的功能和特点是能将各种复杂多变的电压信号直观地显示在屏上，因而从形象直观性而言，是众多指针式和数字显示式仪器和仪表所不能替代的。电子示波器不仅可以观测不同电信号的幅度随时间变化的波形曲线，还可以测量多种电量，如电压、电流、电阻、频率、相位差、脉冲宽度、上升和下降时间等，若配以适当的传感器，还可以对温度、压力、密度、距离、声、光、冲击力等非电量进行测量。

一、通用示波器的原理

1. 示波器的基本结构

示波器的型号很多，基本结构如图 5-1 所示，由示波管（又称阴极射线管）、放大系统、扫描和同步系统及电源等组成。

为了适应多种量程，对于不同大小的信号，经衰减器分压后，得到大小相同的信号，经过放大器后产生 20V 左右的电压并送至示波管的偏转板。

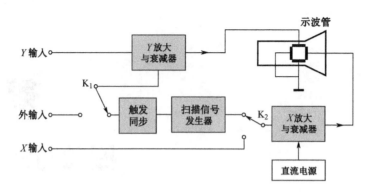

图 5-1　示波器的基本结构

"示波管"是示波器的核心部件,用以显示信号的波形。"Y 放大与衰减器"将从"Y 输入"的信号放大或衰减,送到示波器的竖直偏移系统。"X 放大与衰减器"是将从"X 输入"的信号放大或衰减,送到示波器的水平偏移系统。当需要观测波形时,将"K_2"扳向上方,当需要将两个信号正交合成时,将"K_2"扳向下方。"扫描信号发生器"电路能产生锯齿波电压,与"Y 输入"的信号正交合成后能显示"Y 输入"的信号波形,"触发同步"电路的作用是使波形稳定。

2. 示波管的结构和工作原理

示波管由电子枪、偏转系统和荧光屏三部分组成,被封装在高真空的玻璃管内。示波器结构图如图 5-2 所示。

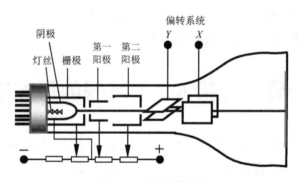

图 5-2　示波管结构图

(1)电子枪:电子枪是示波管的核心部分,由阴极、栅极和阳极组成。

① 阴极——阴极射线源:由灯丝和阴极构成,阴极表面涂有脱出功率较低的钡、锶氧化物。灯丝通电后,阴极被加热,大量的电子从阴极表面移出,在真空中自由运动从而实现电子发射。

② 栅极——辉度控制:由第一栅极(又称控制极)和第二栅极(又称加速极)构成。栅极是一个顶部有小孔的金属圆筒,它的电压低于阴极,具有反推电子作用,只有少量的电子能通过栅极。调节栅极电压可控制通过栅极的电子束强弱,从而实现辉度调节。在第一栅极的控制下,只有少量电子通过栅极,第二栅极与第二阳极相连,所加电位比第一阳极高,第二栅极的正电位对阴极发射的电子奔向荧光屏起加速作用。

③ 第一阳极——聚焦:第一阳极呈圆柱形(或圆形),有几个间壁,第一阳极上加有几百伏的电压,形成一个聚焦的电场。当电子束通过此聚焦电场时,在电场力的作用下,

电子汇合于一点，结果在荧光屏上得到一个又小又亮的光点，调节加在第一阳极上的电压可达到聚焦的目的。

④ 第二阳极——电子的加速：第二阳极上加有 1000V 以上的电压。聚焦后的电子经过这个高电压场的加速获得足够的能量，使其成为一束高速的电子流。这些能量很大的电子打在荧光屏上可引起荧光物质发光。能量越大就越亮，但不能太大，否则将因发光强度过大而烧坏荧光屏。一般来说，第二阳极上的电压在 1500V 左右即可。

（2）偏转板：由两对相互垂直的金属板构成，在两对金属板上分别加直流电压以控制电子束的位置。适当调节电压可以把光电或波形移到荧光屏的中间部位。偏转板除了加直流电压外，还可加待测物理量的信号电压，在信号电压的作用下，光点将随信号电压变化而变化，形成一个反映信号电压的波形。

（3）荧光屏：荧光屏上面涂有硅酸锌、钨酸镉、钨酸钙等磷光物质，能够在高能电子轰击下发光。辉光的强度取决于电子的能量和数量。在电子射线停止作用前，磷光要经过一段时间才熄灭，这个时间称为余辉时间。

（4）偏转系统：自阴极发射的电子束，经过第一栅极、第二栅极、第一阳极、第二阳极的加速和聚焦后，形成一个细电子束。竖直偏转板（常称为 Y 轴）及水平偏转板（常称为 X 轴）所形成的二维电场，使电子束发生位移，位移的大小与 X、Y 轴上所加的电压有关：

$$y = S_y V_y = \frac{V_y}{D_y}, \qquad x = S_x V_x = \frac{V_x}{D_x} \tag{5-1}$$

式中，S_y 和 D_y 分别为 Y 轴的偏转灵敏度和偏转因数，S_x 和 D_x 分别为 X 轴的偏转灵敏度和偏转因数。它们均与偏转板的参数有关，是示波器的主要技术指标之一。

3. 示波器显示波形的原理

如果只在竖直偏转板上加一交变正弦电压，则电子束的亮度将随着电压的变化在竖直方向上来回运动。如果电压频率较高，就能看到一条竖直的亮线，如图 5-3 所示。如果要显示波形，则必须同时在水平偏转板上加扫描电压，使荧光屏上的亮点沿水平方向拉开。这种扫描电压的特点是电压随时间呈线性关系增加到最大值，然后突然回到最小值，而后再重复变化。这种扫描电压随时间变化的关系曲线形同"锯齿"，故称为锯齿波电压。当只有锯齿波电压加在水平偏转板上时，如果频率足够高，则荧光屏上只显示一条水平亮线，即扫描线或时间基线。如图 5-4 所示，产生锯齿波扫描电压的电路在图 5-1 中用"扫描信号发生器"方框表示。

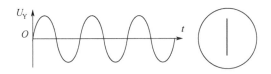

图 5-3　在竖直偏转板上加交变正弦电压

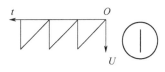

图 5-4　锯齿波扫描电压

如果在竖直偏转板上加正弦电压，同时在水平偏转板上加锯齿波电压，则电子束在水平电场和垂直电场的共同作用下而呈现二维图形。为得到可观测的图形，必须使电子束的偏转多次重叠出现，即重复扫描。

很明显，为得到清晰稳定的波形，上述扫描电压的周期T_x（或频率f_x）与被测信号的周期T_y（或频率f_y）必须满足：

$$T_y = T_x/n, \qquad f_y = nf_x, \qquad n = 1,2,3,\cdots \qquad (5\text{-}2)$$

以保证T_x轴的起点始终与Y轴周期信号固定一点相对应（称为"同步"），波形才稳定，否则波形就不稳定而无法观测。

图 5-5 表示了正弦波电压的显示过程。当$t=0$时，X与Y轴上电压均为零，光点停在荧光屏刻度的a''点。当$t=1$时，X轴上电压为b'，Y轴上电压为b，结果使荧光屏上光点到达b''点；当$t=2$时，X轴上电压为c'，Y轴上电压为c，则荧光屏上光点到达c''点。以此类推，当$t=4$时，荧光屏上光点到达e''点，Y轴电压变化一周，X轴电压也立即回零，一个周期同时结束。

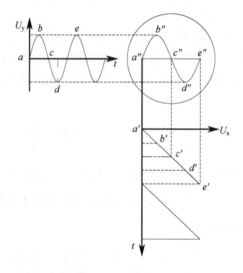

图 5-5　正弦波电压的显示过程

当波形信号的频率等于锯齿波频率的整数倍时，荧光屏上将呈现整数个完整而稳定的被测信号的波形；当两者不成整数倍时，对于被测信号来说，每次扫描的起点都不会相同，结果会造成波形在水平方向上不断移动。为了消除这一现象，必须使被测信号的起点与扫描电压的起点保持"同步"，这一功能由图 5-1 中"触发同步"电路来完成。利用"触发同步"电路提供的一种触发信号来使扫描电压频率与外加信号同步，从而获得稳定的信号图形。

实际使用的示波器由于用途不同，它的示波管及放大电路等也不尽相同。因此，示波器有一系列的技术特性指标，如输入阻抗、频带宽度、余辉时间、扫描电压线性度、Y轴和X轴范围等。

实验内容

（1）登录"物理实验预习与自动判卷系统"，进入仿真实验"示波器实验"，通过回答测试卷中的操作题打开仿真实验。

（2）进入实验后，首先按"F1"键调出帮助文档，仔细阅读文档中的"实验原理""实验内容"，理解使用X轴的时基测量信号的时间参数的原理，学习使用李萨如图形测量信号频率的方法。

（3）通过"实验仪器"帮助文件，熟悉示波器和信号发生器面板上各按钮、旋钮、开关等的位置和名称，熟悉示波器和信号发生器调节界面的功能及其用法。

（4）通过"实验指导"，了解操作界面及各种调节方法。

（5）按照测试卷中的操作题要求，在仿真实验平台上做"用 X 轴的时基测量信号的时间参数"和"观察李萨如图形并测量频率"实验，完成试卷，获得仿真实验成绩。

思考题

（1）最简单的示波器包括哪几个部分？

（2）扫描发生器的输出波形是什么形状？为什么？如果用 50Hz 的交流信号作为扫描波，那么正弦电压信号在荧光屏上将显示怎样的波形？

（3）同步电路的作用是什么？"内"和"外"同步的作用分别是什么？

（4）示波器的水平偏转板和垂直偏转板设有放大器，为何还要衰减器？

（5）示波器的主要功能是什么？

（6）观察波形的几个重要步骤是什么？

（7）怎样用示波器测量待测信号的峰-峰值？

（8）怎样用示波器测量振荡波形的周期？

（9）怎样用示波器的李萨如图形测量正弦波的频率？

实验讨论题

（1）怎样根据李萨如图形来计算两个正弦信号的相位差？

（2）简要写出示波器面板上各旋钮的作用。

（3）示波器能否精确测量电压、周期、频率和相位差？为什么？示波器的真正功能是什么？

（4）如果被观测的图形不稳定，出现向左移或向右移的原因是什么？该如何使之稳定？

（5）在观察李萨如图形时，能否用示波器的"同步"功能将其稳定下来？如果不能，原因是什么？

第二节　实验 7　弦振动基础性实验

平动、转动和振动是机械运动的三种基本形式，如钟摆的来回摆动、声音的传播、波在传播过程中经过反射形成驻波等。驻波是波的干涉中的一种重要现象，它在声学、光学、无线电工程和检测技术等方面都有广泛的应用，如利用驻波现象测量波长、波速或频率。

实验目的

1. 观察弦线上形成的驻波现象。
2. 熟悉机械波干涉特性以及驻波形成的条件。
3. 用驻波测定弦振动的频率。

实验仪器

电动音叉、振动弦线、滑轮、砝码、劈形木座、米尺、天平。

实验原理

振动方向相同、频率相同、周相相同或者相差恒定的两列波叠加时，在空间某些点处，振动始终加强，而在另一些点处，振动始终减弱或完全抵消，这种现象称为波的干涉现象，产生干涉现象的波称为相干波。如果两列振幅也相同的相干波，当它们在同一直线上，沿相反方向传播时，将产生直线上某些点始终静止不动（这些点称为波节），而另一些点的振幅具有最大值，等于每一个波的振幅两倍（这些点称为波腹）的现象。两个相邻波节之间各点的振幅不相同，在零和最大值之间，但振动周期相同，而节点两侧周相相反，形成分段独立的振动，不发生波形和能量的传播，因此称这种波为驻波。本实验仅仅讨论在弦线上形成的横驻波。

设有两列简谐波，分别沿 x 轴的正、负方向传播，其波动方程分别为

$$y_1 = A_1 \cos 2\pi \left(ft - \frac{x}{\lambda} \right) \quad (5\text{-}3)$$

$$y_2 = A_2 \cos 2\pi \left(ft + \frac{x}{\lambda} \right) \quad (5\text{-}4)$$

若在传播和反射时均无能量损失，入射波和反射波的振幅相等，$A_1 = A_2 = A$，其合成波为

$$y = y_1 + y_2 = 2A \cos \left(\frac{2\pi}{\lambda} x \right) \cos(2\pi ft) \quad (5\text{-}5)$$

式（5-5）即为驻波方程。由该方程可以看出，弦上各点的振幅为

$$\left| 2A \cos \frac{2\pi x}{\lambda} \right|$$

与时间 t 无关，它仅仅只是位置 x 的函数，其波形如图 5-6 所示。

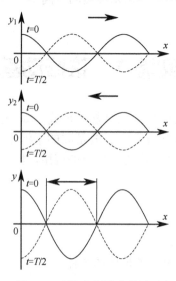

图 5-6 驻波方程描述的波形

（1）当

$$2\pi\frac{x}{\lambda} = (2k+1)\frac{\pi}{2} \quad (k=0,1,2,\cdots) \tag{5-6}$$

即，在 $x = (2k+1)\frac{\lambda}{4}$ $(k=0,1,2,\cdots)$ 时，这些点的振幅始终为零，即为波节。

（2）当

$$2\pi\frac{x}{\lambda} = 2k\frac{\pi}{2} \quad (k=0,1,2,\cdots) \tag{5-7}$$

即，在 $x = k\frac{\lambda}{2}$ $(k=0,1,2,\cdots)$ 时，这些点的振幅最大，等于 $2A$，即为波腹。

由式（5-6）和式（5-7）可知，相邻两波节（或波腹）之间的距离为半个波长。因此，只要测出相邻两个波节（或波腹）之间的距离，就可以确定其波长。

实验装置

本实验产生驻波的装置如图 5-7 所示，将弦线的一端固定在电动音叉一条腿的末端，另一端跨过滑轮后悬挂砝码，使弦线产生张力。音叉作为波源。音叉的振动利用电磁铁激发，电源的一端接音叉，另一端与电磁铁 B 的线圈和可调螺钉 K 连接。调节可调螺钉 K 使之与音叉接触，则电路接通，电磁铁吸引了音叉。音叉一旦被吸动后，可调螺钉 K 与音叉便不接触，电流中断，磁铁失去吸引音叉的作用，音叉又回到原来的位置，这样断续反复作用使音叉按其固有频率连续振动，其振动沿弦线向滑轮方向传播形成机械波。当它遇到劈型木座 E 的阻碍后被反射形成反射波，沿反方向传播。若适当移动 E 使弦线 $\overset{\frown}{AE}$ 的有效长度为半波长的整数倍时，便在弦上形成清晰的振动方向和与音叉振动方向一致的驻波。

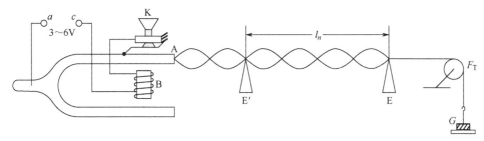

图 5-7 产生驻波的装置

设音叉振动频率为 f，则波速 $v = f\lambda$。若此时弦上有 n 个半波区，则 $\lambda = 2L/n$，或 $v = f \cdot 2L/n$。由弹性理论可证明，在维持弦线张力不变的情况下，横波在弹紧的弦线上的传播速度 v 与弦线张力 F_T 及弦线的线密度 ρ（单位长度的质量）有如下关系

$$v = \sqrt{\frac{F_T}{\rho}} = \sqrt{\frac{mg}{\rho}} \tag{5-8}$$

或

$$\lambda = \frac{1}{f}\sqrt{\frac{mg}{\rho}} \tag{5-9}$$

式中，m 为弦线一端所悬挂砝码和托盘的总质量。

又因相邻两个波节间的距离 l 等于所形成驻波的相干波的波长一半，因此 ($n+1$) 个波节间距离 l_n 为 n 个半波长，即

$$l_n = n\frac{\lambda}{2}$$

实验中要得到稳定的驻波，可以采取三种方法：一种是不改变悬挂砝码的质量，改变弦线的长度（即改变音叉端点与滑轮间的距离）；一种是固定弦线长度而改变悬挂砝码的质量；以上两种方法兼用。

实验内容和步骤

（一）测量弦线的线密度

取长度约为 2m 的一段弦线，精确测出弦线的长度 l，在天平上测其质量 m，求出线密度 ρ。

（二）观察弦上的驻波

（1）按图 5-7 所示调试仪器，记下电动音叉的固有频率 f_0，在弦线右端挂上砝码托盘。

（2）接通电源，调节可调螺钉 K 使音叉振动。

（3）沿弦线方向移动劈形木座 E 的位置，使弦线上产生稳定的、波形清晰的驻波（要细心调节，直至波节处于不动为止）。

（4）使弦长从 20 cm 左右逐渐增加，当在 $n = 1$、2、3、4 的几种情况下，弦共振时，分别测出 L 并计算波长 λ。

（5）使弦长 L 分别大于 $n=1$ 共振时的弦长、小于 $n=2$ 共振时的弦长，在这两种振动的情况下，分别测出波长 λ，并和上面的测量进行比较。

（三）研究弦上驻波的波长和张力的关系

（1）取另一劈形木座 E' 放在另一波节下方，但不要碰到弦线，记下两劈形木座间的波腹数 n（至少要有两个波腹），用米尺测量出木座 E 和 E' 间的距离 l_n。

（2）依次增加砝码 20 g，重复上述步骤（4）和（5），加到弦线端悬挂总质量为 100 g 左右为止。

（3）再依法减少 20 g 砝码，重复上述步骤（4）和（5）。

（4）将式 (5-9) 两侧取对数得

$$\ln\lambda = \ln\left(\frac{1}{v\sqrt{\rho}}\right) + \frac{1}{2}\ln F_T$$

即 $\ln\lambda$ 与 $\ln F_T$ 是线性关系。利用测量值，绘制 $\ln\lambda - \ln F_T$ 图线，求出图线的纵轴截距和斜率，将截距和 $\ln\left(1/v\sqrt{\rho}\right)$ 比较，将斜率和 1/2 比较，说明其差异是否过大。

（四）测量弦上驻波的波速

（1）记录数据并用列表法（列表见表 5-1）求弦振动的频率 f。

（2）根据所测数据，以 v 为纵坐标、λ 为横坐标作图，求出斜率。根据公式 $v = f\lambda$ 可知，频率 f 即为曲线的斜率。

（3）比较由作图法和列表法分别求出的频率的差别，讨论两种方法的优缺点。

数据记录表格示例

表 5-1　驻波的测量

$f_0 = \underline{\quad}$ (Hz)，$\rho = \underline{\quad}$ (kg/m)

砝码与托盘总质量	波节数	n_i 个半波长长度 $l_i(\times 10^{-3}\text{m})$			波长（m）	波速（m/s）
$m_i(\times 10^{-3}\text{kg})$	n_i（个）	加砝码	减砝码	平均	$\lambda_i = \dfrac{2l_n}{n_i}$	$v_i = \sqrt{\dfrac{m_i g}{\rho}}$

$\bar{f} =$

$\delta_f =$

$f = \bar{f} \pm \delta_f =$

$E_f = \dfrac{\delta_f}{\bar{f}} \times 100\% =$

预习思考题

1. 什么叫驻波？它有何特性？
2. 本实验是如何使弦线上形成驻波的？
3. 砝码摆动对测量结果有何影响？

实验讨论题

1. 当所挂砝码质量一定时，为什么要使弦线形成驻波，必须调节 E 的位置吗？若弦线有效长度为 L，音叉振动频率要满足什么条件才能形成驻波？
2. 讨论作图法和列表法求频率 f 的优缺点。
3. 当弦线有效长（音叉端点与壁形木座间的距离）保持不变时，如何通过调节悬挂砝码的质量 m 使弦线形成驻波？此法形成驻波的条件是什么？
4. 增大弦的张力时，如线密度 ρ 有变化，对实验有何影响？能否在实验中检查 ρ 的变化？

第三节 实验8 弦振动综合性实验

传统的教学实验多采用音叉计来研究弦的振动与外界条件的关系。采用柔性或半柔性的弦线，能用眼睛观察到弦线的振动情况，一般听不到与振动对应的声音。

本实验在传统的弦振动实验的基础上增加了实验内容，由于采用了钢质弦线，所以能够听到振动产生的声音，从而可研究振动与声音的关系；不仅能做标准的弦振动实验，还能配合示波器进行驻波波形的观察和研究。因为在很多情况下，驻波波形并不是理想的正弦波，直接用眼睛观察是无法分辨的。本实验若不采用示波器观察分析，则属于综合性实验；若采用示波器，则属于研究性实验，可深入研究弦线的非线性振动以及混沌现象。

实验目的

1. 了解波在弦上的传播及驻波形成的条件。
2. 测量不同弦长和不同张力情况下的共振频率。
3. 测量弦振动时波的传播速度。

实验仪器

1. DH4618 型弦振动研究实验仪。
2. SDS102DL 鼎阳数字示波器。

实验仪器由测试架和信号源组成，如图 10-8 所示。

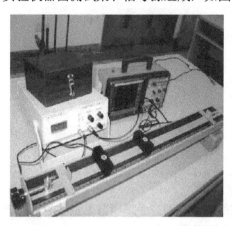 

图 5-8　测试架和信号源

利用该实验装置可研究波在弦上的传播、驻波形成的条件，及改变波长、张力、弦线密度、驱动信号频率等情况时对波形的影响，并可观察共振波形和测量波速。弦振动研究实验仪和弦振动仪器信号源分别如图 5-9 和图 5-10 所示。

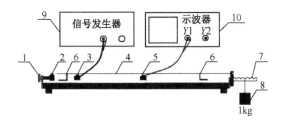

1—调节螺杆；2—圆柱螺母；3—驱动传感器；4—弦线；5—接收传感器；
6—支撑板；7—张力杆；8—砝码；9—信号源（信号发生器）；10—示波器

图 5-9　弦振动研究实验仪器

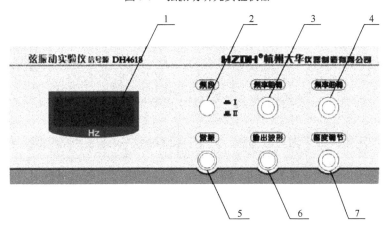

1—四位数显频率表；2—频段选择；3—频率粗调；4—频率细调；
5—激励信号输出；6—激励信号波形；7—激励信号幅度调节

图 5-10　弦振动实验仪信号源

信号源的操作步骤：

（1）打开信号源的电源开关，信号源通电。调节频率，频率表应有相应的频率指示。用示波器观察"波形"端，应有相应的正弦波；调节"幅度调节"旋钮，波形的幅度产生变化，当幅度调节至最大时，波形的峰-峰值应≥10V，这时仪器已基本改善，再通电预热10min 左右即可进行弦振动实验。

（2）按实验内容和步骤的说明，将驱动传感器的引线接至信号源的"激励"端，注意连线的可靠性。

（3）信号源的频率"粗调"用于较大范围地改变频率，"细调"用于准确地寻找共振频率。由于弦线的共振频率的范围很小，故应细心调节，不可过快，以免错过相应的共振频率。

（4）当弦线振动幅度过大时，应逆时针调节"幅度调节"旋钮，减小激励信号；当弦线振动幅度过小时，应加大激励信号的幅度。

注意事项

1. 信号源的"激振"输出为功率信号。
2. 信号源的频率稳定度和显示精度都较高，故使用前应预热。

实验原理

驻波是振幅、频率和传播速度都相同的两列相干波，在同一直线上沿相反方向传播时叠加而成的特殊干涉现象。

当入射波沿着拉紧的弦传播时，波动方程为

$$y = A\cos 2\pi(ft - \frac{x}{\lambda}) \tag{5-10}$$

当波到达端点时会反射回来，波动方程为

$$y = A\cos 2\pi(ft + \frac{x}{\lambda}) \tag{5-11}$$

式中，A 为波的振幅；f 为频率；λ 为波长；x 为弦线上质点的坐标位置。两波叠加后的波动方程为

$$y = y_1 + y_2 = 2A\cos\frac{2\pi x}{\lambda}\cos 2\pi ft \tag{5-12}$$

这就是驻波的波函数，称之为驻波方程。式中，$\left|2A\cos\frac{2\pi x}{\lambda}\right|$ 是各点的振幅，它只与 x 有关，即各点的振幅随着其与原点的距离 x 不同而异。上式表明，当形成驻波时，弦线上的各点做振幅为 $\left|2A\cos\frac{2\pi x}{\lambda}\right|$、频率皆为 f 的简谐振动。

由式（5-12）可知，$\left|2A\cos\frac{2\pi x}{\lambda}\right| = 0$，可得波节的位置坐标为

$$x = \pm(2k+1)\frac{\lambda}{4} \quad k = 0, 1, 2, \cdots \tag{5-13}$$

$\left|2A\cos\frac{2\pi x}{\lambda}\right| = 2A$，可得波腹的位置坐标为

$$x = \pm k\frac{\lambda}{2} \quad k = 0, 1, 2, \cdots \tag{5-14}$$

由式（5-13）、式（5-14）可得相邻两波腹（波节）的距离为半个波长。由此可见，只要测得波节或波腹间的距离，就可以确定波长。

在本实验中，由于弦的两端是固定的，故两端点为波节，所以，只有当均匀弦线的两个固定端之间的距离（弦长）L 等于半波长的整数倍时，才能形成驻波。即有

$$L = n\frac{\lambda}{2}$$

或

$$\lambda = \frac{2L}{n} \quad n = 0, 1, 2, \cdots \tag{5-15}$$

式中，L 为弦长；λ 为驻波波长；n 为半波数（波腹数）。

另外，根据波动理论，假设弦柔韧性很好，波在弦上的传播速度 v 取决于线密度 ρ 和弦

的张力 T，其关系为

$$v = \sqrt{\frac{T}{\rho}} \tag{5-16}$$

又根据波速、频率与波长的普遍关系式 $v = f\lambda$，可得

$$v = f\lambda = \sqrt{\frac{T}{\rho}} \tag{5-17}$$

由式（5-16）、式（5-17）可得横波传播速度

$$v = f\frac{2L}{n} \tag{5-18}$$

如果已知张力和频率，由式（5-17）、式（5-18）可得弦的线密度

$$\rho = T\left(\frac{n}{2Lf}\right)^2 \tag{5-19}$$

如果已知弦的线密度和频率，则由式（5-16）可得张力

$$T = \rho\left(\frac{2Lf}{n}\right)^2 \tag{5-20}$$

如果已知弦的线密度和张力，则由式（5-17）可得频率

$$f = \frac{n}{2L}\sqrt{\frac{T}{\rho}} \tag{5-21}$$

本实验中示波器观察为选做项。

注意：

（1）一般情况下，弦线上既有行波也有驻波，合在一起为行驻波。

（2）当入射波与反射波满足干涉条件时，才能为纯粹驻波，此时有明显的波节点和波腹点。

（3）当弦线上为行驻波时，振幅最小和最大点将不稳定，某一点振动的振幅将忽大忽小。而且行波和驻波成分之比，行波越多，固定点振动的振幅一会大一会小；当行波越少，某固定观察点振动的振幅将趋于稳定。

（4）当弦线上为纯驻波时，耳朵会听到振动的嗡嗡声。

实验预习

1. 阅读教材第五章第一节和第二节，熟悉示波器的功能及使用方法；
2. 进入预习系统完成"驻波实验"，提交预习试卷，获得预习成绩。
3. 仔细阅读本节的实验原理和实验内容，设计数据表格，完成预习报告。

实验内容和步骤

1. 选择一根弦，将弦的带有铜圆柱的一端固定在张力杆 U 形槽中，把带孔的一端套在调整螺杆的圆柱螺母上。
2. 把两块劈尖（支撑板）放在弦下相距为 L 的两点上（它们决定弦的长度），注意窄

的一端朝向标尺，弯脚朝外；放置好驱动线圈和接收线圈，按照图 5-9 所示接好导线。

3. 在张力杆上悬挂砝码（质量可选），然后旋动可调节螺钉，使张力杆水平（这样才能从挂的物块质量精确地确定弦的张力）。由杠杆的原理，通过在不同位置悬挂质量已知的物块，从而获得成比例的、已知的张力，该比例是由杠杆的尺寸决定的。

如图 5-11（a）所示，挂质量为"M"的重物在张力杆的挂钩槽 3 处，弦的张力等于 $3Mg$；如图 5-11（b）所示，挂质量为"M"的重物在张力杆的挂钩槽 4 处，弦的张力等于 $4Mg$，……。

注意：由于张力不同，弦线的伸长也不同，故需重新调节张力杆的水平。

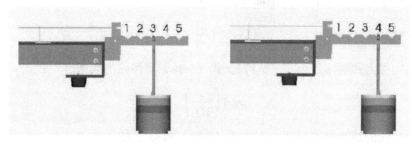

（a）张力 $3Mg$　　　　　　　　（b）张力 $4Mg$

图 5-11　张力大小的示意

注意事项

1. 仪器应可靠放置，张力挂钩应置于实验桌外侧。
2. 弦线应可靠挂放，砝码悬挂的取放应动作轻巧，以免使弦线崩断而发生事故。
3. 张力、线密度一定时，测量不同弦长时的共振频率，并观察驻波现象和驻波波形。

（1）放置两个劈尖至合适的间距并记录距离，在张力杠杆上悬挂一定质量的砝码，记录质量及放置位置（注意，总质量还应加上挂钩的质量）。旋动可调节螺钉，使张力杠杆处于水平状态，把驱动线圈放在离劈尖大约 5~10cm 处，把线圈放在弦的中心位置。

（2）将驱动信号的频率调至最小，以便于调节信号幅度。

（3）慢慢升高驱动信号的频率，观察示波器接收到的波形的改变。如果不能观察到波形，则调大信号源的输出幅度；如果弦线的振幅太大，造成弦线敲击传感器，则应减小信号源输出幅度；适当调节示波器的通道增益，以观察到合适的波形大小为准。一般，一个波腹时，信号源输出为 2~3V（峰-峰值），即可观察到明显的驻波波形，同时观察弦线，应当有明显的振幅。当弦的振动幅度最大时，示波器接收到的波形振幅最大，这时的频率就是共振频率，记录这一频率。

（4）再增加输出频率，可以连续找出几个共振频率。当驻波的频率较高，弦线上形成几个波腹、波节时，弦线的振幅会较小，眼睛不易观察到。这时把接收线圈移向右边劈尖，再逐步向左移动，同时观察示波器（注意波形是如何变化的），找到并记下波腹和波节的个数。

（5）改变弦长，重复步骤（3）、（4），记录相关数据于表 5-2 中。

4. 在弦长和线密度一定时，测量不同张力的共振频率。

（1）选择一根弦线和合适的砝码质量，放置两个劈尖至一定的间距，例如 60cm，调节驱动频率，使弦线产生稳定的驻波。

（2）记录相关的线密度、弦长、张力、波腹数等参数。

（3）改变砝码的质量和挂钩的位置，调节驱动频率，使弦线产生稳定的驻波，记录相关的数据于表 5-3 中。

5. 张力和弦长一定，改变线密度，测量共振频率和弦线的密度。

（1）放置两个劈尖至合适的间距，选择一定的张力，调节驱动频率，使弦线产生稳定的驻波。

（2）记录相关的弦长和张力等参数。

（3）换用不同的弦线，改变驱动频率，使弦线产生同样波腹数的稳定驻波，记录相关的数据于表 5-4 中。

数据记录与处理

表 5-2　张力一定时不同弦长的共振频率

张力（N）	弦长（cm）	波腹数 n	波长（cm）	共振频率（Hz）	传播速度（m/s）
	60				
	55				
	50				
	45				
	40				
弦的线密度($g \cdot m^{-1}$)					

作波长与共振频率的关系图。

表 5-3　弦长一定时不同张力的共振频率

弦长（cm）	序号	张力（N）	共振基频（Hz）	传播速度（m/s）	弦线线密度（g/m）
	1				
	2				
60	3				
	4				
	5				

作张力与共振频率的关系图，作张力与波速的关系图。

注：表 5-3 中的共振频率应为基频，如果误记为倍频的数值，则将得出错误的结论。

表 5-4　弦长张力一定时不同线密度的共振频率

弦长（cm）	张力（N）	弦线	共振基频（Hz）	传播速度（m/s）	弦线线密度（g/m）
		粗			
60		中			
		细			

注意事项

1. 如果驱动与接受传感器靠得近,将会产生干扰,通过观察示波器中的接收波形可以检验干扰的存在。当它们靠得太近时,波形会改变。为了得到较好的测量结果,两传感器的距离至少应大于 10cm。

2. 悬挂和更换砝码时动作应轻巧,以免使弦线崩断,造成砝码坠落而发生事故。

3. 将砝码悬挂在张力杆上时,尽量使张力杆保持水平。表格中的张力记录:砝码的质量×张力杆上的槽位数,如 $300×10^{-3}×5$。

4. 注意共振倍频与共振基频的区别。共振倍频应与共振基频成倍数关系,共振倍频在弦线上产生多个波腹数,而共振基频在弦线上只产生一个波腹数。表 5-2 中的共振频率对应的波腹数尽量为 2。

5. 弦线上产生标准的驻波需要示波器来衡量,虽然眼睛观察出弦线上出现了波腹,但需要使用示波器观察出现真正的波节才算是驻波。

6. 表 5-4 中弦线一栏可分别用"粗、中、细"来区别弦线具有不同的线密度。

课后问题

1. 通过实验,说明弦线的共振频率和波速与哪些条件和因素有关?
2. 试将按公式求得的 ρ 值与静态线密度 ρ_0 比较,分析其差异及形成原因。
3. 如果弦线有弯曲或者粗细不均匀,对共振频率和驻波的形成有何影响?
4. 换用不同弦线后,共振频率有何变化?存在什么关系?
5. 在相同的驻波频率时,不同的弦线产生的声音是否相同?
6. 试用本实验的内容阐述吉他的工作原理。
7. 弦线非线性振动时的波形有何特点?能否形成稳定的驻波,是否依然为正弦波?

第四节 实验9 声速的测量实验

在弹性介质中,频率从 20Hz 到 20kHz 的振动所激起的机械波称为声波,高于 20kHz 的称为超声波,超声波的频率范围为 $2×10^4Hz \sim 5×10^8Hz$。超声波的传播速度就是声波的传播速度。超声波具有波长短、易于定向发射等优点,在超声波段进行声速测量比较方便。

超声波在媒质中的传播速度与媒质的特性及状态等因素有关。因而通过对媒质中声速的测定,可以了解媒质的特性或状态变化。例如,测量氯气、蔗糖等气体或溶液的浓度,区分输油管中不同油品的分界面等,这些问题都可以通过测定这些物质中的声速来解决。可见,声速测定在工业生产上具有一定的实用意义。

本实验用压电陶瓷换能器来测定超声波在空气中的传播速度,它是非电量电测方法的一个例子。

实验目的

1. 了解压电陶瓷换能器的工作原理。
2. 学习超声波的产生原理和接收方法。

3. 用驻波法和相位法测量波长和声速。

实验仪器

示波器、信号发生器和超声声速测定仪。

超声声速测定仪的主要部件是两个压电陶瓷换能器和一个游标卡尺。压电陶瓷换能器可以把电能转化为声能，作声波发射器用，也可以把声能转化为电能，作声波接收器用。超声声速测定仪图片如图 5-12 所示。

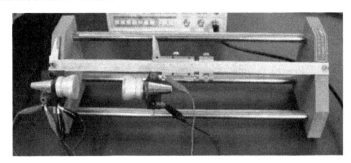

图 5-12　超声声速测定仪图片

实验原理

由波动理论可知，波速与波长、频率的关系为 $v = f\lambda$，只要知道频率和波长就可以求出波速。本实验通过低频信号发生器控制换能器，信号发生器的输出频率就是声波频率。声波的波长用驻波法（共振干涉法）和行波法（相位比较法）测量。图 5-13 是超声波测声速实验装置图。

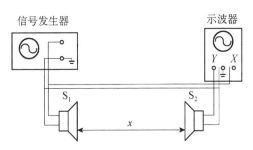

图 5-13　超声波测声速实验装置图

实验中超声波是由交流电信号产生的，所以声波的频率就是交流电信号的频率，由信号发生器中的频率显示可直接读出。因此，本实验的主要任务就是测量声波的波长。

1. **驻波法测波长**

由声源发出的平面波经前方的平面反射后，入射波与发射波叠加，叠加后合成波就是驻波，由式（5-13）、式（5-14）可得相邻两波腹（波节）的距离为半个波长。由此可见，只要在实验中测得波节或波腹间的距离，就可以确定波长。

2. **相位比较法测波长**

从压电陶瓷换能器 S_1 发出的超声波到达接收器 S_2，所以在同一时刻 S_1 与 S_2 处的波有一相位差：其中 λ 是波长，x 为 S_1 和 S_2 之间距离。因为 x 改变一个波长时，相位差就改变 $2p$。利用李萨如图形就可以得到超声波的波长。

实验内容

（1）登录"物理实验预习与自动判卷系统"，进入仿真实验"声速的测量实验"，通过回答测试卷中的操作题打开仿真实验。

（2）进入实验后，首先按"F1"键调出帮助文档，仔细阅读文档中的"实验原理""实验内容"。

（3）调整仪器使系统处于最佳工作状态，换能器共振频率均为35kHz。

（4）用驻波法（共振干涉法）测量波长和声速。

（5）用相位比较法测量波长和声速。。

注意事项：

1. 确保压电陶瓷换能器 S_1 和 S_2 端面的平行。
2. 信号发生器输出信号频率与压电换能器谐振频率保持一致。

思考题：

1. 固定距离，改变频率，以求声速，是否可行？
2. 各种气体中的声速是否相同？为什么？

第六章

测量电阻实验

电阻值是基本的电学测量量之一。测量电阻的方法很多，如使用万用表测量、伏安法测量、替代法测量、电桥法测量等。

在测量技术快速发展的今天，如何采用数字技术测量电阻是一个值得研究的课题。

第一节 实验10 伏安法测量电阻实验

电阻是组成电路的基本元件，测量电阻的方法很多，其中伏安法是最基本的测量方法之一，主要是根据欧姆定律来论证 U、I、R 三者之间的关系。本实验除要求掌握伏特表、安培表的使用，掌握电阻元件伏安特性的测量方法之外，还要学习分析实验中的系统误差以及消除或者减小系统误差的方法。

实验目的

（1）掌握电学基本仪器的使用方法。
（2）掌握伏安法测电阻的原理及方法，研究表头内阻对测量准确度的影响。
（3）了解如何正确连接电表以减小方法误差。

实验仪器

稳压电源、四位半数字万用表、四位半数字电压表、电阻箱、变阻器、检流计、开关、导线、待测电阻等。

实验原理

当在一个元件两端加上电压时，流经此元件的电流与元件两端的电压间存在着一一对应的关系。以电压和电流分别为横坐标和纵坐标画出曲线，此曲线称为元件的伏安特性曲线。如果所得曲线是一条直线，则这个元件为线性元件（如金属膜电阻），如图6-1（a）所示。如果所得曲线是一条曲线，则为非线性元件（如半导体二极管），如图6-1（b）所示。半导体二极管是一个非线性元件，电流随电压的变化具有以下关系：

$$I = I_0\left(\exp\frac{eU}{kT} - 1\right) = I_0[\exp(bU) - 1]$$

式中，I_0 是当 U 为很大的负值时的最大反向电流，对于每个确定的二极管来说，是一个恒定值；e 是电子电荷；k 为玻尔兹曼常数；T 为绝对温度。在确定温度下，半导体二极管的伏安特性曲线如图 6-1（b）所示。对于 U 大于零的部分，称为正向特性曲线，U 小于零的部分称为反向性曲线。

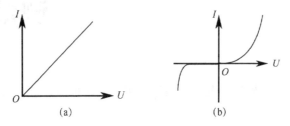

图 6-1　元件的伏安特性曲线

一、伏安法测电阻

根据欧姆定律

$$R = \frac{U}{I} \tag{6-1}$$

可知，只要知道被测元件两端电压 U 以及流过元件的电流 I 值，由式（6-1）就可以求出电阻 R。但是，在实际测量中，由于电表内阻的影响，将所使用的电流表、电压表的读数直接带入式（6-1）计算出的阻值不是待测电阻的真实值。

当电流表内阻为零，电压表内阻无穷大大时，图 6-2 和图 6-3 所示的两种测试电路，其测量不确定度是相同的。

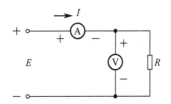

图 6-2　电流表外接测量电路

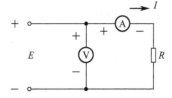

图 6-3　电流表内接测量电路

实际的电流表具有一定的内阻，记为 R_A；电压表也具有一定的内阻，记为 R_V。因为 R_A 和 R_V 的存在，如果简单地用式（6-1）计算电阻器的电阻值，必然带来附加测量误差。

将图 6-2 和图 6-3 所示的两种测量电路合并为图 6-4 所示的测量电路，通过伏安特性曲线可直接求得元件的电阻或者函数的方程式。

若 R 为待测电阻的测量值，U 为电压表的读数值，I 为电流表的读数值；R_x 为待测电阻的真实值，R_A 是电流表内阻，R_V 是电压表内阻。当图 6-4 中开关置"1"时，表示电流表内接，此时测量值为

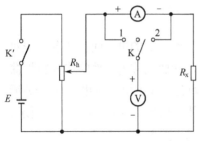

图 6-4　伏安法测电阻

$$R = \frac{U}{I} = \frac{U_x + U_A}{I} = R_x + R_A \quad (6\text{-}2)$$

式中，U_x、U_A 分别为待测电阻和电流表两端的电压，上式也可表示为

$$R_x = R - R_A \quad (6\text{-}3)$$

可见，测量值 R 与待测值 R_x 的真实值相比偏大，由此引入的相对误差为

$$\frac{\Delta R_x}{R_x} = \frac{R - R_x}{R_x} = \frac{R_A}{R_x} \quad (6\text{-}4)$$

当图 6-4 中开关置"2"时，电流表外接，被测电阻 R_x 与电压表内阻 R_V 并联，测得的结果为

$$R = \frac{U}{I} = \frac{U}{I_x + I_V} = \frac{R_x R_V}{R_x + R_V} \quad (6\text{-}5)$$

式中，I_x 为通过待测电阻的电流，或者表示成

$$R_x = \frac{R_x R}{R_V - R} \quad (6\text{-}6)$$

因电压表内阻不可能无限大，因此使测量值 R 总比待测电阻的真实值 R_x 偏小，由此引入相对误差

$$\frac{\Delta R_x}{R_x} = \frac{R - R_x}{R_x} = \frac{R}{R_V} \quad (6\text{-}7)$$

由以上讨论可知，只要知道了电表的内阻，即可利用式（6-3）或式（6-6）对测量值进行修正，从而获得待测电阻 R_x 的准确值。

二、实验线路的比较和选择

如果对待测电阻不加以修正，则无论采用图 6-4 所示的哪一种电路测量都存在着误差，称这种由测量方法引入的误差为方法误差。为了消除这种误差，必须按前面讨论的方法对测量值进行修正。为了减少方法误差，就必须根据被测电阻 R_x 相对于电表内阻的大小，适当地选择测量电阻，而测量电路可以粗略地按下述办法选择。

比较 $\lg(R/R_A)$ 和 $\lg(R_V/R)$ 的大小，比较时 R 取粗测值或已知的约定值。如果前者大，则选择电流表内接法，后者大则选择电流表外接法（此称为选择原则 1）。

如果要得到测量的准确值，就必须按下面两式予以修正。

电流表内接测量时：

$$R_x = \frac{U}{I} - R_A \quad (6\text{-}8)$$

电流表外接测量时：

$$\frac{1}{R_x} = \frac{I}{U} - \frac{1}{R_V} \quad (6\text{-}9)$$

三、基本误差限与不确定度

当实验使用的数字电压表、电流表的量程和准确度等级一定时，可估算出直接测量电

压和电流强度的不确定度 u_U 和 u_I，再用简化公式（6-8）计算的相对不确定度为

$$\frac{u_R}{R} = \sqrt{\left(\frac{u_U}{U}\right)^2 + \left(\frac{u_I}{I}\right)^2} \tag{6-10}$$

可见，要使测量的精确度高，应选择线路的参数使数字表的读数尽可能接近满量程（此称为选择原则2），因为此时的 U、I 值大，u_R/R 就会小一些。

当数字电压表、电流表的内阻值 R_V、R_I 及其不确定度大小 u_{R_V}、u_{R_I} 已知时，可用式（6-8）、式（6-9）更准确地求得 R 的值，相对不确定度由下式求出。

（1）电流表内接时：

$$\frac{u_R}{R} = \sqrt{\left(\frac{u_U}{U}\right)^2 + \left(\frac{u_I}{I}\right)^2 + \left(\frac{u_{R_I}}{R_I}\right)^2 \left(\frac{R_V}{U/I}\right)^2} \Big/ \left[1 - \frac{R_I}{U/I}\right] \tag{6-11}$$

（2）电流表外接时：

$$\frac{u_R}{R} = \sqrt{\left(\frac{u_U}{U}\right)^2 + \left(\frac{u_I}{I}\right)^2 + \left(\frac{u_{R_V}}{R_V}\right)^2 \left(\frac{U/I}{R_V}\right)^2} \Big/ \left[1 - \frac{U/I}{R_V}\right] \tag{6-12}$$

由此可知，由式（6-8）、式（6-9）求电阻值 R 时，线路方案和参数的选择应使 u_R/R 尽可能最小（称此为选择原则3）。

式（6-11）和（6-12）中的 U、I 分别对应内接法和外接法中电压表和电流表的测量值。

4. 补偿法

如果按上述方法对测量值 R 进行修正，消除方法误差后，测量结果的准确度就取决于测量电流、电压时所用电表的准确度级别和量程。

在以上所述的外接法基础上，如果设法从测量方法上去增大电压表的内阻（使 $R_V \to \infty$），就能较准确地测定电阻，这便是电阻测量中的又一常用方法，称为补偿法，如图6-5所示。它是采用电位比较的原理，通过调节可变电阻 R_1 上中心触点 C 的位置，使 B、C 端趋于同电位，即通过检流计上的电流最小。此时，$U_{R_x} = U_{AB} = U_{DC}$，电压表上既显示 R_x 两端的电压，而其内阻大小又不会影响到被测电阻的结果，即相当于 $R_V \to \infty$，所以测出的 R_x 值将比较准确。

> **预习思考题**

在预习系统中，进入"伏安法测电阻"仿真实验，完成测试试卷，回答下列问题后，撰写本实验的预习报告。

（1）什么叫内接法？什么叫外接法？画图说明。
（2）测量电阻时，内接法和外接法选择的依据是什么？
（3）二极管为何会有反向电流？
（4）说一说你所知道的测电阻的方法。

> **实验内容和步骤**

一、练习使用电流表、电压表

（1）进行本实验时，需要一个四位半数字万用表，用其电流挡进行测量。或选择其电

压挡,并联一个合适的标准电阻,改装成为电流表使用。

(2)四位半数字电压表作电压测量用,它的特点是具有 2 个量程,每个量程又有 2 种不同的内阻,这样可以用不同内阻的表头来测量,并比较内阻对测量结果的影响。

(3)观察实验中所用电表的盘面,了解各图标、符号的含义,收集、记录 10~15 个图标、符号,并一一标出其物理意义。

(4)了解电表的精度等级,分别求出所用电表在使用不同量程时的基本误差。

二、用内接法或者外接法测量给定电阻的阻值

1. 测量一个数十欧姆的电阻

根据被测电阻的大小,按选择原则 1 选择电流表的接法,按选择原则 2 和选择原则 3 选择线路参数,并选择合适的工作电源,确定电压表、电流表的量程。

(1)线路连接如图 6-4 所示,图中单刀双掷开关 K 置"1"时实现电流表内接,置"2"时实现电流表外接。

(2)测量时,加在被测电阻两端的电压不得超过该电阻允许的最大值。如果被测值为 R,额定功率为 P,则最大允许电压值为

$$U_{max} = \sqrt{RP} \qquad (6\text{-}13)$$

最大允许电流为

$$I_{max} = \frac{P}{U_{max}} \qquad (6\text{-}14)$$

(3)图 6-4 中的电源电压 E 值的确定以及电流表、电压表量程的选择可按式(6-13)、式(6-14)计算得的 U_{max}、I_{max} 值考虑。

(4)测量时电压从 0 开始,在 0~U_{max} 之间,间隔均匀地测量 10 个点。测量完成后,记录所用电流表、电压表的内阻及准确度等级。

(5)换用相同量程但不同内阻的电压表进行测量。

2. 测量一个一千多欧姆的电阻

根据被测电阻的大小,按选择原则 1 选择电流表的接法,按选择原则 2 和选择原则 3 选择线路参数,并选择合适的工作电源,确定电压表、电流表的量程。

换用相同量程但不同内阻的电压表进行测量。

3. 测量一个数百千欧姆的电阻

根据被测电阻的大小,按选择原则 1 选择电流表的接法,按选择原则 2 和选择原则 3 选择线路参数,并选择合适的工作电源,确定电压表、电流表的量程。

换用相同量程但不同内阻的电压表进行测量。

注意,测量高阻值电阻时,由于标准电阻不确定度加大及绝缘电阻等的影响,以及市电电网的干扰,读数会出现跳字,此时要读取显示值的平均值。

三、用补偿法测量电阻

按照图 6-5 所示连接电路,测量时,先将 R_P 和 R_G 置于较大值,合上 K_1 和 K_2 后,调

节 R_1 上中心触点 C 的位置，使检流计 G 中的指示值逐渐为零，再调节 R_G 到最小值，检流计中指示仍然要求达到零位（注意：检流计上偏转过大时，K_2 应及时断开，要采取间断接通法）。调节 R_P，同样 5 次测出不同的电流和电压值，并作出 U-I 图，由斜率计算出被测电阻 R_x。

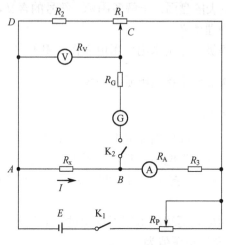

图 6-5 补偿法测量电阻

数据处理

（1）列表记录所有的测量数据。

（2）在坐标纸上画出内接法和外接法测得的金属膜电阻元件的伏安特性曲线。根据特性曲线求被测元件在这两种情况下的电阻 R（未经修正）。

（3）根据测量时所用电表的内阻（由实验室给出），按式（6-8）、式（6-9）对上述两种方法测得的结果进行修正。

按照式（6-8）、式（6-9）计算各自的测量结果，按式（6-11）、式（6-12）计算各自的测量不确定度，对以上结果进行比较，分析这些方法各自的特点。

实验讨论题

（1）伏安法测电阻时，电表和测量条件应如何选择？

（2）对伏安法测量电阻的结果进行误差分析。

（3）补偿法测量电阻时，其调节步骤如何？

（4）补偿法为何能较准确地测量出 R_x 的值？当检流计中通过的电流为最小时，R_V 为什么不会对 R_x 产生影响？

（5）被测电阻约定真值 R_t=12.010kΩ，量程为 3V 的 1.5 级电压表内阻为 R_V=(9.98±0.15) kΩ，量程 5mA 的 1.5 级电流表内阻为 R_I=(8.31±0.12) Ω，电流表内接时 U=3.00V，I_{int}=0.22mA；电流表外接时 U=3.00V，I_{ext}=0.53mA。试求：

① 按照中学要求的 R=U/I，采用电流表内外接法分别得到的电阻测量值为多少？

② 按照一般要求修正已定系差，内接法用式（6-8），外接法用式（6-9），用式（6-10）计算不确定度时，写出两种接法所得到的电阻测量结果。

③ 若用完整的合成公式（6-11）、式（6-12）计算不确定度，写出两种方法得到的电阻

测量结果。

第二节　实验 11　惠斯通电桥测量电阻

电阻是电磁学实验工作中的常用元件。在电磁学发展史上，电桥法测量电阻曾起过重要作用。电桥所用的平衡比较法，是微差法的差值为零时的特例；微差法是比较法中的一种。电桥分为直流电桥和交流电桥两大类，直流电桥又分为单臂电桥和双臂电桥。电桥电路在自动化仪器和自动控制过程中有许多用途。

电桥法测量是一种用比较法进行测量的方法，它在平衡条件下将待测电阻与标准电阻进行比较以确定其待测电阻的大小。电桥法具有灵敏度高、测量准确和使用方便等特点，已被广泛地应用于电工技术和非电量测量中。例如，测量线圈电感值的电感电桥，测量电容器电容值的电容电桥，还有既能测量电感又能测量电容及其损耗的交流电桥等。

电阻按其值大小可分为高值电阻（100kΩ 以上）、中值电阻（1Ω～100kΩ）和低值电阻（1Ω 以下）三种。为了减小测量误差，不同阻值的电阻，其测量方法不尽相同。

直流电桥主要由比例臂、比较臂、检流计等构成。测量时将被测量与已知量进行比较而得到测量结果，因而测量精度高，加上方法简单、使用方便，所以得到了广泛应用。

电桥的种类繁多，但直流电桥是最基本的一种，它是学习其他电桥的基础。早在 1833 年就有人提出基本的电桥网络，但一直未引起注意，直至 1843 年惠斯通（Charles Wheatstone，1908—1975）才加以应用，后人就称之为惠斯通电桥。

直流电桥可分为惠斯通电桥（又称箱式单臂电桥）和开尔文电桥（又称双臂电桥）两种。惠斯通电桥适合测量中值电阻，开尔文电桥适合测量低值电阻。

实验目的

（1）了解用直流电桥的平衡法测量电阻。
（2）掌握用惠斯通电桥测量未知电阻，计算不确定度。

实验仪器

（1）QJ23a 型直流电阻电桥，附 50cm 连接线（两头扁叉、一红一黑）2 根。
（2）若干不同阻值的电阻。

实验原理

惠斯通电桥是一种测量中值电阻的常用仪器。以往我们所知道的用伏安法测电阻、用万用表（欧姆表）测电阻都只是一种粗略测量电阻阻值的方法，其相对误差一般为百分之几。原因是在上述这些测量中电表本身的非理想化（所谓电表的理想化是指，电压表内阻应无穷大，电流表内阻应等于零），就会给测量带来附加的误差。为了减小这种由于电表非理想化所带来的测量误差，惠斯通专门设计了一种用于测量电阻的电路——惠斯通电桥。

单臂电桥电路是电学中很基本的一种电路连接方式，可测量 $1～10^6\Omega$ 的电阻。

1. 惠斯通电桥长期应用的背景

惠斯通电桥沿用了近二百年，1833 年由克里斯泰（Cheistie）首先提出，后来以惠斯通名字命名。电桥产生和长期使用的背景如下。

（1）采用伏安法测量电阻的实验条件要求较高，如实验中对 0.2 级电表的使用与检定的条件要求比较高，同时对电源的稳定性要求也较高。

（2）电桥采用比较测量方法，只要求平衡指零仪表的灵敏度足够高（对其准确度无要求）。

（3）在数字仪表发展之前的时期，如果用伏安法测量电阻 $R = U/I$，需要同时准确测量电压 U 和电流 I，而在当时，0.2 级模拟式电表的制造成本、价格都远高于准确度约为 0.05% 的六位旋钮式电阻箱。

所以准确电阻易于制造、模拟电表准确度差、一般电源稳定度差是惠斯通电桥产生的物质背景。

虽然现代计量中直流电桥正逐步被数字仪表所替代，但用惠斯通电桥测电阻仍是大学、中学物理实验的常见题目。一方面是鉴于以往在电阻测量中电桥起了重要作用；另一方面，巧妙的比较测量思想是使电桥长期用于教学实验的理论原因。

通过传感器，利用电桥电路还可以测量一些非电量，如温度、湿度、应变等，在非电量的电测法中有着广泛的应用。本实验是用电阻箱和检流计等仪器组成惠斯通电桥电路，以加深对直流单臂电桥测量电阻原理的理解。本实验的目的是通过用惠斯通电桥测量电阻，掌握调节电桥平衡的方法，并要求了解电桥灵敏度与元件参数之间的关系，从而正确选择这些元件，以达到所要求的测量精度。

2. 惠斯通电桥测电阻的原理

惠斯通电桥原理图如图 6-6 所示，图中标准电阻 R_1、R_2 和可变电阻 R 的阻值已知，它们和被测电阻 R_x 连成四边形，称为电桥的四条桥臂。对角 A 和 C 之间接电源 E、开关 K 和限流电阻 R_E。

对角 B 和 D 之间接检流计（高灵敏电流表）G、开关 K_G 和限流电阻 R_G，所谓的桥路就是对该支路而言，它就像"桥"一样"架"在电桥的四个臂上。

若调节 R 使检流计两端 B 和 D 点等电势，则通过检流计的电流为零，这种情况就称为"电桥平衡"。根据电桥平衡所需满足的关系，即可精确地测量电阻。

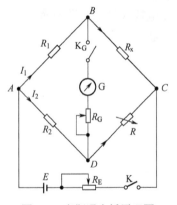

图 6-6 惠斯通电桥原理图

当电桥达到平衡时，可得

$$R_x = \frac{R_1}{R_2} R \tag{6-15}$$

若电流计足够灵敏，等式（6-15）就能相当好地成立，被测电阻值 R_x 可仅由三个标准电阻的值来求得，与电源电压无关。这一过程相当于把 R_x 和标准电阻相比较，因而准确度高。仪器中将 R_1/R_2 做成比率为 k 的不同挡，则 R_x 为

$$R_x = kR \tag{6-16}$$

通常称 R_1/R_2 为比例臂，R 为比较臂，所以电桥由四条桥臂、检流计和电源三部分组成。与检流计串联的限流电阻 R_G 和开关 K_G 是为了在调节电桥平衡时保护检流计，避免有较大电流长时间通过检流计而设置的。随着电桥逐渐趋于平衡，R_G 值可适当减小，最终为零，此时 K_G 可较长时间接通。

与电源串联的限流电阻 R_E 和开关 K 的作用是在电桥平衡前降低 BD 间电势差。R_E 可适当取大一些，当电桥趋于平衡时，可适当减小 R_E 值。但最后是否可取 R_E 为零，必须考虑工作电流是否超出电源 E 的最大输出电流，以及桥臂电流是否已超出桥臂所允许的最大电流值。

3. 电桥的灵敏度

用电桥测量电阻，关键是电桥调平，而电桥是否平衡，视检流计是否偏转来判断。一般当流过桥路的电流小于 10^{-7}A 时，检流计偏转小于 0.1 格时就难以判断，此时会误以为电桥已达到平衡，结果会造成电桥测出的待测电阻之值与其真实值之间有误差存在。假设电桥在 $k=R_1/R_2=1$ 时调节至平衡，则有 $R_x=kR=R$，这时若 R 改变一个微小量 ΔR，则电桥失去平衡，从而有电流 I_G 流过检流计。如果 I_G 小到检流计察觉不出来，那么会认为电桥是平衡的，因而得到 $R_x=R+\Delta R$，ΔR 就是由于检流计灵敏度不够高而带来的测量误差 ΔR_x。

为了能够定量地反映这一误差的大小，我们引入了电桥灵敏度 S 的概念，其定义为

$$S=\frac{\Delta n}{\Delta R_x/R_x} \tag{6-17}$$

式中，ΔR_x 是在电桥平衡后 R_x 的微小改变量（实际上，若是待测电阻 R_x 不能改变，可通过改变标准电阻 R 的微小变化 ΔR 来测电桥灵敏度）；Δn 是由 ΔR_x 引起的电桥偏离平衡时检流计的偏转格数，Δn 越大，则电桥灵敏度越高，带来的测量误差就小。因

$$\frac{\Delta R}{R}=\frac{\Delta I_G}{\Delta I_G \frac{\Delta R}{R}}=S_1 S_2, \qquad S_2=\frac{\Delta I_G}{\frac{\Delta R}{R}}$$

S 的表达式可变换为

$$S=\frac{\Delta n}{\Delta R/R}=\frac{\Delta n}{\Delta I_G}\times \frac{\Delta I_G}{\Delta R/R}=S_1 S_2 \tag{6-18}$$

式中，S_1 是检流计自身的灵敏度；$S_2=\dfrac{\Delta I_G}{\Delta R/R}$ 为电桥线路的灵敏度，其由线路结构决定，理论上可以证明 S_2 与电源电压、检流计的内阻及桥臂电阻等有关。

4. 基本误差限与不确定度

在一定参考条件下（20℃左右、电源电压偏离额定值不大于 10%、绝缘电阻符合一定要求、相对湿度 40%～60% 等），直流电桥的允许基本误差（基本误差限）$E_{\lim}$ 为

$$E_{\lim}=\pm\alpha\%\left(kR+\frac{kR_N}{10}\right) \tag{6-19}$$

式中，k 为比率值 R_1/R_2；α 为等级指数，其主要反映电桥中各个标准电阻的准确度。

式（6-19）右边的第一项 $\alpha\%kR = \alpha\%R_x$，正比于被测电阻；第二项 $\alpha\%(kR_N/10)$ 是常数项。对于实验室的 QJ23a 型电桥，约定取 $R_N=5000\Omega$，这是教学中的简化处理（一般厂家给出的 $R_N=10000\Omega$）。

一定测量范围的等级指数 α 与电源电压和检流计的指标相联系，使用中需参考电桥说明书或仪器铭牌的标示参数，见表 6-1 和表 6-2。

教学中一般直接将 $E_{\lim}$ 的绝对值作为电阻测量结果的不确定度，即

$$u_{R_x} = |E_{\lim}| \tag{6-20}$$

式中，u_{R_x} 表示 R_x 的不确定度，不表示 R_x 两端的电压，下同。

表 6-1 惠斯通电桥的准确度

倍率 k	量程	分辨力	准确度/%	电源电压
×0.001	1~11.11Ω	0.001Ω	0.5	3V
×0.01	10~111.1Ω	0.01Ω	0.2	3V
×0.1	100~1111Ω	0.1Ω	0.1	3V
×1	1~11.11kΩ	1Ω	0.1	3V
×10	10~111.1kΩ	10Ω	0.1	9V
×100	100~1111kΩ	100Ω	0.2	15V
×1000	1~11.11MΩ	1kΩ	0.5	15V

表 6-2 惠斯通电桥基本误差的允许极限

量程倍率	有效量程	分辨力	基本误差的允许极限/Ω	电源电压
×0.001	1~11.11Ω	0.001Ω	$E_{\lim}=\pm(0.5\%X+0.001)$	3V
×0.01	10~111.1Ω	0.01Ω	$E_{\lim}=\pm(0.2\%X+0.01)$	3V
×0.1	100~1111Ω	0.1Ω	$E_{\lim}=\pm(0.1\%X+0.1)$	3V
×1	1~11.11kΩ	1Ω	$E_{\lim}=\pm(0.1\%X+1)$	3V
×10	10~111.1kΩ	10Ω	$E_{\lim}=\pm(0.1\%X+10)$	9V
×100	100~1111kΩ	100Ω	$E_{\lim}=\pm(0.2\%X+100)$	15V
×1000	1~11.11MΩ	1kΩ	$E_{\lim}=\pm(0.5\%X+1000)$	15V

注：表中 X 为电桥平衡后的测量盘置数（亦称标度盘）乘以量程倍率所得的数值。

5. 电桥的灵敏阈

当电源、检流计指标不符合测量范围的对应要求时，电桥平衡后，微调 R_x 后检流计可能看不到偏转，说明电桥不够灵敏。将检流计灵敏阈（0.2 格）所对应的 R_x 的变化量 Δ_S 定义为电桥灵敏阈。

R_x 改变 Δ_S 可等效为使 R_x 不变而仅仅使 R 改变 Δ_S/k。于是测 Δ_S 的步骤如下：电桥平衡后将测量盘 R 调偏到 $(R+\Delta R)$，使检流计偏转 Δd（2 格或 1 格），近似有

$$\Delta_S = 0.2k\left|\frac{\Delta R}{\Delta d}\right| \tag{6-21}$$

电桥灵敏阈 Δ_S 反映了平衡判断的误差影响，它和电源、检流计参量有关，还与比率 k

及 R_x 的大小有关。Δ_S 愈大，电桥愈不灵敏。为减小 Δ_S，可适当提高电源电压或外接更灵敏的检流计。

当电源、检流计指标符合说明书要求时，$|E_{\lim}|$ 中已包含了 Δ_S 的影响；如果不是这样，则应将 Δ_S 与 $|E_{\lim}|$ 合成得出不确定度 u_{R_x}。例如，用三电阻箱做桥臂自组电桥可得

$$\frac{u_{R_x}}{R_x} = \sqrt{\left(\frac{u_{R_1}}{R_1}\right)^2 + \left(\frac{u_{R_2}}{R_2}\right)^2 + \left(\frac{u_R}{R}\right)^2 + \left(\frac{\Delta_S}{R_x}\right)^2} \tag{6-22}$$

式中，u_{R_x}/R_x 表示 R_x 的相对不确定度，而不是 R_x 两端的电压除以 R_x；类似的，u_{R_1}/R_1 也表示 R_1 的相对不确定度，其他类似。

仪器介绍

QJ23a 型直流电阻电桥内附指零仪和电池盒，整个测量机构装在金属外壳内，轻巧且便于携带，测量 1Ω～10MΩ 范围内的电阻器极为方便，适宜在实验室和现场使用。

其总有效量程为 1Ω～11.11MΩ；测量盘为 1000Ω×10+100Ω×10+10Ω×10+1Ω×10；量程倍率为 ×0.001、×0.01、×0.1、×1、×10、×100、×1000；测量盘残余电阻≤0.02Ω。

1. 仪器使用环境要求

环境温度：10～30℃。

环境湿度：25%～75%。

2. 电源

1 号干电池两节，3V、9V 层叠电池一节。

3. 结构

QJ23a 型直流电阻电桥主要由测量盘、量程变换器、指零仪及电源等组合而成，仪器面板上各部件的名称如图 6-7 所示。

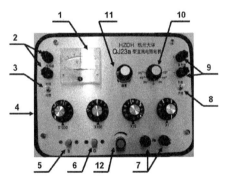

1—指零仪（检流计）；2—外接指零仪接线端旋钮；3—内外接指零仪转换开关；4—测量盘；
5—电源按钮 B；6—指零仪按钮 G；7—被测电阻接线端旋钮 R_x；8—内外接电源转换开关；
9—外接电源接线端旋钮；10—量程倍率开关；11—指零仪零位调整旋钮；12—灵敏度调节旋钮

图 6-7 QJ23a 型直流电阻电桥面板图

测量盘为四位电阻箱（有 ×1000、×100、×10、×1 四挡），电阻箱都为十进式开关盘，它们构成比较臂电阻 R。量程变换器为量程倍率旋钮，共有七挡，见表 6-1 和表 6-2。

4. 惠斯通电桥测量电阻实验前的预习任务和使用注意事项

（1）操作前一定对照实验箱盖背面的电路图，认清按钮 B 和 G 的作用，练习如何锁住按钮。

（2）测量前为什么要了解所测电阻的粗值，并将比较臂四个旋钮置于同等的数值？

（3）测量时，为什么"G"开关要由"外接"拨到"内接"？

（4）"B"按钮和"G"按钮分别对应于电路图 6-6 中的哪个部件？各起什么作用？

（5）灵敏度旋钮对应于电路图 6-6 中的哪个部件？对精确测量电阻起到什么重要作用？在测量中如何运用灵敏度调节旋钮？

（6）为什么操作时，必须先锁住"B"按钮，再按下"G"按钮，且不锁定，随时松开"B"按钮？如果先锁住"G"按钮，再按"B"按钮，会因电路中自感引起的电流对检流计产生冲击导致检流计损坏；先锁住"B"按钮，再轻按"G"按钮，注意观察检流计指针的偏转，能及时提起"G"按钮以防止电流过大而损坏指针。

（7）测量出确定的电阻值时，按下"B""G"按钮的时间不要太长，同时测量中不要摆动实验箱。断开时，一定要遵从先放开"G"按钮，再放开"B"按钮的顺序。

（8）测量前，要从理论上弄清：增加或减小 R 值时，检流计指针是偏向"+"方还是偏向"-"方，以便测量时根据电桥平衡条件有目的地进行调节，不得随意扭动旋钮。

（9）趋近平衡时，调节比较臂四个旋钮时应由大到小进行，当大阻值的旋钮转过一格，检流计指针越过零点偏向另一侧时，说明电桥平衡就在这两挡阻值之间。根据情况再增、减下一个较小阻值的旋钮即可。

（10）测量时比较臂的最高位测量盘不能为零，以最多的有效位数保证测量的精确度。

实验预习

（1）认真阅读本章有关测电阻的内容，特别是本节的实验原理和实验仪器介绍部分。

（2）关注仪器介绍中"惠斯通电桥测电阻实验前的预习任务和使用注意事项"的内容。

（3）在规定的时间内，在的预习系统中完成"直流电桥测电阻"仿真实验。在预习系统中做预习试卷时，首先通过操作题分别进入仿真实验"直流电桥测电阻"，仔细阅读其中的实验原理和实验指导；然后进行仿真实验操作题的练习，完成数据测量；最后回答试卷中的其他问题，获得预习成绩。

（4）进入实验室前写出预习报告，实验原理要简明扼要，画出惠斯通电桥的线路图，写出在数据处理中需要的公式；操作预习的重点是注意事项；试着根据实验内容和步骤自拟表格，在实验操作过程中检查自拟表格的合理性和完整性。

实验内容和步骤

一、测量电阻前惠斯通电桥的准备工作

（1）仪器水平放置，打开仪器盖。阅读惠斯通电桥实验箱箱盖背面上的 QJ23a 型直流电阻电桥的使用方法，仔细查看电路图并与实验箱面板上的各部件对照，找到它们之间的一一对应关系。

（2）练习如何锁住按钮"B"和"G"，保证检流计指针猛偏转时，能够眼明手快地操作。

（3）通电前，弄清两次调平衡的意义及操作方法。参看图 6-6，桥路上的电位器 R_G 起到保护检流计的作用,当电桥不平衡时,流过 BD 间的电流可能较大,会烧毁检流计,此时 R_G 应调到最大值;当电桥基本平衡时,R_G 要调到最小值,提高检流计的灵敏度,减少电桥的测量误差。所以惠斯通电桥的平衡一般要调节两次:一次是 R_G 取大值时的调平衡,称为粗调;第二次是在粗调后,R_G 减至最小值再调平衡,称为细调。

粗调时,为什么灵敏度要调至最小(R_G 最大)?细调时,为什么要逐渐增大灵敏度,同时拨动测量盘使检流计指针指向零?直至达到灵敏度最大时,指针指向零的状态,这种操作要保证什么?

(4) 参看图 6-7,内外接指零仪转换开关(3)拨向"内接"时,则内附指零仪(检流计)接入电桥线路;当内附的指零仪灵敏度不够高时,内外接指零仪转换开关(3)拨向"外接"时,则内附指零仪短路,电桥由外接指零仪接线端旋钮(2)接入外接指零仪。

(5) 仪器内附指零仪电源和电桥电源的电池盒装在仪器底部,使用时,按"+""-"极性装上一节 9V 层叠电池和两节 1 号干电池。再旋转指零仪零位调整旋转(11)使指零仪指向零位。内外接电源转换开关(8)扳向"内接"时,电桥内附的电源将被接入电桥线路;内外接指零仪转换开关(8)扳向"外接"时,外接电源接线端旋钮(9)可以接入外接电源。当采用提高电源电压的方法增加电桥线路灵敏度时,外接电源电压值不能超过表 6-1 的规定。

依据表 6-1 和表 6-2,研究待测电阻的阻值与电源电动势的关系,体会分辨力和准确度的含义。为什么中值电阻需要两种电源,高值电阻采用另外的电源?

二、用惠斯通电桥分别测数十欧姆、一千多欧姆、数百千欧姆的中值电阻

(1) 测量中值电阻 1,步骤如下。

① 将一只待测电阻接在被测电阻器 R_x 接线端旋钮(7)上,被测电阻若小于 10kΩ,则可使用内附指零仪、内接电源进行测量。当内附指零仪灵敏度不够时,可外接高灵敏度的指零仪。

② 调节量程倍率开关(10),根据待测电阻估计值,按表 6-1 或实验箱箱盖背面上的表,选择适当的量程倍率及电源电压,调整量程倍率变换器的位置和测量盘的旋钮,使仪器上的读数与待测电阻的阻值相近。

为什么在使用惠斯通电桥测电阻前,需要知道电阻的标称值或者估计值?

③ 指零仪转换开关拨向"内接",调节指零仪零位调整旋钮使检流计表头指针指零。

④ 按下电源按钮"B",轻旋锁住,然后手指轻按"G"按钮,观察检流计(指零仪)指针的偏转情况,若指针偏转迅猛,则手指要迅速松开"G"按钮,以防止电流过大打折指针。这种方法称为"跃按法"。

⑤ 观察并根据检流计指针的偏转情况调节测量盘,使电桥平衡(检流计指零)。若检流计指针向"+"方向偏转,说明 R_x 值大于测量盘上设置的电阻估计值。如果第一测量盘拨至"9"位时,指针仍向"+"方向偏转,则说明估计值大于该量程的上限值,应将量程倍率调大一挡,再次调节四个测量盘,使电桥平衡。反之,当第一测量盘拨至"0"位时,检流计指针仍偏向"-"方向,应将量程倍率减小一挡,再调节测量盘使电桥平衡。

⑥ 当量程倍率合适后,逐步将测量盘由大到小、由粗到细调节,直到使指针不发生偏转为止。测量粗调时,注意应将灵敏度调节旋钮置于较小的位置,细调时,将灵敏度调节旋钮置于较大的位置。

⑦ 当细调中灵敏度已置于最大位置，且指针指到零位后，电桥即平衡，这时待测电阻 R_x 值可由下式求得：

$$R_x = 量程倍率读数 \times 测量盘示值之和$$

⑧ 从第①步开始重新测量，每个电阻测量 4 次，数据记录于表 6-3 中。
为什么都要求灵敏度最大、检流计指针指向零时，才能记录此状态的测量盘读数？
（2）用同样的方法再测量其他两个中值电阻。

三、用惠斯通电桥分别测量数个高值电阻

（1）采用测量中值电阻相同的方法和步骤，测量若干个高值电阻，留意实验现象，并记录和分析这些现象，通过一系列操作检验自己的推测，最终找出问题的根源。

① 若最低位测量盘的相邻两个刻度都不能在灵敏度最高时使检流计指针指向零，一个刻度使指针偏左，另一个刻度使指针偏右，这表示什么？此时该如何记录阻值？

② 若灵敏度最高时，调节测量盘后检流计指针很快指向零，拨动测量盘在一段刻度范围内指针始终指向零，该如何读取最准确的读数？

③ 出现上面两种情况时，待测电阻的阻值在什么范围？

④ 用四位半数字万用表测量待测电阻，测量值有几个有效数位？用惠斯通电桥测量电阻，得到的测量值有几个有效数位？

⑤ 为什么要通过倍率开关使得四个测量盘都参与测量？

⑥ 比较用惠斯通电桥测量中值电阻和高值电阻的精确度。

（2）操作注意事项：

① 在电桥使用中，必须用上第 1 测量盘（×1000），即第 1 测量盘不能置于"0"，使测量结果有四位有效数字，以保证测量的准确度。

② 在测量含有电感的电阻器电阻时（如电动机、变压器），必须先按"B"按钮，然后再按"G"按钮，如果先按"G"，再按"B"，就会在按"B"的一瞬间，因自感而引起逆电势对检流计产生冲击而导致检流计损坏。断开时，应先放开"G"按钮，再放开"B"按钮，即先按"B"按钮后按"G"按钮，先断开"G"按钮后断开"B"按钮。

③ 旋转测量盘旋钮时，一定一挡一挡地轻轻转动，不要像刮风似地强力旋转，发出连续的声响，这样对旋钮下的机械部件和电阻膜会造成破坏性损害。凡操作旋钮、开关等时一定要轻，把握手上的分寸。

④ 仪器初次使用或相隔一定时期再使用时，测量前应将各旋钮开关旋动数次。

表 6-3 惠斯通电桥测 R_x 的电阻值

序号	标称值 R_i/Ω	比率 k	实际测值 R_x/Ω	仪器级别 A
1				
2				
3				
4				

（3）仪器使用完毕后，先放开指零仪按钮 G（6），再放开电源按钮 B（5），注意次序不能反；将内外接指零仪转换开关（3）、内外接电源转换开关（8）拨向"外接"，以切断

内部电源，最后取出所有电池。

数据处理

1. 用直流惠斯通电桥分别测量数十欧姆、一千多欧姆、数百千欧姆的电阻。
按式（6-19）计算各自的测量结果，按式（6-20）计算各自的测量不确定度。
2. 用直流惠斯通电桥测量数个高值电阻。
按式（6-19）计算各自的测量结果，按式（6-20）计算各自的测量不确定度。
3. 比较惠斯通电桥测量中值电阻和高值电阻的测量结果及其不确定度。

课后问题

（1）采用惠斯通电桥测量中值电阻时，若检流计的指针总在零附近，而不能指到零，是什么原因？此时待测电阻的阻值该如何读取？
（2）梳理和挖掘惠斯通电桥的电路图所展示的基本原理、惠斯通电桥仪器的精巧设计、测量电阻阻值实现的技术保障以及保证实验测量精确度所采用的操作规程。

第三节 实验 12 双臂电桥测量低值电阻

实验目的

（1）了解四端引线法的意义及双臂电桥的结构。
（2）学习使用双臂电桥测量低值电阻，计算不确定度。
（3）学习测量室温下金属丝的电阻率。

实验仪器

DH6105 型组装式双臂电桥：
DH6105 组装式双臂电桥电源 1 台，配备普通电源线 1 根；
DHSR 四端电阻器 1 台，配备铝、铁棒各 1 根；
桥臂电阻 R_1、R_2、R_3、R_4 各 1 只；
可变标准电阻 R_N 1 只；
AZ19 型直流检流计 1 台，配置电源线 1 根、50cm 两头扁叉红黑线各 1 根；
DHK-1 电源换向开关 1 只；
线径 ϕ1cm、长 30cm 红黑（两头中号接线叉）连接线各 1 根；
线径 ϕ1.5cm、长 30cm 红黑（两头中号接线叉）连接线各 1 根；
线径 ϕ1.5cm、长 50cm 红黑（两头中号接线叉）连接线各 1 根；
线径 ϕ1cm、长 75cm 红（两头中号接线叉）连接线 1 根。

与伏安法测量低值电阻相同，用惠斯通电桥测量低值电阻时也存在着接头的接触电阻和接线电阻（统称为 R_i），因而测出的电阻值 R_x 中将包括接线电阻和接触电阻在内。由于 R_i 一般为 $10^{-3} \sim 10^{-4} \Omega$，所以在测量中高值电阻时可以不考虑 R_i 的影响，但是当被测电阻值较小（如几十欧姆以下）时，接线电阻、接触电阻的阻值与待测电阻的实际数值相比不可忽略，测量结果将产生很大的误差。例如，当待测电阻的实际值为 0.01Ω 时，若接线电阻和接触电阻值为 0.002Ω，由其带来的测量相对误差达 20%。在一定仪器条件下，接线电阻和接触电阻值基本不变，这样惠斯通电桥测量的低电阻值越小，测量结果的误差就越大。要想精确地测量低值电阻，就要排除接线电阻和接触电阻的影响。

因此，测量低值电阻不能用惠斯通电桥，需要从测量电路的设计上来考虑。双臂电桥正是把四端引线法和电桥的平衡比较法结合起来精密测量低值电阻的一种电桥，其适用于 $10^{-5} \sim 10^2 \Omega$ 电阻的测量。本实验要求在掌握双臂电桥工作原理的基础上，用双臂电桥测量金属材料的电阻率。

1. 伏安法测量低值电阻的分析

我们考察接线电阻和接触电阻是怎么对低值电阻测量结果产生影响的。例如，用电流表和毫伏表按欧姆定律 $R = U/I$ 测量电阻 R_x，电路如图 6-8 所示。考虑到电流表、毫伏表与测量电阻的接触电阻后，其等效电路如图 6-9 所示。待测电阻 R_x 两侧的接触电阻和接线电阻用等效电阻 R_{i1}、R_{i2}、R_{i3} 和 R_{i4} 表示。

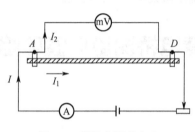

图 6-8 测量电阻的电路

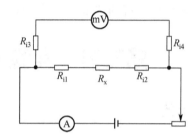

图 6-9 测量电路的等效电路

通常毫伏表内阻 R_V 远大于 R_{i3} 和 R_{i4}，因此它们对于毫伏表的测量影响可忽略不计，而 R_{i1} 和 R_{i2}、R_x 串联在一起，此时按照欧姆定律 $R = U/I$ 得到的被测电阻的公式应为

$$R_x + R_{i1} + R_{i2} = \frac{U}{I}$$

当待测电阻 R_x 小于 1Ω 时，就不能忽略 R_{i1} 和 R_{i2} 对测量的影响了。显然，此时不能用伏安法和惠斯通电桥来测量低值电阻。

在测量低值电阻时，如何消除或降低接触电阻和接线电阻的影响呢？

2. 四端引线法

为了消除接触电阻对测量结果的影响，需要将接线方式改成图 6-10 所示的方式，将低值电阻 R_x 以四端接法方式连接，等效电路如图 6-11 所示。将待测低值电阻 R_x 两侧的接点分为两个电流接头（C_1、C_2）和两个电压接头（P_1、P_2）。接于电流测量回路中称为电流接头的两端（C_1、C_2）与接于电压测量回路中称为电压接头的两端（P_1、P_2）是各自分开的，且（C_1、C_2）在（P_1、P_2）的外侧。

此时，毫伏表上测量的是（P_1、P_2）之间一段低值电阻两端的电压，消除了 R_{i1} 和 R_{i2} 对 R_x 测量的影响。这种测量低值电阻两端电压的方法叫作四端引线法，被广泛应用于各种测量中。例如，为了研究高温超导体在发生正常超导转变时的零电阻现象和迈斯纳效应，必须测定临界温度 T_C，正是使用这种四端引线法，通过测量超导样品电阻 R 随温度 T 的变化而确定的。

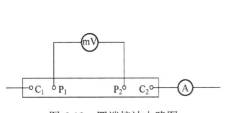

图 6-10　四端接法电路图

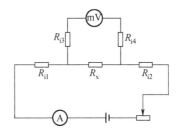

图 6-11　四段接法等效电路

为了减小接触电阻和接线电阻，许多低值的标准电阻都做成四端钮方式。

3. 双臂电桥的原理

用电桥的方法测量低值电阻，要排除接线电阻和接触电阻的影响，可把待测低值电阻和电桥的比较臂电阻都分成电流接头和电压接头，并把它们的各个电压接头分别与四个比率臂电阻 R_1、R_2、R_3、R_4 串联。这样就把惠斯通电桥改造成开尔文双臂电桥，图 6-11 为双臂电桥的电路图，图 6-12 为双臂电桥电路的等效电路图。

在图 6-12 和图 6-13 中，R_n 为标准低值电阻，R_1、R_2、R_3、R_4 为电桥的比率臂电阻，它们的阻值一般不小于 10Ω。标准电阻 R_n 电流头接线电阻 R_{in1}、R_{in2}，待测电阻 R_x 的电流头接线电阻 R_{ix1}、R_{ix2}，都连接到双臂电桥测量回路内。

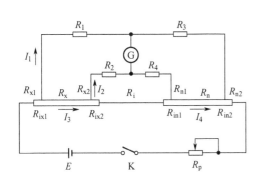

图 6-12　双臂电桥电路图

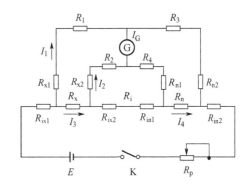

图 6-13　双臂电桥电路的等效电路图

标准电阻电压头接触电阻为 R_{n1}、R_{n2}，待测电阻 R_x 电压头接触电阻为 R_{x1}、R_{x2}，连接到双臂电桥电压测量回路中，因为它们与较大电阻 R_1、R_2、R_3、R_4 相串联，故其影响可忽略。

待测电阻 R_x 的电流接头 R_{ix2}、标准电阻 R_n 的电流接头 R_{in1}，以及它们之间的跨接导线的电阻对双臂电桥的测量结果是有影响的，设它们归结为电阻 R_i。只有当比率臂的取值满足一定条件时，方可消除这部分电阻的影响。

4. 双臂电桥的平衡条件

测量时，接上待测电阻 R_x，然后调节各桥臂电阻值，使检流计指示逐步为零。由图 6-12 和图 6-13 知，当电桥平衡时，通过检流计 G 的电流 $I_G = 0$，此时流过 R_1、R_3 的电流为 I_1，流过 R_2、R_4 的电流为 I_2，流过 R_x、R_n 的电流为 $I_3 = I_4$。根据基尔霍夫定律，可得方程组

$$\begin{cases} I_1 R_1 = I_3 R_x + I_2 R_2 \\ I_1 R_3 = I_3 R_n + I_2 R_4 \\ (I_3 - I_2) R_i = I_2 (R_2 + R_4) \end{cases} \quad (6\text{-}23)$$

将方程组（6-23）的第一式除以第二式，得

$$\frac{R_1}{R_3} = \frac{I_3 R_x + I_2 R_2}{I_3 R_n + I_2 R_4} \quad (6\text{-}24)$$

由方程组（6-23）的第三式，得

$$I_2 = \frac{I_3 R_i}{R_4 + R_2 + R_i}$$

将上式代入式（6-24），得

$$\frac{R_1}{R_3} = \frac{I_3 R_x + \dfrac{I_3 R_i}{R_4 + R_2 + R_i}}{I_3 R_n + \dfrac{I_3 R_i}{R_4 + R_2 + R_i}} = \frac{R_x + \dfrac{R_i R_2}{R_4 + R_2 + R_i}}{R_n + \dfrac{R_i R_4}{R_4 + R_2 + R_i}}$$

所以

$$R_x = \frac{R_1}{R_3} R_n + \frac{R_1 \cdot R_i}{R_4 + R_2 + R_i} \left(\frac{R_4}{R_3} - \frac{R_2}{R_1} \right) \quad (6\text{-}25)$$

由此可见，用双臂电桥测量电阻，R_x 的结果由等式右边的两项来决定，其中第一项与单臂电桥相同，第二项称为更正项。为了更方便测量和计算，使双臂电桥求 R_x 的公式与单臂电桥相同，实验中可设法使更正项尽可能为零。在使用双臂电桥测量电阻时，通过联动转换开关，同时调节 R_1、R_2、R_3、R_4，使

$$\frac{R_4}{R_3} = \frac{R_2}{R_1} \quad (6\text{-}26)$$

则第二项为零，式（6-25）变为

$$R_x = \frac{R_1}{R_3} R_n = \frac{R_2}{R_4} R_n \quad (6\text{-}27)$$

式（6-26）就是双臂电桥的条件。其中，(R_1/R_3) 或 (R_2/R_4) 为比率臂，R_n 为比较臂。

实际上即使用了联动转换开关，也很难完全满足式（6-26）。为了减小式（6-25）中第二项的影响，使用尽量粗的导线以减小电阻 R_i 的阻值（$R_i < 0.001\Omega$），使式（6-25）第二项尽量小，与第一项比较可以忽略，以满足式（6-27）。

为了更好地验证这个结论，可以人为地改变 R_1、R_2、R_3 和 R_4 的值，使 $R_3 \neq R_1$，$R_4 \neq R_2$，并与 $R_3 = R_1$、$R_4 = R_2$ 时的测量结果相比较。

5. 总结

双臂电桥之所以能测量低值电阻，总结为以下关键两点。

（1）单臂电桥测量低值电阻之所以误差大，是因为用单臂电桥测出的阻值中包含桥臂间的接线电阻和接触电阻，当接触电阻与 R_x 相比不能忽略时，测量结果就会有很大的误差。而双臂电桥电位接头的接线电阻与接触电阻位于 R_1、R_3 和 R_2、R_4 的支路中，实验中设法

令 R_1、R_2、R_3 和 R_4 都不小于 100Ω，那么接触电阻的影响就可以略去不计。

（2）双臂电桥电流接头的接线电阻与接触电阻，一端包含在电阻 R_i 中，而 R_i 是存在于更正项中的，对电桥平衡不发生影响；另一端则包含在电源电路中，对测量结果也不会产生影响。当满足 $R_4/R_3 = R_2/R_1$ 条件时，基本上消除了 R_i 的影响。

6. 双臂电桥的误差限

在一定参考条件下（20℃左右、电源电压偏离额定值不大于 10%、绝缘电阻符合一定要求、相对湿度为 40%~60% 等），双臂电桥的允许基本误差（基本误差限）$E_{\lim}$ 为

$$E_{\lim} = \pm\alpha\%\left(kR + \frac{kR_N}{10}\right) \tag{6-28}$$

式中，k 是比率臂示值；R 为测量盘示值；第一项 $\alpha\%kR = \alpha\%R_x$ 正比于被测电阻，第二项 $\alpha\%(kR_N/10)$ 是常数项。例如，对于实验室常见的 QJ44 型电桥，在教学中约定取 $R_N = 0.1Ω$。等级指数 α 主要反映了电桥中各个标准电阻的准确度。一定测量范围的指数 α 与电源电压和检流计指标相联系，使用中需参考电桥说明书或仪器铭牌的标示参数。

7. 双臂电桥的灵敏度

由图 6-13 可见，在待测电阻和标准电阻之间的 R_i 比电阻 R_2、R_3 小很多，若假定 $R_i = 0$，又因电桥平衡时检流计上的桥路电阻应调到零，则图 6-13 的双臂电桥等效为如图 6-14 所示的惠斯通电桥电路。

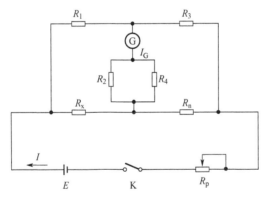

图 6-14 双臂电桥等效成惠斯通电桥

与惠斯通电桥电路一样，当双臂电桥平衡时，由于存在人眼对检流计指针偏转的分辨率限制（Δn），检流计可能还有一微小电流 ΔI_G 流过。用基尔霍夫方程组可导出

$$\Delta I_G = \frac{I\Delta R_x R_3}{\left(R_G + \dfrac{R_2 R_4}{R_2 + R_4}\right)(R_x + R_n + R_1 + R_3) + (R_x + R_1)(R_n + R_3)} \tag{6-29}$$

由于双臂电桥在平衡点附近的灵敏度同样定义为

$$S_0 = \frac{\Delta n}{\Delta R_x/R_x} \tag{6-30}$$

把上式代入式（6-29），有

$$S_0 = \frac{\Delta n}{\Delta R_x/R_x} = \frac{\Delta n}{\frac{\Delta I_G}{IR_3R_x}\left(R_G + \frac{R_2R_4}{R_2+R_4}\right)(R_x+R_n+R_1+R_3)+(R_x+R_1)(R_n+R_3)}$$

考虑双臂电桥的平衡条件，可得在平衡点附近电桥的灵敏度为

$$S_0 = \frac{\Delta n}{\left(R_G + \frac{R_2R_4}{R_2+R_4}\right)\frac{R_x+R_n+R_1+R_3}{R_3R_x}+\left(\frac{R_n}{R_3}+\frac{R_3}{R_n}+2\right)} \quad (6-31)$$

式中，$S_i = \Delta n/\Delta I_G$ 为检流计的电流灵敏度，I 为电源的输出电流。

由式（6-31）可见，双臂电桥的灵敏度与检流计的电流灵敏度 S_i、电源的输出电流 I 成正比，所以在不超过 R_x、R_n 额定功率的情况下，加大电流 I 和提高检流计的灵敏度 S_i 都将提高电桥灵敏度。此外，S_0 也与桥臂各电阻及检流计的内阻有关。

与惠斯通电桥灵敏度计算式（6-17）相比，双臂电桥的灵敏度计算式虽然很相似，但是双臂电桥的检流计上多串联了 $R_2R_4/(R_2+R_4)$，以及考虑到在测低值电阻时 R_x 和 R_n 都很小，所以图 6-14 所示的电路的实际灵敏度将比惠斯通电桥的灵敏度小。

仪器介绍

DH6105 型组装式双臂电桥包括检流计、被测电阻、换向开关、通断开关、导线等，如图 6-15 所示。

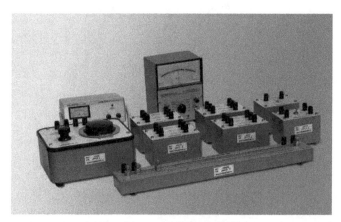

图 6-15 双臂电桥各部件

（1）桥臂电阻：R_1、R_2、R_3、R_4 对应于图 6-13 所示电路中的 R_1、R_2、R_3 和 R_4。每个桥臂电阻都有三个阻值——100Ω、1kΩ、10kΩ，精度为 0.02%，如图 6-16 所示。

（2）可变标准电阻：R_N 有 C_1、P_1、P_2、C_2 四个引出端（C_1、C_2 为电流端；P_1、P_2 为电位端；其中 C_1 与 P_1 相连，C_2 与 P_2 相连），由 (10×0.01 + 10×0.001) Ω 组成。其中，10×0.001Ω 是一个 100 分度的划线盘，分辨力为 0.0001Ω，精度为 5%，如图 6-17 所示。

（3）组装式双臂电桥 DH6105 电源：1.5V 输出，随负载阻抗的变化而不同，最大电流为 1.5A，由指针式 2A 电流表指示输出电流的大小，如图 6-18 所示。

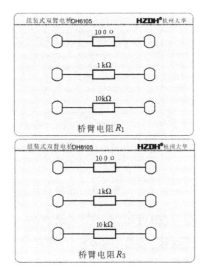
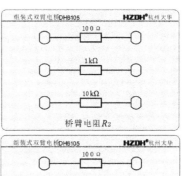

图 6-16 桥臂电阻

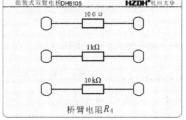

图 6-17 可变标准电阻

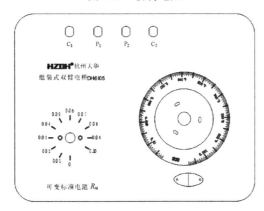

图 6-18 组装式双臂电桥 DH6105 电源

（4）电源换向开关 DHK-1 具有正向接通、反向接通、断三挡功能；面板上 1 脚和 2 脚为输入，分别接 DH6105 电源输出的正负端，3 脚和 4 脚为输出；当开关拨向"正接"时，1 和 3 接通，2 和 4 接通，即 3 脚为正输出，4 脚为负输出；当开关拨向"反接"时，1 和 4 接通，2 和 3 接通，即 3 脚为负输出，4 脚为正输出；当开关拨向"断"时，3 和 4 端无电压输出，如图 6-19 所示。

（5）检流计开关，用于控制检流计的通和断。按下开关为通，开关弹起为断，如图 6-20 所示。

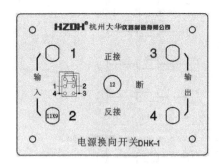
图 6-19 电源换向开关 DHK-1

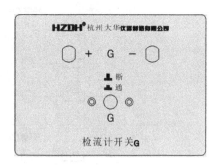
图 6-20 检流计开关 G

（6）AZ19 检流计，用于指示电桥是否平衡，灵敏度可调。在测量 $0.01\sim11\Omega$ 阻值时，在规定的电压下，当被测量电阻变化允许一个极限误差时，指零仪的偏转大于等于一个分格，就能满足测量准确度的要求。灵敏度不要过高，否则不易平衡，测量电阻时间过长。

（7）DHSR 四端电阻器如图 6-21 所示。其配有碳素钢、铝、黄铜三种不同材质的金属圆棒，并带有长度指示，可用于测量金属的电阻率。C_1、C_2 为电流端；P_1、P_2 为电位端。C_1、P_1、P_2、C_2 接线柱内部分别与样品上 4 个固定螺钉相连，其中连接 C_1、C_2、P_1 的螺钉固定不动，连接 P_2 的固定螺钉可以在试材上滑动，样品的实测长度即为中间两个固定螺钉 P_1 和 P_2 之间的距离。被测电阻棒的长度为 550mm（有效长度为 460mm），它们的标称直径为 4mm。注意：在测试时，固定螺钉一定要锁紧，减小接触电阻。

图 6-21 DHSR 四端电阻器

（8）总有效量程：$0.0001\sim11\Omega$，量程可以自由设置。典型的整数倍的有效量程见表 6-3。

表 6-3 双臂电桥的有效量程与测量精度

量程因素	有效量程/Ω	测量精度/%
×100	1～11	0.2
×10	0.1～1.1	0.2
×1	0.01～0.11	0.5
×0.1	0.001～0.011	1
×0.01	0.0001～0.0011	5

三、AZ19 型直流检流计

1. 概述

AZ19 型直流检流计是由高增益、低漂移、低噪声放大器配以大表面的指针式表头而构成的新型直流检流计，可以用作高精度的直流电桥、精密电位差计的外接检流计，也可作为低噪声低漂移直流放大器，或直接作直流电压表使用。市电供电的检流计供实验室使用，干电池供电的可供实验室和室外现场使用。

仪器主要特点如下。

（1）由于 AZ19 型直流检流计具有灵敏度高、不需外配临界电阻、过载能力强、阻尼时间短、抗震性好等特点，可以直接替代 AC15/1～AC15/6 等光电复射式检流计，能较好地适应高精度直流电桥、精密电位差计等的使用。

（2）AZ19 型直流检流计设有非线性挡，压缩动态约 10dB，适合指零时的粗调。

（3）仪器采用双层屏蔽，信号地悬浮，具有较高的抗干扰能力。

2. 主要技术指标

（1）使用条件如下。

① 环境温度：0～40℃。

② 环境湿度：≤80%。

③ 避免阳光直晒，空气中无腐蚀性气体，避免严重振动。

（2）电源。

① 干电池供电形式：1～3 节 6F22 型 9V 层叠电池，并联使用。

② 市电供电形式：220V/50Hz 交流电，功耗≤3W。

（3）仪器基本参数见表 6-4。

表 6-4　AZ19 型直流检流计基本参数

量　程	电压常数	电流常数	输入阻抗	响应时间
非线性（"0"附近）	50μV/格	5×10^{-9}A/格		
±30μV	0.5μV/格	5×10^{-11}A/格		
±100μV	2μV/格	2×10^{-10}A/格		
±300μV	5μV/格	5×10^{-10}A/格	10.2kΩ	<2s
±1mV	20μV/格	2×10^{-9}A/格		
±3mV	50μV/格	5×10^{-9}A/格		
±10mV	200μV/格	2×10^{-8}A/格		

（4）电压噪声：≤±0.25μV_{P-P}。

（5）零电压漂移：≤2.5μV/4h。

（6）电压指示误差：≤±5%。

（7）对市电串联干扰抑制比：大于 60dB；对市电共模干扰抑制比：大于 80dB。

（8）温度系数：≤0.5μV/℃。

(9) 外形尺寸：170mm×160mm×230mm。

(10) 重量：约 2kg。

3. 基本工作原理（了解）

AZ19 型直流检流计的电路原理框图如图 6-22 所示。

直流信号接入输入端，经低通滤波加入低噪声低漂移放大电路中进行前置放大。为了补偿输入信号偏移和运算放大器的输入失调电压，AZ19 型直流检流计设置了输入电压补偿电路，量程控制使输入信号归一化。在主放大电路输出端设置了调零电路，输出调零主要用于克服主放大电路失调电压的影响。应用宽表面表头不仅提高了指针分辨力，还增加了仪器的美观程度。

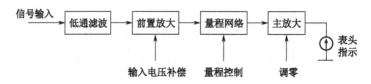

图 6-22 AZ19 型直流检流计的电路原理框图

图 6-23 AZ19 型直流检流计的前面板

4. AZ19 型直流检流计使用方法

AZ19 型直流检流计的前面板如图 6-23 所示。

(1) 使用前准备如下。

干电池供电形式的检流计，第一次使用前，要求打开后板上的电池盖，装入 1~3 节 6F22 型 9V 电池，盖好电池盖，调节前面板上的量程开关，从"关机"旋至"调零"挡即可使用。本实验采用市电供电形式的检流计，测量前的调零校准步骤如下：

① 由电源线接入 220V/50Hz 电源；

② 打开后盖板上的电源开关，面板上"电源指示"灯亮；

③ 用一根短线将检流计输入端短路；

④ 量程开关置于"调零"挡，调节"调零"旋钮，使表头指针指向"0"；

⑤ 量程开关置于"补偿"挡，调节"补偿"旋钮，使表头指针指向"0"；

⑥ 反复调节"调零"和"补偿"，表头指针都指向"0"位，说明调零工作完成，已经做好了检流计工作前的准备工作，取下短接线。

(2) 作指零仪时的使用方法。

将直流检流计作为直流电桥或电位差计中的指零仪使用时的操作步骤如下。

① 将直流电桥（或电位差计）中的"检流计"端和本检流计输入端子用导线连接起来；

② 检流计开关置于"非线性"挡，调节电桥（或电位差计），达到粗平衡；

③ 选择合适的量程，用于电桥（或电位差计）的精细调零。

说明：

高精度电桥或精密电位差指零时，一般建议选择±100μV 挡，用户可根据使用经验自行选择合适的量程。

如果电桥或电位差计尚未加电，而检流计指针已出现稍许偏移，此时量程为±30μV或±100μV挡，可以稍稍调节"补偿"旋钮，使指针指向"0"，量程为大量程时，可稍稍调节"调零"旋钮，使指针指"0"。这种现象的出现，往往是由于存在一定的接触电势或热电势，稍稍调节"补偿"和"调节"旋钮，抵消了接触电势和热电势的影响，对平衡指零影响不大。

（3）作直流电压表使用。

作直流电压表使用时，可根据量程挡直接从表头指针位置读数。

（4）"接地"端。

检流计面板上设有"接地"端子，该端子和指零仪屏蔽外壳相连。干扰严重时，可将该端子用导线连到电桥或电位差计的屏蔽端子上。有条件时，可一起接入大地。

5. **维护和保养**

（1）仪器工作环境应符合使用条件要求。

（2）每次使用完毕后，干电池供电形式检流计，量程开关一定要置于"关机"挡，以切断干电池电源。长期不用时，应将干电池取出，以免漏电腐蚀检流计。

市电供电形式的检流计，一定要关断后板上交流电源开关，量程开关要置于"表头保护"挡。长期不用时，应拔出电源线，以免引发事故。

实验预习

（1）认真阅读本章有关测量电阻的内容，特别是本节的实验原理和实验仪器介绍部分。

（2）关注实验仪器中"惠斯通电桥测电阻实验前的预习任务和使用注意事项"，此部分中的要点也适用于双臂电桥测电阻。

（3）预习双臂电桥测电阻时，仔细阅读实验仪器中"AZ19型直流检流计使用方法"。

（4）本实验内容多，实验仪器部件较多，电路连线较多，连线时的软故障对实验进程影响较大，在实验中应积累这方面的感性认识，做实验前要有充分的思想准备。

（5）在规定的时间内，在预习系统中完成"双臂电桥测电阻实验"仿真实验。在预习系统中做预习试卷时，首先通过操作题分别进入仿真实验"双臂电桥测低电阻"，仔细阅读其中的实验原理和实验指导；然后进行仿真实验操作题的练习，完成数据测量；最后回答试卷的其他问题，获得预习成绩。

（6）进入实验室前写出预习报告，实验原理要简明扼要，画出双臂电桥的线路图，写出在数据处理中需要的公式；操作预习的重点是注意事项；试着根据实验内容和步骤自拟表格，在实验操作过程中检查自拟表格的合理性和完整性。

实验内容和步骤

一、双臂电桥测量低值电阻

（1）按图6-24所示接线。将可调标准电阻、被测电阻，按四端连接法与R_1、R_2、R_3、R_4连接，注意C_{N2}、C_{x1}之间要用粗短连线连接。

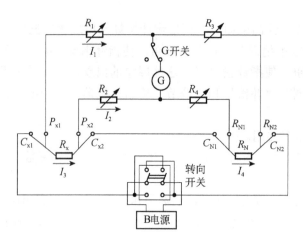

图 6-24 双臂电桥测低电阻

（2）按照实验仪器中"AZ19 型直流检流计使用方法"的（1）和（2）做测量前的准备工作。

（3）打开专用电源和检流计的电源开关，加电后等待 5min，调节指零仪指针使其指在零位上。在测量未知电阻时，为保护指零仪指针不被损坏，指零仪的灵敏度调节旋钮应置于最低位置，使电桥初步平衡后再增加指零仪灵敏度。在改变指零仪灵敏度或环境等因素变化时，有时会引起指零仪指针偏离零位，在测量之前，随时都应调节指零仪指零。

（4）估计被测电阻值大小，适当选择 R_1、R_2、R_3、R_4 的阻值，注意 $R_1=R_2$、$R_3=R_4$ 的条件。先按下"G"开关按钮，再正向接通 DHK-1 开关，接通电桥的电源 B，调节步进盘和划线读数盘，使指零仪指针指在零位上，电桥平衡。注意：测量低阻时，工作电流较大，由于存在热效应，会引起被测电阻的变化，所以电源开关不应长时间接通，应该间歇使用。记录 R_1、R_2、R_3、R_4 和 R_N 的阻值。

$$R_{x1} = (R_1/R_3) \times R_N（步进盘读数+划线盘读数）$$

请思考为使 R_N 测量值较大，应如何设置 R_1、R_2、R_3、R_4 的阻值？

（5）如果希望获得更高的测量精度，应保持测量线路不变，再反向接通 DHK-1 开关，重新微调划线读数盘，使指零仪指针重新指在零位上，电桥平衡。这样做的目的是消减小接触电势和热电势对测量的影响。记录 R_1、R_2、R_3、R_4 和 R_N 的阻值。

$$R_{x2} = (R_1/R_3) \times R_N（步进盘读数+划线盘读数）$$

被测电阻按下式计算：

$$R_x = (R_{x1}+R_{x2})/2$$

请比较反向接通 DHK-1 开关的测量结果与步骤（4）的测量结果，思考为什么？

（6）保持以上测量线路不变，调节 R_2 或 R_4，使 $R_1 \neq R_2$ 或 $R_3 \neq R_4$，测量 R_x 值，并与 $R_1=R_2$、$R_3=R_4$ 时的测量结果相比较。

二、金属丝电阻和导电率的测量

（1）测量一段金属丝的电阻 R_x。按图 6-24 所示连接好电路。调定 $R_1=R_2$、$R_3=R_4$，正向接通工作电源 B，按下"G"按钮进行粗调，调节 R_N 电阻，使检流计指示为零，双臂电桥调节平衡，记录 R_1、R_2、R_3、R_4 和 R_N 的阻值。

反向接通工作电源 B，使电路中电流反向，重新调节电桥平衡，记录 R_1、R_2、R_3、R_4 和 R_N 的阻值。

（2）用游标卡尺测量有效长度，记录金属丝的长度 L。

（3）用游标卡尺或螺旋测微计测量金属丝的直径 d，在不同部位测量 5 次，求平均值，根据公式 $\rho=\pi d^2 R_x/4L$ 计算金属丝的电阻率。

（4）改变金属丝的长度，重复上述步骤，并比较两次测量结果。

操作注意事项和维修保养：

① 在测量带有电感电路的直流电阻时，应先接通电源 B，再按下"G"按钮；断开时，应先断开"G"按钮，后断开电源 B，以免反冲电势损坏指零电路。

② 在测量 0.1Ω 以下阻值时，C_1、P_1、C_2、P_2 接线柱到被测量电阻之间的连接导线电阻为 0.005~0.01Ω；测量其他阻值时，连接导线电阻应小于 0.05Ω。

③ 使用完毕后，应断开电源 B，松开"G"按钮，关断交流电。如长期不用，应拔出电源线确保用电安全。

④ 仪器长期搁置不用时，在接触处可能产生氧化，造成接触不良，使用前应该来回转动 R_N 开关数次。

数据处理

用开尔文电桥测量金属丝电阻和导电率。

测得金属丝电阻值和直径后，按式（6-28）计算基本误差限，按公式 $\rho=\pi d^2 R_x/4L$ 计算导电率。

表 6-5～表 6-7 仅供参考，要在认真预习和理解实验内容的基础上自拟并修改这些表格。

课后问题

（1）采用惠斯通电桥测量中值电阻时，灵敏度电阻调至零，若检流计的指针总在零附近，而不能指到零，是什么原因？此时待测电阻的阻值该如何读取？

（2）双臂电桥与惠斯通电桥有哪些异同？

（3）双臂电桥怎样消除附加电阻的影响？

（4）如果待测电阻的两个电压端引线电阻较大，对测量结果有无影响？

（5）如何提高测量金属丝电阻率的准确度？

表 6-5　箱式惠斯通电桥测 R_x 的电阻值

序号	标称值 R_x/Ω	比率 k	实际测值 R_x/Ω	仪器级别 A
1				
2				
3				
4				

表 6-6　双臂电桥测量金属丝的电阻 R_x

金属丝	长度 L/m	正向开关时电阻测量值/Ω					反向开关时电阻测量值/Ω					R_x/Ω	ρ
		R_1	R_2	R_3	R_4	R_N	R_1	R_2	R_3	R_4	R_N		
铜													
铝													

表 6-7　金属丝的直径

金属丝径 d/mm	1	2	3	4	5	平均
铜						
铝						

第四节　实验13　用伏安法测量低值电阻设计性实验

实验任务

（1）掌握用伏安法测量低值电阻的原理。
（2）设计用伏安法测量低值电阻的方法。

实验要求

（1）用双臂电桥测出一铜棒的阻值，计算其不确定度。
（2）用伏安法测量同一段铜棒的电阻，并使测量结果的不确定度近似于双桥法的结果。
（3）根据上述要求拟定设计方案，包括实验原理、测试方法、测量电路、选择仪器、实验步骤等。
（4）撰写实验报告。

实验仪器

双臂电桥、直流稳压电源、电压表、电流表、滑线变阻器、待测铜棒、导线等。

【提示】
（1）测量低值电阻和高值电阻的原理相似，但前者要求工作电压小，后者要求工作电流小。
（2）可参考补偿原理设计电压测量线路。

实验内容和步骤

略。

第七章

温度传感器综合与设计性实验

第一节 温度传感器及 DH-SJ5 实验装置

传感器是一种检测装置,能感受到被测量的信息,并能将检测到的信息按一定规律变换成电信号或其他所需形式的信息输出,以满足信息的传输、处理、存储、显示、记录和控制等要求。传感器检测是实现自动检测和自动控制的首要环节。传感器一般由敏感元件、转换元件、变换电路和辅助电源四部分组成。其中,敏感元件直接感受被测量,并输出与被测量成确定关系的物理量信号;转换元件将敏感元件输出的物理量转换为电信号;变换电路负责将转换元件输出的电信号进行放大调制;转换元件和变换电路一般还需要辅助电源供电。

传感器的特点包括微型化、数字化、智能化、多功能化、系统化、网络化。通常根据其基本感知功能分为热敏元件、光敏元件、气敏元件、力敏元件、磁敏元件、湿敏元件、声敏元件、放射线敏感元件、色敏元件和味敏元件十大类。

温度传感器就是将温度信息转换成易于传递和处理的电信号的传感器。

在科技日新月异的今天,温度传感器的应用尤其广泛。在工业方面,温度传感器可应用于各种对温度有要求的产业,如金属冶炼,用于控制加热熔炉的温度以及冷却金属;航天领域,用于检测顶流罩、航天服等的耐热及耐寒程度等。在化学方面,对于对温度有严格要求的化学反应,需要高精度的温度传感器帮助控制反应过程中的特定温度。在农业方面,温度传感器可用在温室培养的温度控制,这对农作物新品种开发及温室栽培起着重要作用。在军事方面,温度传感器可用于对热源进行探测,起到侦查作用。在医疗方面,温度传感器可用于体温探热器等探测体温的仪器。

一、温度传感器

将温度变化转换为电阻变化的元件主要有热电阻和热敏电阻;将温度变化转换为电势的传感器主要有热电偶和 PN 结式传感器;将热辐射转换为电学量的器件有热电探测器、红外探测器等。本章涉及电阻式传感器、半导体温度传感器和热电偶传感器。

(一)电阻式温度传感器

电阻式温度传感器是利用导体或半导体的电阻率随温度而变化的原理制成的。按照其制造材料来分,电阻式温度传感器可分为金属热电阻(简称热电阻)和半导体热电阻(简称热敏电阻）两种。通常电阻式温度传感器用电阻温度系数来表征。

电阻温度系数（Temperature Coefficient of Resistance，TCR）表示当温度改变1℃时，电阻值的相对变化，单位为ppm/℃。定义式为

$$\text{TCR} = \frac{(R_2 - R_1)}{R_1(T_2 - T_1)}$$

假如一个电阻在20℃时为10.00000kΩ，在21℃时为10.00003kΩ，也就是增大了3ppm，此时该电阻就具有3ppm/℃的温度系数。

1. 金属热电阻

热电阻传感器是利用导体的电阻随温度变化而变化的特性，对温度和温度有关的参数进行检测的装置。大多数热电阻在温度升高1℃时电阻值将增加0.4%～0.6%。

金属热电阻的电阻值和温度一般可以用以下的近似关系式表示，即

$$R_t = R_{t_0}[1 + \alpha(t - t_0)]$$

式中，R_t 为温度 t 时的阻值；R_{t_0} 为温度 t_0（通常 t_0=0℃）时对应电阻值；α 为温度系数。

热电阻大都由纯金属材料制成，目前应用最多的是铂和铜，此外，已开始采用镍、锰和铑等材料制造热电阻，其中铂电阻是目前公认制造热电阻的最好材料。在测温范围内，铂热电阻具有物理化学性能稳定、长期复现性好、电阻温度系数大、感应灵敏、电阻率高、元件尺寸小、电阻值随温度呈线性变化、耐氧化能力强、应用温度范围广等特点，因而它的测量精确度是最高的。

利用铂的物理特性制成的传感器称为铂电阻温度传感器，是中低温区（-200～650℃）最常用的一种温度检测器。金属铂不仅广泛应用于工业测温，而且被制成标准的基准仪。

金属铂的缺点是热响应慢、耐振动和耐冲击性差、成本同比较高，不适合测量高温区。在高温下，铂易受还原性介质的污染，使铂丝变脆并改变电阻与温度之间的线性关系，稍有振动就会断裂。因此，使用时应装在保护套管中。

铜（Cu50）热电阻测温范围小，在-50～150℃范围内稳定性好、便宜，但体积大，机械强度较低。铜电阻在测温范围内电阻值和温度呈线性关系，温度线数大，适用于无腐蚀介质，超过150℃易被氧化。通常用于测量精度不高的场合。铜电阻有 R_0=50Ω 和 R_0=100Ω 两种，它们的分度号为 Cu50 和 Cu100，其中 Cu50 的应用最为广泛。

2. 半导体热敏电阻

半导体热敏电阻的阻值和温度关系为

$$R_t = A e^{\frac{B}{t}}$$

式中，R_t 为温度为 t 时的阻值；A、B 是取决于半导体材料的结构常数。

热敏电阻的主要特点是：

① 灵敏度较高。其电阻温度系数要比金属大10～100倍以上。

② 电阻值高。它的标称电阻值有0.1～100MΩ的不同规格，在使用热敏电阻时，一般不用考虑引线电阻的影响。

③ 工作温度范围宽。常温器件适用于-55～315℃，高温器件适用温度高于315℃（目

前最高可达到 2000℃），低温器件适用于–273～55℃。

④ 结构简单。易加工成各种形状，特别是能够做到小型化，便于大批量生产。

⑤ 体积小、热惯性小、响应时间短，响应时间通常为 0.5～3s。

⑥ 稳定性好、机械性能好、过载能力强，价格低廉，使用寿命长。

由于具有这些独特的性能，热敏电阻广泛应用于家用电器、电力工业、通信、军事科学、宇航等各个领域，发展前景极其广阔。

热敏电阻分为两种基本类型：负温度系数热敏电阻 NTC（Negative Temperature Coefficient）和正温度系数热敏电阻 PTC（Positive Temperature Coefficient）。

（1）NTC

NTC 是指随温度上升电阻呈指数关系减小、具有负温度系数的热敏电阻。利用 Mn（锰）、Ni（镍）、Co（钴）、Fe（铁）、Cu（铜）等两种或两种以上的金属氧化物经过混合、成型、烧结等工艺而成的半导体陶瓷，制成具有负温度系数的热敏电阻。其电阻率和材料常数随材料成分比例、烧结气氛、烧结温度和结构状态不同而变化。NTC 热敏电阻不能在太高的温度场合下使用，通常的使用范围为–100～300℃，有的可以达到–200～700℃。

NTC 热敏电阻器广泛用于测温、控温、温度补偿等方面。热敏电阻器温度计的精度可以达到 0.1℃，感温时间可少至 10s 以下。它不仅适用于粮仓测温，同时也可应用于食品储存、医药卫生、科学种田、海洋、深井、高空、冰川等方面的温度测量。

（2）PTC

PTC 是指在某一温度下电阻急剧增加、具有正温度系数的热敏电阻，可专门用作恒定温度传感器。该热敏电压是以 $BaTiO_3$ 或 $SrTiO_3$ 或 $PbTiO_3$ 为主要成分的烧结体，其中掺入微量的 Nb、Ta、Bi、Sb、Y、La 等氧化物进行原子价控制而使之半导体化，常将这种半导体化的 $BaTiO_3$ 等材料简称为半导（体）瓷；同时还添加增大其正电阻温度系数的 Mn、Fe、Cu、Cr 的氧化物和起其他作用的添加物，采用一般陶瓷工艺成型、高温烧结而使 $BaTiO_3$ 等及其固溶体半导体化，从而得到正特性的热敏电阻材料。其温度系数及居里点温度随组分及烧结条件（尤其是冷却温度）不同而变化。

PTC 在工业上可用作温度的测量与控制，也用于汽车某部位的温度检测与调节，还大量用于民用设备，如控制瞬间开水器的水温、空调器与冷库的温度，利用本身加热做气体分析等方面。

PTC 除用作加热元件，同时还能起到"开关"的作用，兼有敏感元件、加热器和开关三种功能，称为"热敏开关"。电流通过元件后引起温度升高，即发热体的温度上升，当超过居里点温度后，电阻增加，从而限制电流增加，于是电流的下降导致元件温度降低，电阻值的减小又使电路电流增加，元件温度升高，周而复始，因此具有使温度保持在特定范围的功能，又起到开关作用。利用这种阻温特性制作成加热源，作为加热元件应用的有暖风器、电烙铁、烘衣柜、空调等，还可对电器起到过热保护作用。

目前，半导体热敏电阻还存在一定缺陷，主要是互换性和稳定性还不够理想，虽然近几年有明显改善，但仍比不上金属热电阻；其次是它的非线性严重，且不能在高温下使用，因而限制了其应用领域。

(二) 半导体温度传感器

PN 结半导体温度传感器是利用半导体 PN 结的温度特性制成的。其工作原理是 PN 结两端的电压随着温度的升高而减小。PN 结半导体温度传感器具有灵敏度高、线性好、热响应快和体积轻巧且价格低廉等特点，尤其是温度数字化、温度控制及用微机进行温度实时信号处理等方面，乃是其他温度传感器所不能比拟的。

目前，结型温度传感器主要以硅为材料，原因是硅材料易于实现功能化，即将测温单元和恒流、放大等电路组合成一块集成电路。结型温度传感器在不少仪表里用来进行温度补偿，特别适合对电子仪器或家用电器的过热保护，也常用于简单的温度显示和控制。不过由于 PN 结受耐热性能和特性范围的限制，只能用来测量 150℃ 以下的温度。

美国 Motorola 公司在 1979 年就开始生产测温晶体管及其组件，如今已制出灵敏度高达 100mV/℃、分辨率不低于 0.1℃ 的硅集成电路温度传感器。但是以硅为材料的这类温度传感器也不是尽善尽美的，在非线性不超过标准值 0.5% 的条件下，其工作温度一般为 $-50 \sim 150$℃，与其他温度传感器相比，测温范围的局限性较大，如果采用不同材料如锑化铟或砷化镓的 PN 结可以展宽低温区或高温区的测量范围。20 世纪 80 年代中期我国就研制成功 SiC 为材料的 PN 结温度传感器，其高温区可延伸到 500℃。

(三) 热电偶传感器

将两种不同的金属丝一端熔合起来，如果给它们的联结点和基准点之间提供不同的温度，就会产生电动势，称为热电动势，这种现象叫作塞贝克效应。利用这种原理制成的传感器叫作热电偶传感器，简称热电偶。

热电偶数字显示测温技术是当前生产实际中常用的测试方法，它比一般的温度计测温方法有着测量精度高、测量范围广、性能稳定、结构简单、使用方便等优点；其次，它的电量数字化还可以对工业生产自动化中的温度量直接起着监控作用。

1. 热电偶传感器测温基本原理

将两种不同材料的导体或半导体 A 和 B 焊接起来，构成一个闭合回路，如图 7-1 所示。若导体 A 和 B 的两结点温度 T 和 T_0 不同时，即两结点之间存在温差时，则在该回路中就会产生电动势，因而在回路中将有一定大小的电流流动，这种现象称为热电效应。此电动势的大小除了与材料本身的性质有关，还决定于结点间的温差。

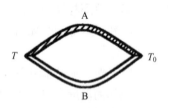

图 7-1 热电偶

由热电效应产生的电动势包括接触电动势和温差电动势。接触电动势是由于两种不同导体的自由电子密度不同而在接触处形成的电动势。其数值取决于两种不同导体材料的特性和接触点的温度。温差电动势是同一导体的两端因其温度不同而产生的一种电动势。其产生的机理为：高温端的电子能量要比低温端的电子能量大，从高温端跑到低温端的电子数比从低温端跑到高温端的要多，结果高温端因失去电子而带正电，低温端因获得多余的电子而带负电，在导体两端便形成温差电动势。

2. 热电偶传感器的优点

（1）测量精度高。因热电偶直接与被测对象接触，不受中间介质的影响。

（2）测量范围广。测温范围极宽，从−270℃的极低温度到2600℃的超高温度都可以测量，而且在600~2000℃的温度范围内可以进行精确的测量（600℃以下时，铂电阻的测量精度更高）。某些特殊热电偶最低可测量−269℃（如金铁镍铬），最高可达+2800℃（如钨-铼）。

（3）构造简单，使用方便。热电偶通常是由两种不同的金属丝组成的，而且不受大小和开头的限制，外有保护套管，使用起来非常方便。

（4）测温精度高、准确、可靠、性能稳定、热惯性小。通常用于高温炉的测量和快速测量方面。

3. 铜-康铜热电偶的特点及结构

常用热电偶可分为标准热电偶和非标准热电偶两大类。标准热电偶是指国家标准规定了其热电势与温度的关系、允许误差并有统一的标准分度表的热电偶，它有与其配套的显示仪表可供选用。

我国从1988年1月1日起，热电偶和热电阻全部按IEC国际标准生产，并指定S、B、E、K、R、J、T七种标准化热电偶为我国统一设计型热电偶，实验室通常采用的热电偶传感器是铜-康铜热电偶。

铜-康铜热电偶是一种常用的低温热电偶，其正极为纯Cu，负极为CuNi合金（Cu60%，Ni40%）。铜-康铜价格低廉，且在低温下有较好的稳定性，可测−200℃的低温。在0~100℃范围内，铜-康铜热电偶被选定为三级标准热电偶，用于制作低温测量仪表。因为铜极易氧化，故其一般测量上限≤300℃。

热电偶的几个概念。热电极：闭合回路中的导体或半导体A、B，称为热电极；工作端：两个结点中温度高的一端，称为工作端；参比端：两个结点中温度低的一端，称为参比端（自由端）。

为了保证热电偶可靠、稳定地工作，对它的结构要求如下：

（1）组成热电偶的两个热电极的焊接必须牢固。

（2）两个热电极彼此之间应很好地绝缘，以防短路。

（3）补偿导线与热电偶自由端的连接应方便可靠。

（4）保护套管应能保证热电极与有害介质充分隔离。

4. 热电偶冷端的温度补偿

由于热电偶的材料一般都比较贵重（特别是采用贵金属时），而测温点到仪表的距离都很远，为了节省热电偶材料、降低成本，通常采用补偿导线把热电偶的参比端（冷端）延伸到温度比较稳定的控制室内，连接到仪表端子上。必须指出，热电偶补偿导线的作用只起延伸热电极、使热电偶的冷端移动到控制室的仪表端子上，它本身并不能消除冷端温度变化对测温的影响，不起补偿作用。因此，还需采用其他修正方法来补偿冷端温度 $t_0 \neq 0℃$ 时对测温的影响。

在使用热电偶补偿导线时必须注意型号相配，极性不能接错，补偿导线与热电偶连接端的温度不能超过100℃。

二、热电阻引线的三种方式

1. 二线制

如图 7-2 所示,在热电阻的两端各连接一根导线来引出电阻信号的方式叫作二线制。这种引线方法很简单,但由于连接导线必然存在引线电阻 r,r 大小与导线的材质和长度有关,因此这种引线方式只适用于测量精度较低的场合。

2. 三线制

如图 7-3 所示,在热电阻根部一端连接一根引线,另一端连接两根引线的方式称为三线制。这种方式通常与电桥配套使用,可以较好地消除引线电阻的影响,是工业过程控制中的最常用的引线电阻。

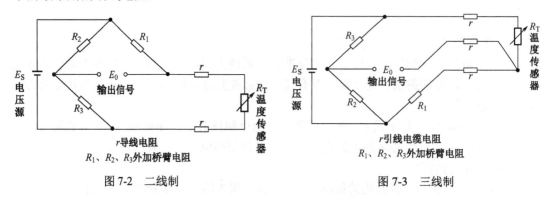

图 7-2　二线制　　　　　　　　图 7-3　三线制

3. 四线制

如图 7-4 所示,在热电阻根部的两端各连接两根导线的方式称为四线制,其中两根引线为热电阻提供恒定电流 I,把 R 转换成电压信号 U,再通过另两根引线把 U 引至二次仪表。可见这种引线方式可完全消除引线的电阻影响,主要用于高精度的温度检测。

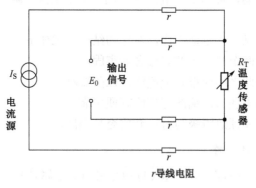

图 7-4　四线制

三、DH-SJ5 型温度传感器实验装置

(一) 概述

DH-SJ5 型温度传感器实验装置是以分离的温度传感器探头元器件、单个电子元件及以九孔板为实验平台来测量温度的设计性实验装置。该实验装置提供了多种测温方法,自行设计测温电路来测量温度传感器的温度特性。一般实验中都配有铂电阻 Pt100、热敏电阻

（NTC 和 PTC）、铜电阻 Cu50、铜-康铜热电偶、PN 结、AD590 和 LM35 等温度传感器。
本实验装置采用智能温度控制器控温，具有以下特点：
（1）控温精度高、测温范围广，加热所需的温度可自由设定，采用数字显示。
（2）使用低电压恒流加热，安全可靠、无污染，加热电流连续可调。
（3）本实验装置提供的是单个分离的温度传感器，形象直观，给实验带来了很大的方便，可对不同传感器的温度特性进行比较，更易于掌握它们的温度特性。
（4）采用九孔板作为实验平台，提供设计性实验。
（5）加热炉配有风扇，在做降温实验过程中可采用风扇快速降温。
（6）整体结构设计新颖、紧凑合理，外形美观大方。

（二）主要技术指标

- 电源电压：AC220V±10%（50/60Hz）；
- 工作环境：温度 0~40℃，相对湿度＜80%的无腐蚀性场合；
- 控温范围：室温~120℃；
- 温度控制精度：±0.2℃；
- 分辨率：0.1℃；
- 控制方式：先进的 PID 控制。

（三）温控仪与恒温炉的连线

Pt100 带红色端头的作控温用，控温 Pt100 的插头与温控仪上的插座颜色对应地相连接。即，红→红，黄→黄，蓝→蓝，如图 7-5 所示。

警告：在做实验中或做完实验后，禁止手触传感器的钢甲护套！禁止打开恒温炉的外罩！

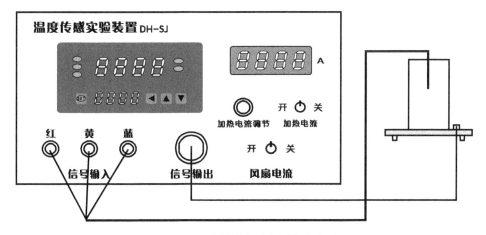

图 7-5　温度传感实验装置接线路图

附录 7-A　智能双数显温度控制仪使用说明

XMT□-7000P 系列智能程序温度控制器是采用专用微处理器的多功能调节仪表，

它采用先进的设计及生产工艺技术，因而仪表精致小巧、性能可靠。智能程序温度控制器特有的自整定功能和智能控制功能，使操作者可以通过简单的操作而获得良好的效果。

一、型号表述方法

例：XMTA 7511 K 0～400℃即表示面形尺寸为96mm×96mm配K型热电偶，测量控制范围0～400℃，输出直流电压信号驱动固态继电器并带超温报警功能的全量程指示的双显示智能仪表。

二、如何使用自整定功能

(1) 按"SET"键，根据设定操作顺序进入"AT"状态设定，将数据修改为"01"后，按"SET"键5s，仪表退出设定状态，进入自整定状态。此时，"AT"指示灯闪烁，在设定点附近经位式控制达到三个周波后（整定时间根据不同工况长短不同）自整定结束。在此过程中（即"AT"黄灯闪烁时段内）使用者无法键入任何参数，直至"AT"指示灯熄灭，整定出来的PID参数自动保存于仪表内。

(2) 若须检查整定后出来的PID参数，可在设定操作的第二设定区进行。

(3) 在仪表自整定过程中，必须保持电源的连续，并尽量减少干扰，否则会重新启动自整定。

(4) 在控温对象初始升温过程中，启动自整定功能和在接近整定点时启动自整定所整定出来的两套参数有可能不一致，一般选用后一套参数为佳。

(5) 在干扰很大的场合，可以采取多次整定的方法检查整定后出来的参数进行比较、确定、修正。

三、使用注意事项

(1) 把仪表插入仪表盘开孔中，开孔公差应适中，装上安装板螺杆，适度旋紧，外壳带自锁的仪表插入开孔中即可。

(2) 检查仪表分度号规格及电源电压是否与仪表相同。

(3) 按接线铭牌或说明书接线图正确接线。

(4) 对热电偶输入信号请用与热电偶丝相同材料的补偿导线。

(5) 对热电阻输入信号请用相同规格低阻值导线，且三线长度尽量相等。

(6) 特别注意电源输入线与信号输入线不可错接，注意输出端子被强电流短路。

(7) 仪表电源线与信号线尽量与大电流传输线分开布线，以减小电磁辐射对仪表的影响，如条件允许仪表连线请尽量选用屏蔽线。

四、简易问题维修

按仪表接线图标注信息正确接上相应的电源线、传感器线及输出控制线以后，上电开机，仪表PV窗即显示测量值，SV窗即显示设定值，同时进入自动温度控制状态。

（1）若认为仪表指示失常，请检查接线及传感器是否相符。

（2）仪表面板各种功能显示，输出指示均正常，而仪表失控时，请检查输出控制线连接是否正确，外部负载是否短路、断路、错线等，必要时可停电打开仪表检查，输出端处铜箔、输出保护电阻是否烧焦，一般较容易修复。

五、仪表操作说明

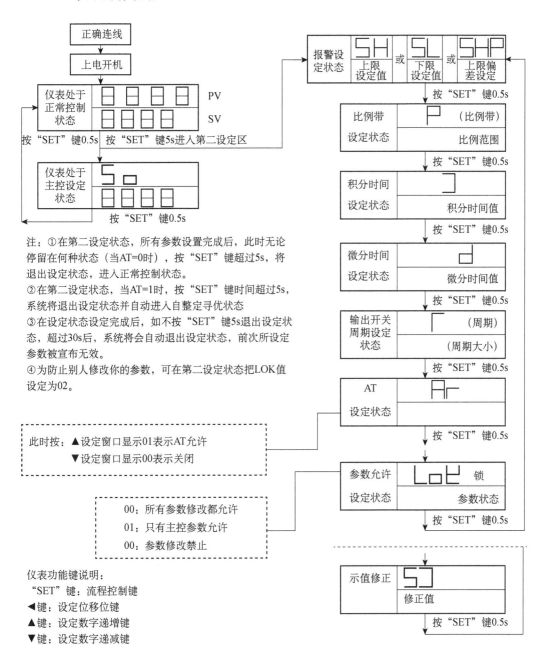

注：①在第二设定状态，所有参数设置完成后，此时无论停留在何种状态（当AT=0时），按"SET"键超过5s，将退出设定状态，进入正常控制状态。

②在第二设定状态，当AT=1时，按"SET"键时间超过5s，系统将退出设定状态并自动进入自整定寻优状态。

③在设定状态设定完成后，如不按"SET"键5s退出设定状态，超过30s后，系统将会自动退出设定状态，前次所设定参数被宣布无效。

④为防止别人修改你的参数，可在第二设定状态把LOK值设定为02。

仪表功能键说明：

"SET"键：流程控制键

◀键：设定位移位键

▲键：设定数字递增键

▼键：设定数字递减键

第二节　实验14　冷却法测量金属的比热容

你知道姆潘巴效应吗？一杯热水和一杯凉水同时放进冰箱，为什么是热水先结冰？

为了定量描述物质吸收热量使温度上升的过程，人们引入了比热容的概念。比热容的大小不仅取决于材料种类，还受材料所处环境因素的影响，所以测定比热容对工程设计和工业生产有着重要意义。另外，从微观角度来看，当材料吸收热量后，构成它的原子会改变动能和相互势能，测量比热容属性有利于获取材料的微观结构信息。

测量比热容的方法很多，比如冷却法、混合法、差分量热法和热弛豫法等。本实验采用的是冷却法测量金属的比热容，在综合性实验的基础上，增加了改进实验的设计内容。

实验目的

1. 学会使用热电偶测量温度，学会用冷却法测量金属的比热容；
2. 以铜为标准样品，测量铁（或铝）样品在100℃时的比热容；
3. 了解金属的冷却速率与环境温差的关系，以及进行测量的实验条件。

实验仪器

DH4603型冷却法金属比热容测量仪。

实验原理

牛顿在1701年发现，一个物体所损失的热量的速率与物体和其周围环境间的温度差是成比例的。所谓的损失热量的速率被称为散热速率或冷却速率，即当物体表面温度与周围存在温度差时，物体单位时间从单位面积散失的热量。牛顿认为散热速率与温度差成正比。

牛顿冷却定律给出了温度高于周围环境的物体向周围媒质传递热量逐渐冷却时所遵循的规律。根据牛顿冷却定律用冷却法测定金属或液体的比热容是热学中常用的方法之一。

单位质量的物质，其温度升高1K（或1℃）所需的热量称为该物质的比热容，其值随温度而变化。将质量为M_1的金属样品加热后，放到较低温度的介质（例如室温的空气）中，样品将会逐渐冷却。其单位时间的热量损失$\Delta Q/\Delta t$与温度下降的速率成正比，于是得到下述关系式

$$\frac{\Delta Q}{\Delta t} = c_1 M_1 \frac{\Delta \theta_1}{\Delta t} \tag{7-1}$$

式（7-1）中，c_1为该金属样品在温度θ_1时的比热容，$\Delta\theta_1/\Delta t$为金属样品在θ_1时的冷却速率，根据冷却定律有

$$\frac{\Delta Q}{\Delta t} = \alpha_1 S_1 (\theta_1 - \theta_0)^m \tag{7-2}$$

式（7-2）中，α_1为热交换系数，S_1为该样品外表面的面积，m为常数，θ_1为金属样品的温度，θ_0为周围介质的温度。由式（7-1）和式（7-2）可得

$$c_1 M_1 \frac{\Delta \theta_1}{\Delta t} = \alpha_1 S_1 (\theta_1 - \theta_0)^m \qquad (7\text{-}3)$$

同理，对质量为 M_2、比热容为 c_2 的另一种金属样品，可有同样的表达式

$$c_2 M_2 \frac{\Delta \theta_1}{\Delta t} = \alpha_2 S_2 (\theta_1 - \theta_0)^m \qquad (7\text{-}4)$$

由式（7-3）和式（7-4），可得

$$\frac{c_2 M_2 \dfrac{\Delta \theta_2}{\Delta t}}{c_1 M_1 \dfrac{\Delta \theta_1}{\Delta t}} = \frac{\alpha_2 S_2 (\theta_2 - \theta_0)^m}{\alpha_1 S_1 (\theta_1 - \theta_0)^m}$$

所以

$$c_2 = c_1 \frac{M_1 \dfrac{\Delta \theta_1}{\Delta t}}{M_2 \dfrac{\Delta \theta_2}{\Delta t}} \frac{\alpha_2 S_2 (\theta_2 - \theta_0)^m}{\alpha_1 S_1 (\theta_1 - \theta_0)^m}$$

假设两样品的形状尺寸都相同（例如细小的圆柱体），即 $S_1=S_2$；两样品的表面状况也相同（如涂层、色泽等），而周围介质（空气）的性质也不变，则有 $\alpha_1 = \alpha_2$。于是当周围介质温度不变（即室温 θ_0 恒定），两样品又处于相同温度 $\theta_1 = \theta_2 = \theta$ 时，上式可以简化为

$$c_2 = c_1 \frac{M_1 \left(\dfrac{\Delta \theta}{\Delta t}\right)_1}{M_2 \left(\dfrac{\Delta \theta}{\Delta t}\right)_2} \qquad (7\text{-}5)$$

如果已知标准金属样品的比热容 c_1、质量 M_1，待测样品的质量 M_2 及两样品在温度 θ 时冷却速率之比，就可以求出待测的金属材料的比热容 c_2。

$$c_2 = c_1 \frac{M_1 (\Delta t)_2}{M_2 (\Delta t)_1} \qquad (7\text{-}6)$$

得到实验方法：已知标准金属样品的比热容 c_1、质量 M_1，待测金属样品的比热容为 c_2、质量为 M_2；假设定温 θ 恒定而两种样品的温度改变值 $\Delta \theta$ 相同，只要测量两种金属样品下降同样的温度所需时间 $(\Delta t)_1$、$(\Delta t)_2$，就可以求出待测金属材料的比热容 c_2。

本实验以铜为标准样品，测定铁、铝样品在 100℃ 左右时的比热容。几种金属材料的比热容见表 7-1。

表 7-1　几种金属材料的比热容

温度 \ 比热容	c_{Fe}	c_{Al}	c_{Cu}
100℃	0.110(cal/g·℃)	0.230(cal/g·℃)	0.0940(cal/g·℃)
273K	460(J/kg·K)	961(J/kg·K)	393(J/kg·K)

实验条件与技术

本实验包含仪器调试、加热升温操作、冷却时间测量等内容，实验原理与实验内容及操作方法有非常鲜明的对应关系。本实验原理比较简单，一方面需要学生认真对待，一方面需要教师进行细致的教学设计，在整个教学过程中给予学生精巧的引导，使学生能够融合实验原理、设计思想、实验方法及相关的理论知识对实验结果进行分析、判断、归纳与综合，培养学生分析与研究的能力。实验中要督促学生通过阅读指导书、观察实验现象和思考问题，掌握正确使用仪器的方法，培养独立实验的能力。

DH4603 型冷却法金属比热容测量仪如图 7-6 所示，由加热仪和测试仪组成。加热仪的加热装置可通过调节手轮自由升降。

（1）选取长度、直径、表面光洁度尽可能相同的三种金属样品（铜、铁、铝），用电子天平称出它们的质量，再根据 $M_{Cu} > M_{Fe} > M_{Al}$ 这一特点，把它们区别开来。

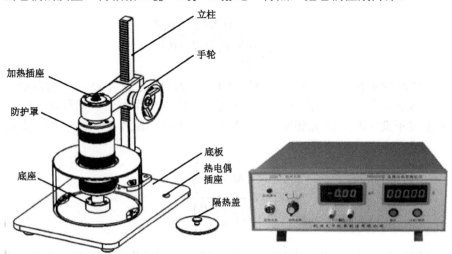

图 7-6　DH4603 型冷却法金属比热容测量仪

（2）被测样品安放在有较大容量的防风圆筒即样品室内的底座上，当加热装置向下移动到底后，对被测样品进行加热，样品需要降温时则将加热装置向上移走，让样品在样品室（防风筒）内自然冷却。以上两点用于保证 $S_1 = S_2$ 和 $\alpha_1 = \alpha_2$。

（3）用铜-康铜制成的热电偶测量温度，其热电势差的二次仪表由高灵敏、高精度、低漂移的放大器放大加上满量程为 20mV 的三位半数字电压表组成。这样由数字电压表显示 mV 数，查表即可换算成对应的待测温度值。

（4）测量样品温度采用铜-康铜做成的热电偶（其热电势约为 0.042mV/℃），将热电偶的冷端置于冰水混合物中，热端处于置于样品室的底座上，插入被测样品内的小孔中与待测样品直接充分接触。

在较小的温差范围内，热电偶的电动势近似为

$$\varepsilon = k(T - T_0) \tag{7-7}$$

式中，T 为热端（样品）的温度，T_0 为冷端(冰水混合物)的温度，k 为温差系数。

将热电偶带有测量偏差的一端接到测试仪的"输入"端，由数字电压表显示的 mV 数即可换算成对应的待测温度值。

（5）因为热电偶的热电动势与温度的关系在同一小温差范围内可以看成线性关系，即

$$\frac{\left(\frac{\Delta\theta}{\Delta t}\right)_1}{\left(\frac{\Delta\theta}{\Delta t}\right)_2} = \frac{\left(\frac{\Delta\varepsilon}{\Delta t}\right)_1}{\left(\frac{\Delta\varepsilon}{\Delta t}\right)_2} \tag{7-8}$$

式（7-5）可以简化为

$$c_2 = c_1 \frac{M_1(\Delta t)_2}{M_2(\Delta t)_1} \tag{7-9}$$

式（7-6）和式（7-8）等式左侧的 $(\Delta t)_1$、$(\Delta t)_2$ 是两种金属样品下降同样的温度所需时间，而式（7-9）中的 $(\Delta t)_1$、$(\Delta t)_2$ 是两种金属样品下降同样的温度时，在数字电压表中热电偶电动势下降所需时间。

（6）为了保证三个待测样品在 100℃附近小温差范围内热电偶的电动势与温度、散热速率与温度呈线性关系，要具有相同的温度变化区间 $\Delta\theta$，尽量将三个待测样品加热到相同的高温（比如 150℃），降温到相同的低温（比如 50℃），这样就需要升温和降温的时间。

若待测金属铁难以加热到 150℃，要么三个待测样品读取相同的高温，或者铁与铜为一组、铝与铜为另一组分别进行比较。

本实验具有丰富的实验方法和实验技术以及实验仪器来实现测量和保证足够的精确度，但在实验中不留心操作规程和对技术手段认识不清，就会导致实验条件有漏洞，不能保证公式（7-9）在实验过程中成立，引起较大的误差，但这也是本实验吸引人之处。所以，在实验过程中要勤于思考、善于观察、及时记录，提倡边分析边调整，要能够发现问题和解决问题，在实验报告中应重点进行剖析和总结。

实验内容和步骤

一、铁、铜、铝的比热容的测定

（1）用电子天平测量三个金属样品的质量，并记录在表格上方。

（2）取 3~5 块适合的小冰块，放入盛有 2/3 凉水的保温杯里。

（3）将金属比热容测定仪面板上的"加热电压"与加热仪上的加热插座相连；将热电偶的一端与金属比热容测定仪面板上的"输入"相连，另一端与加热仪上的热电偶插座相连；热电偶还有个第三端，将第三端穿过保温杯杯盖顶端的小孔，放入冰水混合物中。

（4）每个待测金属样品底部都有一个小孔，将少许导热硅脂涂抹到小孔中，或者涂抹一层导热硅脂在加热仪底座的针上，起到针与金属样品良好的传热作用，涂抹太多会适得其反。

（5）打开隔热盖，将样品安放在有机玻璃圆筒内的测温热电偶上。调节手轮，使防护罩缓慢下降，使其下方的空洞正好覆盖金属样品。注意观察，也可适当摇一摇防护罩，使防护罩完全笼罩样品。

（6）转动"加热选择"旋钮，此时测定仪自动开始为样品加热。

（7）观察数字电压表，当样品加热到 150℃（此时热电势显示约为 6.7mV）时，**切断电源，调节手轮移去加热源（防护罩），盖上隔热盖**，使样品自然冷却。

（8）记录样品的冷却速率 $\left(\frac{\Delta\theta}{\Delta t}\right)_{\theta=100℃}$。具体做法是，记录数字电压表上示值约从 $\varepsilon_1 = 4.36\text{mV}$（约 102℃）降到 $\varepsilon_2 = 4.20\text{mV}$（约 98℃）所需的时间 Δt（因为数字电压表上

的值显示数字是跳跃性的，所以 ε_1、ε_2 只能取附近的值），从而计算 $\left(\dfrac{\Delta\varepsilon}{\Delta t}\right)_{\varepsilon=4.28\text{mV}}$。

（9）按铁、铜、铝的顺序分别放入样品室内，同一个样品重续测量 6 次，记录 6 次所能达到的最高温度和所取最低温度的热电动势的值，数据填写在表 7-2 中。

（10）在上一步降温过程中，按铁、铜、铝的顺序依据第（8）步的方法，分别测量其温度下降速度（即样品由 4.36mV 下降到 4.20mV 所需时间），每一样品应重复测量 6 次，数据填于表 7-3 中。

数据的记录。

样品质量：M_{Cu}=_____ g；M_{Fe}=_____ g；M_{Al}=_____ g。

热电偶冷端温度：_____ ℃。

表 7-2　铜、铁、铝加热、降温所达到的电动势的记录

次数 样品	1		2		3		4		5		6		备注
	高温	低温	高温	低温	高温	低温	高温	低温	高温	低温	高温	低温	
Fe													
Cu													
Al													

表 7-3　铜、铁、铝的比热容的测定

次数 样品	1	2	3	4	5	6	平均值 Δt
Fe							
Cu							
Al							

以铜为标准：$c_1 = c_{\text{Cu}} = 0.0940$ （J/kg·K）。

铁：$c_2 = c_1 \dfrac{M_1 (\Delta t)_2}{M_2 (\Delta t)_1} =$ _____ （J/kg·K）。

铝：$c_3 = c_1 \dfrac{M_1 (\Delta t)_3}{M_3 (\Delta t)_1} =$ _____ （J/kg·K）。

注意事项

（1）本实验中的加热仪温度很高，禁止直接触摸防护罩；升降防护罩时，要防止手轮滑丝而使很重的防护罩跌落造成砸伤。

（2）仪器的加热指示灯亮，表示正在加热；如果连接线未连好或加热温度过高（超过 200℃）导致自动保护时，指示灯不亮。升到指定温度后，应切断加热电源。

（3）测量降温时间时，按"计时"或"暂停"按钮应迅速、准确，以减小人为计时误差。

（4）加热装置向下移动时，动作要慢，应注意要使被测样品垂直放置，以使加热装置能完全套住被测样品。

（5）铜样品和铝样品加热到 150℃ 较为容易，而铁样品在某些设备上加热到 150℃ 较难，这与热电偶的插座连线、加热的防护罩以及涂裹的导热硅脂有关。

（6）若实验中铁样品确实难以加热到 150℃，则可以将铝与铜作为一组，从 150℃ 开始冷却测量 100℃ 铝的比热容；然后将铁和铜作为另一组，从共同达到的温度（比如 130℃，5.7mV）开始冷却测量 100℃ 铁、铜的冷却时间。这样就需要分别列两个表格。

> 实验分析与讨论

若已知标准样品在不同温度的比热容，通过作冷却曲线可获得各种金属在不同温度时的比热容。本实验以铜样品为标准样品，测定铁、铝样品在 100℃时的比热容。通过实验了解金属的冷却速率、金属与环境之间温差的关系、测量的实验条件，进一步掌握比较法和巩固不确定度的计算，以及分析实验条件与测量误差之间的关联。

1. 室温 θ 的变化给测量结果带来误差

在大学物理实验中进行直接测量的次数为 $5 \leqslant n \leqslant 10$，每次测量为了让样品的温度均匀稳定，一般将样品加热到 150℃，然后移走加热装置，盖上防护盖让样品在防风筒内冷却，当样品温度下落到 102℃时开始计时，降至 98℃时暂停计时，这个时间大概需要 3~5 分钟。同一样品反复多次测量后，样品室内的空气不断吸收热量，温度必然上升。如果一个样品测完后马上接着测另一样品，根据牛顿冷却定律，样品室内空气温度的升高使得测量值较实际值偏大。

2. 热电偶测温存在误差

1）热电偶插入深度的影响

热电偶插入被测场所时，沿着传感器长度的方向将会有热流扩散，当环境温度低时就会有热损失，致使热电偶与被测对象的温度不一致而产生测温误差。

因而，因热传导而引起的误差，与插入深度有关，插入深度又与保护管材质有关。金属保护管因其导热性能好，其插入深度应该深一些（约为直径的 15~20 倍），陶瓷材料绝热性能好，可插入浅一些（约为直径的 10~25 倍）。

2）响应时间的影响

接触法测温的基本原理是测温元件要与被测对象达到热平衡。因此测温时需要保持一定时间，才能使两者达到热平衡，保持时间的长短同测温元件的热响应时间有关。

若普通温度传感器的响应跟不上被测对象的温度变化，出现滞后，将会因达不到热平衡而产生测量误差，这些都会对金属比热容的测量带来系统误差。

3）冷端温度变化给实验带来误差

热电偶的冷端温度应恒定在 0℃，但实际测量过程中，冰块在渐渐融化，由于整个实验的测量耗时较长，很有可能在实验进行的过程中冰块已经溶化完，热电偶冷端的温度不再是 0℃。因此在操作过程中要注意检查冰水混合物的状态，要及时加冰块。

3. 计时引入误差

本实验测量样品温度下降 4℃所用的时间，测试仪上的计时装置只需要按下"开始"和"暂停"按钮，读数显示到 0.01s。

但人的反应时间达不到此精度，因此各次测量时间都会有零点几秒的差别，而铜与铁温度均从 102℃下降到 98℃所需的时间也只相差两三秒左右，因此由于计时引入的误差是较大的。

在测量时间时除了要求按按钮要迅速、准确，对计时装置的改进也是值得研究的问题。

4. 保温杯冰水混合物的影响

在本实验中，保温杯先装一定的水，然后加入冰块，若加入的冰块不多，在初始阶段保温杯内的温度不均匀，冰块浮在水上，上端温度较下端低，改变热电偶冷端插入的深度会发现电压表显示的读数会发生变化。

因此，保温杯中要适当多加入冰块，热电偶的冷端要尽量插在冰水混合均匀的位置。

实验内容和步骤

二、铝与铜、铁与铜的分组测量比热容

操作步骤同上。

样品质量：$M_{Cu}=$_____g；$M_{Al}=$_____g。

热电偶冷端温度：_____℃。

铜、铝每次的测量都是从_____℃（_____mV）开始冷却的。

热电偶冷端温度：_____℃。

测量数据填写在表 7-4 中。

表 7-4　铜、铝由 4.36mV 下降到 4.20mV 所需时间（单位为 s）

样品 \ 次数	1	2	3	4	5	6	平均值 Δt
Al							
Cu							

样品质量：$M_{Cu}=$_____g；$M_{Fe}=$_____g。

热电偶冷端温度：_____℃。

铜、铁每次的测量都是从_____℃（_____mV）开始冷却的。

热电偶冷端温度：_____℃。

测量数据填写在表 7-5 中。

表 7-5　铜、铁由 4.36mV 下降到 4.20mV 所需时间（单位为 s）

样品 \ 次数	1	2	3	4	5	6	平均值 Δt
Fe							
Cu							

三、提高测量金属比热容精确度的设计性方案

1. 减小实验误差的设计性实验（选做）

物体外部温度的变化对实验结果会产生很大的影响，我们可以对实验步骤进行改进。将待测物体分别放在标准物体之前和之后进行测量，然后对结果进行修正。其他条件均不发生变化，改进后的实验测量数据表明：在标准物之后测量结果偏大，在标准物之前测量结果偏小。计算出两种测量待测物体的平均冷却时间，然后经计算可得修正后待测物体的比热容要比按第一个实验所得到的比热容精确，尝试回答改进后的实验原理，试着采用改进后的方法设计实验步骤并进行测量。

对实验步骤进行改进。将待测物体分别放在标准物体之前和之后进行测量，然后对结果进行修正。其他条件均不发生变化，改进后的实验测量数据表格见表 7-6 和表 7-7。

操作步骤同上。

样品质量：M_{Cu}=_____g；M_{Fe}=_____g。

热电偶冷端温度：_____℃。

铜、铁每次的测量都是从_____℃（_____mV）开始冷却的。

热电偶冷端温度：_____℃。

表7-6　铜、铝由4.36mV下降到4.20mV所需时间（单位为s）（改进后的实验）

样品＼次数	1	2	3	4	5	6	平均值Δt
Cu							
Fe							

表7-7　铜、铁由4.36mV下降到4.20mV所需时间（单位为s）（改进后的实验）

样品＼次数	1	2	3	4	5	6	平均值Δt
Fe							
Cu							

铝金属样品比热容的测量方法、步骤和表格同上。

2. 研究样品在不同温度间隔下降时间对比热容测量结果的影响（选做）

设计命题：

测量铝或铁样品，或者两者在100℃的比热容，以铜为标准，其比热容c_{Cu}=0.0940 cal/(g·K)。分别取105~95℃、104~96℃、103~97℃、102~98℃、101~99℃五种时间间隔，分别测量这五种时间间隔样品的比热容，计算对应测量的精确度，分析哪种时间间隔的测量结果最为精确，分析原因。

操作步骤和测量表格自行设计。

实验数据处理

1. 平均值的计算

先分析测量数据是否有粗大误差，若有，则采用什么方法剔除？

然后计算剩余的测量数据的算术平均值。

$$\bar{y} = \frac{1}{k}\sum_{i=1}^{k} y_i$$

比如：金属样品由4.36mV下降到4.20mV所需的平均时间。

2. 以铜为标准，铁、铝的比热容测量值

$$c_{Fe} = c_{Cu}\frac{M_{Cu}\Delta t_{Fe}}{M_{Fe}\Delta t_{Cu}}$$

$$c_{Al} = c_{Cu}\frac{M_{Cu}\Delta t_{Al}}{M_{Al}\Delta t_{Cu}}$$

3. 测量结果不确定度的计算

由于质量是直接给出（或者只测量了一次）的，并且不清楚电子天平的精度，所以略去了质量测量的影响。这里只考虑时间测量的不确定度，即比热容的不确定度就是时间的不确定度。

计算直接测量量的标准偏差为

$$\sigma = \sqrt{\frac{1}{k-1}\sum_{i=1}^{k}(y_i - \overline{y})^2}$$

A 类分量 u_A 的计算

$$u_A = \frac{\sigma}{\sqrt{k}}$$

B 类分量 u_B 的近似评定

$$u_B = \frac{\Delta_{INS}}{\sqrt{3}}$$

合成标准不确定度 u_C 的计算

$$u_C = \sqrt{u_A^2 + u_B^2}$$

4. 比热容不确定度传递公式的推导

$$c_2 = c_1 \frac{M_1(\Delta t)_2}{M_2(\Delta t)_1}$$

设 $(\Delta t)_1 = y, (\Delta t)_2 = x$，有

$$c_2 = c_1 \frac{M_1 x}{M_2 y}$$

求关于 x、y 的全微分

$$dc_2 = c_1 \frac{M_1}{M_2} \frac{\partial}{\partial x}\left(\frac{x}{y}\right)dx + c_1 \frac{M_1}{M_2} \frac{\partial}{\partial x}\left(\frac{x}{y}\right)dy$$

$$dc_2 = c_1 \frac{M_1}{M_2 y}dx - c_1 \frac{M_1 x}{M_2 y^2}dy$$

$$dc_2 = c_1 \frac{M_1 x}{M_2 y}\frac{dx}{x} - c_1 \frac{M_1 x}{M_2 y}\frac{dy}{y}$$

$$dc_2 = c_2 \frac{dx}{x} - c_2 \frac{dy}{y}$$

$$\frac{\mathrm{d}c_2}{c_2}=\frac{\mathrm{d}x}{x}-\frac{\mathrm{d}y}{y}$$

替换

$$\frac{\Delta c_2}{c_2}=\frac{\Delta x}{x}-\frac{\Delta y}{y}$$

相对不确定度为

$$\frac{u_{c_2}}{c_2}=\frac{u_x}{x}-\frac{u_y}{y}$$

$$\frac{u_{c_2}}{c_2}=\sqrt{\left(\frac{u_x}{x}\right)^2+\left(\frac{u_y}{y}\right)^2}$$

不确定度

$$u_{c_2}=c_2\sqrt{\left(\frac{u_x}{x}\right)^2+\left(\frac{u_y}{y}\right)^2}$$

故

$$u_{c_{\mathrm{Fe}}}=c_{\mathrm{Cu}}\sqrt{\left(\frac{u_{\mathrm{Fe}}}{\Delta t_{\mathrm{Fe}}}\right)^2+\left(\frac{u_{\mathrm{Cu}}}{\Delta t_{\mathrm{Cu}}}\right)^2}$$

$$u_{c_{\mathrm{Al}}}=c_{\mathrm{Cu}}\sqrt{\left(\frac{u_{\mathrm{Al}}}{\Delta t_{\mathrm{Al}}}\right)^2+\left(\frac{u_{\mathrm{Cu}}}{\Delta t_{\mathrm{Cu}}}\right)^2}$$

问答题

1. 为什么实验应该在防护筒（即样品室）中进行？
2. 测量三种金属的冷却速率并在图纸上绘出冷却曲线，如何求出它们在同一温度点的冷却速率？
3. 如果已知标准金属样品的比热容 c_1、质量 M_1，待测样品的质量 M_2 及两样品在温度 θ 时冷却速率之比，就可以求出待测金属材料的比热容 c_2。

第三节　实验 15　温度传感器设计性实验

实验目的

1. 研究 Pt100 铂电阻、Cu50 铜电阻和热敏电阻（NTC 和 PTC）的温度特性及其测温原理。
2. 研究比较不同温度传感器的温度特性及其测温原理。

3. 掌握单臂电桥及非平衡电桥的原理及其应用。
4. 了解温度控制的最小微机控制系统。
5. 掌握实验中单片机在温度实时控制、数据采集、数据处理等方面的应用。
6. 学习运用不同的温度传感器设计测温电路。

实验原理

一、Pt100 铂电阻的测温原理

常用的铂热电阻有 PT100、PT1000 等，按 IEC751 国际标准，其表征的含义是：温度系数 TCR=0.003851，Pt100（R_0=100Ω）、Pt1000（R_0=1000Ω），以此标准统一设计铂电阻。对于铂电阻，100℃时标准电阻值 R_{100}=138.51Ω；1000℃时标准电阻值 R_{1000}=1385.1Ω。

$$\text{TCR} = \frac{R_{100} - R_0}{100 R_0} \tag{7-10}$$

Pt100 铂电阻的阻值随温度变化而变化计算公式

$$-200 < t < 0℃ \quad R_t = R_0 \left[1 + At + Bt^2 + C(t-100)t^3 \right] \tag{7-11}$$

$$0 < t < 850℃ \quad R_t = R_0 \left[1 + At + Bt^2 \right] \tag{7-12}$$

式中，R_t 为在 t℃时的电阻值；R_0 为在 0℃时的电阻值；A、B、C 表示系数，分别为 A=3.90802×10^{-3}℃$^{-1}$，B=−5.802×10^{-7}℃$^{-2}$，C=−4.27350×10^{-12}℃$^{-4}$。

三线制接法要求引出的三根导线截面积和长度均相同，测量铂电阻的电路一般是不平衡电桥，铂电阻作为电桥的一个桥臂电阻，将导线一根接到电桥的电源端，其余两根分别接到铂电阻所在的桥臂及与其相邻的桥臂上。当桥路平衡时，通过计算可知

$$R_t = \frac{R_1 R_3}{R_2} + \frac{r R_1}{R_2} - r \tag{7-13}$$

当 $R_1 = R_2$ 时，导线电阻的变化对测量结果没有任何影响，这样就消除了导线线路电阻带来的测量误差，但是必须为全等臂电桥，否则不可能完全消除导线电阻的影响。由分析可见，采用三线制会大大减小导线电阻带来的附加误差，工业上一般都采用三线制接法（参见图 7-3）。

二、热敏电阻温度特性原理（NTC 型）

热敏电阻是阻值对温度变化非常敏感的一种半导体电阻，在一定的温度范围内，半导体热敏电阻的电阻率 ρ 和温度 T 之间有如下关系

$$\rho = A_1 e^{B/T} \tag{7-14}$$

式中，A_1 和 B 是与材料物理性质有关的常数，T 为绝对温度。对于截面均匀的热敏电阻，其阻值 R_T 可用下式表示

$$R_T = \rho \frac{l}{s} \tag{7-15}$$

式中，R_T 的单位为 Ω；ρ 的单位为 Ω·cm；l 为两电极间的距离，单位为 cm；S 为电阻的

横截面积，单位为 cm²。将式（7-14）代入式（7-15），令 $A = A_1 l / s$，于是可得

$$R_T = A e^{B/T} \tag{7-16}$$

对一定的电阻而言，A 和 B 均为常数。对式（7-16）两边取对数，则有

$$\ln R_T = B \frac{1}{T} + \ln A \tag{7-17}$$

$\ln R_T$ 与 $1/T$ 呈线性关系，在实验中测得各个温度 T 的 R_T 值后，即可通过作图求出 B 和 A 值，代入式（7-16）可得到 R_T 的表达式。式中，R_T 为在温度 T（K）时的电阻值（Ω），A 为在某温度时的电阻值（Ω），B 为常数，其值与半导体材料的成分和制造方法有关。

图 7-7 表示了热敏电阻（NTC）与普通电阻的同温度特性。

三、Cu50 铜电阻温度特性原理

铜电阻测温原理与铂电阻一样，是利用导体在温度变化时本身电阻也随着发生变化的特性来测量温度的。铜电阻通常用于测量精度不高的场合。铜电阻有 $R_0=50Ω$ 和 $R_0=100Ω$ 两种，它们的分度号分别为 Cu50 和 Cu100。

常用的铜电阻 Cu50 在 −50～150°C 时，电阻 R_t 与温度 t 的关系为

$$R_t = R_0(1 + \alpha t)$$

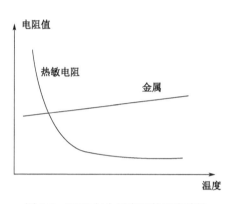

图 7-7　NTC 与金属电阻的温度特性

式中，R_0 为温度为 0°C 时的电阻值（Cu50 在 0°C 时的电阻值为 $R_0=50Ω$）；α 是电阻温度系数，$\alpha=(4.25\sim4.28)\times10^{-3}$ / °C。铜电阻通常是用直径为 0.1mm 的绝缘铜丝绕在绝缘骨架上，再用树脂保护，当被测介质中有温度梯度存在时，所测得的温度是感温元件所在范围内介质层中的平均温度。铜电阻与铂电阻测温接线方法相同，也是三线制。

实验仪器

DH-SJ 型温度传感器实验装置，DH-VC1 直流恒压源恒流源，数字万用表，电阻箱，九孔板。

实验内容和步骤

一、用万用表直接测量法

（1）参照本章第一节介绍的 DH-SJ 型温度传感器实验装置使用方法以及温控仪使用方法，将温度传感器直接插入温度传感器实验装置的恒温炉中。在传感器的输出端用数字万用表直接测量其电阻值。本实验的热敏电阻 NTC 温度传感器 25°C 的阻值为 5kΩ；PTC 温度传感器 25°C 的阻值为 350Ω。

（2）在不同的温度下，观察 Pt100 铂电阻、热敏电阻（NTC 和 PTC）和 Cu50 铜电阻的阻值变化，从室温到 120°C（注：PTC 温度实验从室温到 100°C），每隔 5°C（或自定度数）测量一个数据，将测量数据逐一记录在表格内。

（3）以温度为横轴，以阻值为纵轴，按等精度作图的方法，用所测量的数据作出 R_T-t 曲线。

（4）分析比较它们的温度特性。

二、单臂电桥法

（1）根据单臂电桥原理，按图 7-8 所示的方式连接成单臂电桥形式。运用万用表，自行判定三线制 Pt100 的接线。将 R_3 用电位器代替。用 DH-VC1 直流恒压源恒流源的恒压源来提供稳定的电压源，电压范围为 0～5V。注意：将电压由 0～5V 缓慢调节，具体电压自定。

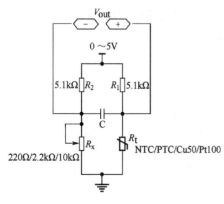

图 7-8 单臂电桥

（2）将温度传感器作为电桥的一个臂。根据不同的温度传感器，参照附录 7-C 和附录 7-D 中的温度传感器在 0℃的对应阻值，把电阻器件调到与 Pt100 或 Cu50 温度传感器对应的阻值（Cu50 在 0℃的阻值是 50Ω，用 100Ω 并联 220Ω 的电位器，比较臂 R_3 的阻值可以按照同样思路来匹配），仔细调节比较臂 R_3 使桥路平衡，即万用表的示数为零。NTC 和 PTC 温度传感器以 25℃时阻值为桥路平衡的零点。把电阻器件调到与 NTC 或 PTC 温度传感器对应的 25℃时的阻值（NTC 的阻值 5kΩ，用 1kΩ 的电阻串联 5kΩ 和 220Ω 的电位器，比较臂 R_3 的阻值可以按照同样思路来匹配），仔细调节比较臂 R_3 使桥路平衡，即万用表的示数为零。

（3）参照本章第一节介绍的 DH-SJ 型温度传感器实验装置使用方法以及温控仪使用方法，将温度传感器直接插入温度传感器实验装置的恒温炉中。通过温控仪加热，在不同的温度下，观察 Pt100 铂电阻、热敏电阻（NTC 和 PTC）和 Cu50 铜电阻的阻值变化。从室温到 120℃（注：PTC 温度实验从室温到 100℃。），每隔 5℃（或自定度数）测量一个数据，将测量数据逐一记录在表格内。

（4）以温度为横轴，以电压为纵轴，按等精度作图的方法，用所测量的数据作出 V-t 曲线。

（5）推导测量原理的计算公式。

（6）分析比较 NTC、PTC、Cu50、Pt100 温度传感器的温度特性。

三、恒流法

（1）按照图 7-9 所示接线。将带红色端头的 Pt100 放入恒温炉中，三色引线连接到温度传感实验装置对应位置上。用 DH-VC1 直流恒压恒流源来提供 I_0=1mA 或 0.1mA 直流电流源。用万用表测量取样电阻 R_0，调节 DH-VC1 上的恒流源的电流，粗调、细调旋钮使其两端的电压为 1V 或 0.1V。

注意：将电压在 0～1V 范围内缓慢调节。

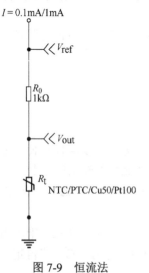

图 7-9 恒流法

（2）将温度传感器直接插入温度传感器实验装置的恒温炉中，通过数字万用表测量热电偶两端的电压，进而得出不同温度下的电阻（由 $U_{Rt}/I_0 = R_t$）。通过温控仪加热，在不同的温度下，观察 Pt100 铂电阻、热敏电阻（NTC 和 PTC）和 Cu50 铜电阻的阻值变化。从室温到 120℃（注：PTC 温度实验从室温到 100℃），每隔 5℃（或自定度数）测量一个数据，将测量数据逐一记录在表格内。

（3）以温度为横轴，以电压为纵轴，按等精度作图的方法，用所测量的数据作出 V-t 曲线。

（4）推导测量原理的计算公式。

（5）分析比较 NTC、PTC、Cu50、Pt100 温度传感器的温度特性。

（6）分析比较单臂电桥法与恒流法这两种测量方法的特点。

注：由于降温过程时间较长，所以可以在 Pt100 铂电阻升温过程和 Cu50 铜电阻降温过程中测量，以节省实验时间。

若实验时间不够，可以只选择做万用表测量法和恒流法。

*四、学习运用电桥和差分放大器自行设计数字测温电路

注意：正温度系数热敏电阻（PTC）随温度的变化成指数函数关系变化，在 80℃以下阻值变化比较平滑，而在 80℃以上变化非常快。

注意事项

1. 开机前应将 DH-VC1 直流恒压恒流源的电流粗调、细调旋钮逆时针旋到底。
2. 在 DH-SJ5 温度传感器实验装置设定温度时，温度上限不能超过 120℃；加热到预设温度后，即刻将加热电流挡位置于"关"，然后风扇电流挡位置于"开"，加热电流逆时针调节到最小，再把温度设定到室温或室温以下。
3. Pt100 铂电阻和 Cu50 铜电阻的导线严禁拉扯，以免断线，影响测量。

预习思考题

1. 比较 Pt100 铂电阻和 Cu50 铜电阻作为温度传感器的优缺点。
2. 比较热电阻和热敏电阻的特点。
3. 设计实验内容中各种测量方法中的电路，绘制接线图。
4. 在实验操作过程中，为什么需要用万用表测量取样电阻 R_0 两端电压为 1V？
5. 实验过程中如何消除引线电阻对测量结果的影响？

数据记录

表 7-8 所示表格仅作参考，作为设计性实验，应自行设计实验内容、步骤及表格。

表 7-8　Pt100 铂电阻数据记录　　　　室温　　℃

序号	1	2	3	4	5	6	7	8	9	10
温度（℃）										
U_{Rt}（V）										
R_t（Ω）										

续表

序 号	11	12	13	14	15	16	17	18	19	20
温度（℃）										
U_{Rt}（V）										
R_t（Ω）										

数据处理

1. 列表记录 Pt100 铂电阻、Cu50 铜电阻、NTC 和 PTC 热敏电阻的温度和电压值。
2. 计算 Pt100 铂电阻、Cu50 铜电阻、NTC 和 PTC 热敏电阻在不同温度下的电阻值。
3. 绘制四种材料电阻随温度变化的曲线。
4. 用逐差法计算 Cu50 铜电阻的电阻值随温度变化的线性方程 $R_t = R_0(1+\alpha t)$。

分析讨论题

1. 在采用三线制的电路中，如何用万用表检测温度传感器是否正常工作？
2. 为什么实验过程中使用 1mA 直流电流而不用 100mA 的电流？

附录 7-B 铜电阻 Cu50 的电阻-温度特性

$\alpha = 0.004280/℃$

温度（℃）	0	1	2	3	4	5	6	7	8	9
	R（Ω）									
-50	39.24									
-40	41.40	41.18	40.97	40.75	40.54	40.32	40.10	39.89	39.67	39.46
-30	43.55	43.34	43.12	42.91	42.69	42.48	42.27	42.05	41.83	41.61
-20	45.70	45.49	45.27	45.06	44.84	44.63	44.41	42.20	43.98	43.77
-10	47.85	47.64	47.42	47.21	46.99	46.78	46.56	46.35	46.13	45.92
0	50.00	49.78	49.57	49.35	49.14	48.92	48.71	48.50	48.28	48.07
0	50.00	50.21	50.43	50.64	50.86	51.07	51.28	51.50	51.81	51.93
10	52.14	52.36	52.57	52.78	53.00	53.21	53.43	53.64	53.86	54.07
20	54.28	54.50	54.71	54.92	55.14	55.35	55.57	55.78	56.00	56.21
30	56.42	56.64	56.85	57.07	57.28	57.49	57.71	57.92	58.14	58.35
40	58.56	58.78	58.99	59.20	59.42	59.63	59.85	60.06	60.27	60.49
50	60.70	60.92	61.13	61.34	61.56	61.77	61.93	62.20	62.41	62.63
60	62.84	63.05	63.27	63.48	63.70	63.91	64.12	64.34	64.55	64.76
70	64.98	65.19	65.41	65.62	65.83	66.05	66.26	66.48	66.69	66.90
80	67.12	67.33	67.54	67.76	67.97	68.19	68.40	68.62	68.83	69.04
90	69.26	69.47	69.68	69.90	70.11	70.33	70.54	70.76	70.97	71.18
100	71.40	71.61	71.83	72.04	72.25	72.47	72.68	72.90	73.11	73.33
110	73.54	73.75	73.97	74.18	74.40	74.61	74.83	75.04	75.26	75.47
120	75.68									

附录 7-C 铂电阻 Pt100 分度表（ITS-90）

$R(0℃)=100.00Ω$

温度（℃）	0	1	2	3	4	5	6	7	8	9
					$R(Ω)$					
0	100.00	100.39	100.78	101.17	101.56	101.95	102.34	102.73	103.12	103.51
10	103.90	104.29	104.68	105.07	105.46	105.85	106.24	106.63	107.02	107.40
20	107.79	108.18	108.57	108.96	109.35	109.73	110.12	110.51	110.90	111.29
30	111.67	112.06	112.45	112.83	113.22	113.61	114.00	114.38	114.77	115.15
40	115.54	115.93	116.31	116.70	117.08	117.47	117.86	118.24	118.63	119.01
50	119.40	119.78	120.17	120.55	120.94	121.32	121.71	122.09	122.47	122.86
60	123.24	123.63	124.01	124.39	124.78	125.16	125.54	125.93	126.31	126.69
70	127.08	127.46	127.84	128.22	128.61	128.99	129.37	129.75	130.13	130.52
80	130.90	131.28	131.66	132.04	132.42	132.80	133.18	133.57	133.95	134.33
90	134.71	135.09	135.47	135.85	136.23	136.61	136.99	137.37	137.75	138.13
100	138.51	138.88	139.26	139.64	140.02	140.40	140.78	141.16	141.54	141.91
110	142.29	142.67	143.05	143.43	143.80	144.18	144.56	144.94	145.31	145.69
120	146.07	146.44	146.82	147.20	147.57	147.95	148.33	148.70	149.08	149.46
130	149.83	150.21	150.28	150.96	151.33	151.71	152.08	152.46	152.83	153.21
140	153.58	153.96	154.33	154.71	155.08	155.46	155.83	156.20	156.58	156.95
150	157.33	157.70	158.07	158.45	158.82	159.19	159.56	159.94	160.31	160.95
160	161.05	161.43	161.80	162.17	162.54	162.91	163.29	163.66	164.03	164.40
170	164.77	165.14	165.51	165.89	166.26	166.63	167.00	167.37	167.74	168.11
180	168.48	168.85	169.22	169.59	169.96	170.33	170.70	171.07	171.43	171.80
190	172.17	172.54	172.91	173.28	173.65	174.02	174.38	174.75	175.12	175.49
200	175.86	176.22	176.59	176.96	177.33	177.69	178.06	178.43	178.79	179.16

附录 7-D 铜-康铜热电偶分度表

温度（℃）	热电势（mV）									
	0	1	2	3	4	5	6	7	8	9
−10	−0.383	−0.421	−0.458	−0.496	−0.534	−0.571	−0.608	−0.646	−0.683	−0.720
−0	0.000	−0.039	−0.077	−0.116	−0.154	−0.193	−0.231	−0.269	−0.307	−0.345
0	0.000	0.039	0.078	0.117	0.156	0.195	0.234	0.273	0.312	0.351
10	0.391	0.430	0.470	0.510	0.549	0.589	0.629	0.669	0.709	0.749
20	0.789	0.830	0.870	0.911	0.951	0.992	1.032	1.073	1.114	1.155
30	1.196	1.237	1.279	1.320	1.361	1.403	1.444	1.486	1.528	1.569
40	1.611	1.653	1.695	1.738	1.780	1.882	1.865	1.907	1.950	1.992

续表

温度（℃）	热电势（mV）									
	0	1	2	3	4	5	6	7	8	9
50	2.035	2.078	2.121	2.164	2.207	2.250	2.294	2.337	2.380	2.424
60	2.467	2.511	2.555	2.599	2.643	2.687	2.731	2.775	2.819	2.864
70	2.908	2.953	2.997	3.042	3.087	3.131	3.176	3.221	3.266	3.312
80	3.357	3.402	3.447	3.493	3.538	3.584	3.630	3.676	3.721	3.767
90	3.813	3.859	3.906	3.952	3.998	4.044	4.091	4.137	4.184	4.231
100	4.277	4.324	4.371	4.418	4.465	4.512	4.559	4.607	4.654	4.701
110	4.749	4.796	4.844	4.891	4.939	4.987	5.035	5.083	5.131	5.179
120	5.227	5.275	5.324	5.372	5.420	5.469	5.517	5.566	5.615	5.663
130	5.712	5.761	5.810	5.859	5.908	5.957	6.007	6.056	6.105	6.155
140	6.204	6.254	6.303	6.353	6.403	6.452	6.502	6.552	6.602	6.652
150	6.702	6.753	6.803	6.853	6.903	6.954	7.004	7.055	7.106	7.156
160	7.207	7.258	7.309	7.360	7.411	7.462	7.513	7.564	7.615	7.666
170	7.718	7.769	7.821	7.872	7.924	7.975	8.027	8.079	8.131	8.183
180	8.235	8.287	8.339	8.391	8.443	8.495	8.548	8.600	8.652	8.705
190	8.757	8.810	8.863	8.915	8.968	9.024	9.074	9.127	9.180	9.233
200	9.286									

注意：不同的热电偶的输出会有一定的偏差，所以以上表格的数据仅供参考。

第八章

光学基础与综合性实验

　　光学是一门古老的学科，在人们探索光的本质的过程中，光学得到不断的发展。光学的发展大体上可划分为几何光学、波动光学和量子光学三个阶段。1801 年，托马斯·杨的双缝干涉实验获得了光具有波动性的有力证据，从此光学由几何光学时代进入到波动光学时代。1864 年麦克斯韦建立了光的电磁理论，电、磁、光实现了大统一。1905 年爱因斯坦提出光子假设，很好地解释了光电效应现象，从此光学进入到量子光学时代。1960 年第一台激光器在美国诞生，从此光学进入到飞速发展的时代。激光测量、激光制导、非线性光学、全息光学、光信息处理、光计算机等与"光"相联系的学科不断涌现，光学继电子学之后成为又一个引人瞩目的科学分支。

　　波动是自然界中非常普遍的一类运动形式，在力、热、电、光各个领域无处不在。尽管各种波动的具体形态各异，其间却有着惊人的相似性。无论从基本概念、基本原理，还是从数学语言或计算方法等各方面都十分相似。

　　衍射和干涉都是波动特有的现象，水波、声波和各种波长的电磁波在一定的条件下都会出现衍射现象。通常干涉是指两束波或多束波的叠加，从而在空间形成波的不同强度的分布。衍射是将每束波的波前分成若干个级次子波源，这些子波源发出的波在空间叠加，从而会形成波强度的空间分布图样。

　　一般说来光波是波长在 400～760nm 范围的电磁波，干涉和衍射说明了光的波动性，而光的偏振现象确立了光的横波性质。光的横波性仅表明了电矢量与光的传播方向垂直，在与传播方向垂直的二维空间里电矢量还可以有不同的偏振态，最常见的偏振态大体可分为五种：自然光、线偏振光、部分线偏振光、圆偏振光和椭圆偏振光。光波的特点较集中地反映在研究和应用它的实验装置和仪器上。

　　本章将在第五章振动与波动实验的基础上，设计了光波的几个基础内容：单缝衍射、双缝衍射、圆孔衍射、光栅以及光的偏振等，以期实验者在实验之后对光的干涉、衍射和偏振现象及其规律和测量方法有所了解。与此同时为学生提供了几个综合性实验——迈克尔逊干涉仪的调整与应用等。还设计了若干个扩展内容，学生可以根据现有仪器和各种附件，自己设计和组装测量仪器完成扩展内容，还可以利用给出的仪器和附件选做一些自主探索和研究性的光学实验，丰富自己的实践经验，提高科学思维能力和实验的动手能力。

第一节 光学基本仪器及常用光源

光学仪器的种类很多，在几何光学范围内，按光学仪器的光学系统和用途大致可分为三大类。第一类是助视与测量光学仪器，它是通过仪器对物体成像，使被测物体的像对眼睛有较大的张角，以弥补人眼的不足。最常用的助视与测量仪器有测微目镜、显微镜、望远镜、平行光管等。第二类是摄影（或投影）仪器，如照相机、投影仪等。第三类是分光仪器，它利用色散元件将复色光分解为单色光，如分光计、单色仪、摄谱仪等。

组成光学仪器的光学元件主要有透镜（各类物镜、目镜）、棱镜、反射镜（平面或凹面）等。光学元件是光学仪器上最娇贵、最容易损坏的部分。它们的光学表面质量直接影响着光学仪器的精密度，如果不小心在光学表面上沾上了灰尘、油脂、刻痕，就会损坏成像的清晰度。因此，使用光学仪器必须十分细心地维护光学元件。

下面，介绍测微目镜、显微镜、平行光管这三种在大学物理实验中常用的光学仪器及常用光源。

一、测微目镜

测微目镜也称为测微头，常作为精密光学仪器的附件。例如，在内调焦平行光管和测角仪上，均装有这种目镜。这种目镜也可单独使用，直接测量非定域干涉条纹的宽度或者由光学系统所成实像的大小等，其主要特点是量程小、准确度高。

1. 基本结构

图 8-1 是测微目镜的结构示意图。目镜筒 1 与本体盒 2 相连，利用固定螺钉 8 和接头套筒 7 可将测微镜固定在特定的支架上，也可装在诸如内调焦平行光管、测角仪、生物显微镜等仪器上作为可测量目镜用。目镜焦平面的内侧装有一块量程为 8 mm 的刻线玻璃标尺 3，其分度值为 1 mm，在该尺下方 0.1 mm 处平行地放置一块由薄玻璃片制成的分划板 4，上面刻有斜十字准线和一平行双线，如图 8-2 所示。

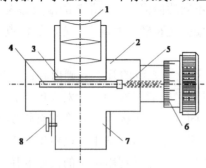

1—目镜筒；2—本体盒；3—标尺；4—分划板；5—丝杆；
6—读数鼓轮；7—接头套筒；8—螺钉

图 8-1 测微目镜的结构示意图

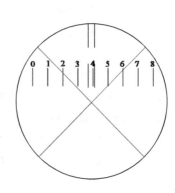

图 8-2 测微目镜的读数

分划板的框架与由读数鼓轮 6 带动的丝杆 5 通过弹簧相连，当读数鼓轮顺时针旋转时，丝杆便推动分划板沿导轨垂直于光轴向左移动，通过目镜可观察到准线交点和平行双线向左平移，此时联结弹簧伸长；当鼓轮逆时针旋转时，分划板在弹簧恢复力的作用下，向右移动，准线交点和平行双线也向右平移，读数鼓轮每转动一圈，准线交点及平行双线便平移 1mm。在读数鼓轮的轮周上均匀地刻有 100 条线，即分成 100 小格，所以鼓轮每转过 1 小格，平行双线及斜准线交点相应地平移 0.01mm。当准线交点（或平行双线中的某一条）对准待测物上某一标志（如长度的起始点或终点）时，该标志位置的读数等于玻璃尺上最靠近准线交点（或平行双线中相应的一条）的整数毫米值，加上鼓轮上小数位的读数值，以毫米为单位时，应取到小数点后 3 位。由于测得的结果为初读数和末读数之差，因此，在实际测量中，为方便计，常常以平行双线中的某一条为测量准线。

2. 调整方法

测量前应先调节目镜以看清分划板上的测量准线，如图 8-2 所示。

测量时，调节整个目镜与被测实像的间距（即调焦），使通过目镜观察到的待测像最清楚，而且与准线间无视差，即两者处于同一平面上，当测量者上下或左右稍微改变视线方向时，两者间没有相对位移，这是测微目镜已调整好的标志。

由于丝杆与螺母的螺纹间有空隙，所以在测量过程中，只能沿同一方向转动鼓轮，依次移动测量准线来进行测量，以免引入螺距差。

此外，在测量过程中，十字准线的交点（平行双线）移动范围必须控制在视场中的 0～8mm 以内，否则会损坏读数机构。

二、显微镜和读数显微镜

显微镜一般是用作观察细小物体的光学助视仪器，加上对准和读数装置，即可用来精密测量微小样品的几何尺寸，构成读数显微镜。

1. 显微镜的结构和光路

显微镜由目镜和物镜组成，其光路如图 8-3 所示。在放大原理上，它与一般的生物显微镜完全相同。

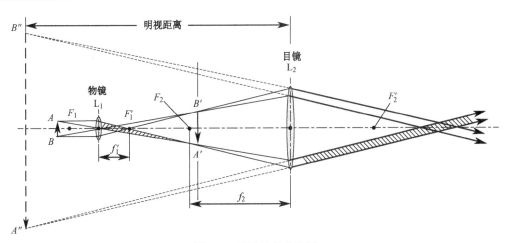

图 8-3　显微镜的光路图

被测物，即图 8-3 中的 AB 位于物镜 L_1 的物方焦点 F_1 的外侧附近，由 AB 发出的光线经物镜后形成放大、倒立的实像 $A'B'$，它位于目镜 L_1 物方焦点 F_2 的内侧附近，此处正好装有十字准线分划板，像 $A'B'$ 再经过目镜的放大，便形成一个位于人眼明视距离（距人眼约 25cm）处的虚像 $A''B''$。显微镜的视角放大率等于物镜的横向放大率与目镜视角放大率的乘积。

可以证明，显微镜的放大倍数为

$$M = -\frac{L\Delta}{f_1'f_2'} \tag{8-1}$$

式中，Δ 是显微镜的光学筒长，即物镜后焦点 F_1' 到目镜前焦点 F_2 的距离，近似等于显微镜筒长；f_1' 和 f_2' 分别为物镜和目镜的像方焦距，L 为明视距离，一般为 25cm。

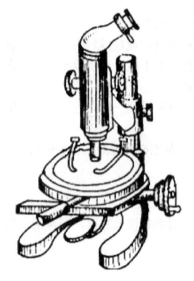

图 8-4 常用读数显微镜结构示意图

图 8-4 为实验室中常用的一种读数显微镜结构示意图。按不同的测量要求，其量程、分度值及视角放大率等可具有各种不同的规格。读数装置由标尺 3 和读数鼓轮 6 组成。标尺刻有 50 个分度，每分度为 1mm，鼓轮刻有 100 个分度，分度值为 0.01mm，其量程为 50mm。当转动读数鼓轮时，载物平台即在垂直于镜筒轴线方向沿主尺移动，利用目镜筒内紧靠焦面内侧安装的一块十字（或单丝）准线分划板，即可对准待测物的测量点进行读数测量。

2. 调整方法

（1）目镜调节。调节目镜与准线分划板的距离，直到测量者通过目镜看清读数准线为止。

（2）对待测物调焦。将待测样品放在载物平台上，微调物镜与样品间的距离。调节时，为了保护样品和物镜，总是先旋转调焦旋钮，将显微镜筒旋至样品上方最低位置，再将显微镜筒自下而上升高进行调焦，直至看清待测物，并没有视差。

（3）测量读数。转动读数鼓轮使载物平台横向移动，转动纵向调节旋钮，让载物平台纵向移动，以使待测样品的像位于视场之中。此时再仔细旋转读数鼓轮，使读数准线依次对准待测部分像的两端，两个读数之差，即为待测部分的线度。

与测微目镜一样，在测量过程中，只能沿同一个方向转动鼓轮，而不能在一次测量中来回转动鼓轮，以免引进螺距差。

三、平行光管

平行光管是一种能产生平行光束的仪器，是调整光学仪器的重要工具之一，也是光学量度的重要仪器。当配用不同的分划板和测微目镜时，可用来测量透镜或透镜组的焦距、分辨率等。

1. **结构**

实验中使用的是 CPG550 型平行光管，其光学系统相当于一个具有高斯目镜结构的测量望远镜。其结构如图 8-5 所示。

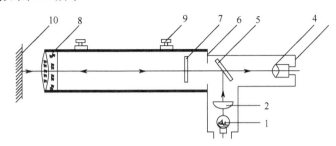

1—光源；2—聚光镜；3—出瞳；4—目镜；5—分光板；6—光阑；

7—分划板；8—物镜；9—止动螺钉；10—调节平面反射镜

图 8-5 CPG550 型平行光管结构

由光源发出的光束经分光板 5 反射，照亮分划板 7。分划板处于物镜的焦平面上，因而由分划板上每一点发出的光经过平行光管物镜后，形成一束平行光。为了准确调整分划板的位置，在平行光管上附有高斯目镜和调整用的平面反射镜。以 550 型平行光管为例，物镜的焦距 $f'=550\text{mm}$，口径为 55mm，相对孔径 $D/f'=1/10$，高斯目镜焦距 $f=44\text{mm}$，放大倍数为 5.7。

此外，平行光管附有一套分划板，如图 8-6 所示。各种分划板在进行不同测量时可以更换用。

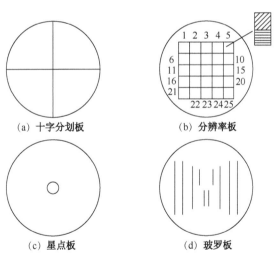

图 8-6 平行光管的分划板

（1）十字分划板，如图 8-6（a）所示，用来调整平行光管。

（2）分辨率板，如图 8-6（b）所示，分 2 号和 3 号两种，每块板上有 25 个图案单元。2 号板，从第 1 单元到第 25 单元，每个图案单元中平行条纹的宽度由 20μm 递减到 5μm；3 号板，由 40μm 递减到 10μm。

（3）星点板，如图 8-6（c）所示，星点直径为 0.05mm，通过被检验的光学系统后，得到该星点的衍射花样，根据花样的形状可以定性检查系统成像质量的好坏。

（4）玻罗板，如图 8-6（d）所示，在玻璃基板上用真空镀膜法镀有五对刻线，各对刻线的间距分别为 1.000mm、2.000mm、4.000mm、10.000mm 和 20.000mm，将玻罗板与测微目镜配合，可用来测定透镜的焦距和玻璃基板的平行度。

2. 调整方法

为了使平行光管的出射光束严格平行，以提高测量的精度，必须在使用平行光管前，对平行光管进行两方面的调整：

① 用自准直法，使分划板严格处于物镜的焦平面上；
② 使十字分划板中心与平行光管光轴重合。

具体调整步骤如下。

（1）按图 8-5 所示安装平行光管，在分划板座上安装十字分划板。

（2）调节目镜，在目镜中能清楚地看到十字分划板。

（3）调节平面反射镜，使由平行光管射出的光束经平面镜反射后返回平行光管，在目镜中可以看到反射光斑和十字线的反射像。

（4）细心调节分划板座的前后位置，使用镜中同时能清楚看到十字线及其像，并且没有视差，此时分划板已基本调节在物镜的焦平面上。

（5）调节平面反射镜的垂直和水平调节螺旋，使分划板十字线与其像重合。

（6）松开平行光管座上的止动螺旋，将平行光管绕其光轴转过 180°，如发现分划板十字线的物像不再重合，则说明分划板十字线中心还没有与平行光管光轴重合。此时应分别调节平面反射镜及分划板座调节螺旋，两者各调节一半，使分划十字线物像重合。

（7）重复上述步骤，反复调节，直到转动平行光管时十字线物像始终重合为止。

四、常用光源

大学物理实验室常用的光源有白炽灯、汞灯、钠灯、氢灯、LED 灯、氦氖激光器、半导体激光器等。

利用灯内气体在两电极间放电发光的原理制成的灯称为气体放电灯。其基本原理如下：被两电极间电场加速的电子与管内气体原子发生非弹性碰撞，使气体原子激发，受激发态原子返回基态时，把多余的能量以光辐射的形式释放出来。

钠光灯是钠蒸气放电灯。灯内在高真空条件下放入金属钠，并充入适量的惰性气体，泡壳由耐钠腐蚀的特种玻璃制成。

低压汞灯灯管内充有汞及惰性气体氖或氩。

气体放电灯有以下两类：一类是照明灯，如高压汞灯和高压钠灯；另一类是实验室中用作单色光源的低压放电光谱灯，在可见光光谱区，它们各自发出较强的特征光谱线。

灯丝通电后，惰性气体电离放电，灯管温度逐渐升高，金属钠逐渐气化，然后产生钠蒸气弧光放电，发出较强的钠黄光。钠黄光光谱含有 589.0nm 和 589.6nm 两条特征光谱线，钠黄光波长通常取平均值 589.3nm。

低压汞灯工作原理和钠光灯相似，它发出绿白色光。低压汞灯在可见光范围内的主要特征谱线是 579.1nm、577.0nm、546.1nm、435.8nm 和 404.7nm。其中，546.1nm 和 435.8nm 两条谱线较强。

其主要技术要求如下。

弧光放电有负阻现象。为防止钠光灯发光后电流急剧增加而烧坏灯管，在钠光灯供电电路中需串入相应的限流器。例如，WEG20Na 低压钠光灯，其额定功率为 20W，额定工作电压为 220V，工作电流为 1.2A。

使用注意事项如下：

（1）由于钠是一种难溶金属，一般通电后要过十余分钟钠蒸气才能达到正常的工作气压而稳定发光。

（2）低压钠灯和汞灯开启后，要等到正常而稳定发光后才允许关闭。关闭后要过大约 10 分钟才允许重新启动。

（3）低压钠灯和汞灯开启后正常发光时光强较大，容易刺伤眼睛，一般要加防护罩使用。

氦氖激光器的单色性好，是最常用的一种实验单色光源。

半导体激光器又称为激光二极管，是用半导体材料作为工作物质的激光器。

半导体二极管激光器是最实用最重要的一类激光器。它具有效率高、体积小、寿命长、重量轻且价格低等特点，常作为激发光源和实验光源。

五、光学元件和仪器的维护

透镜、棱镜、偏振片、平面反射镜等光学元件，大多数是用光学玻璃制成的。它们的光学表面都经过了仔细的研磨和抛光，有些还镀有一层或多层薄膜。对这些元件或其材料的光学性能（如折射率、反射率和透射率等）都有一定的要求，而光学器件的机械性能和化学性能较差，若使用和维护不当，则会降低光学性能甚至损坏、报废（如摔坏、磨损、腐蚀等）器件。

为安全使用光学元件和仪器，必须遵守以下注意事项。

（1）必须在了解仪器的操作和使用方法后方可使用。

（2）轻拿轻放，勿使仪器或光学元件受到冲击或震动，特别要防止摔落。不使用的光学元件随时装入专用盒内。

（3）切忌用手接触元件的光学表面，如必须用手拿光学元件时，只能接触器件的磨砂面，如透镜的边缘、棱镜的上下底面等。

（4）光学元件表面上如有尘土，用实验室专用的脱脂棉或用橡皮球清除。

（5）光学元件表面若有轻微的污痕或指印，则用清洁的镜头纸轻轻擦去，但不要加压擦拭，不能用手帕、普通纸片或者衣服等擦拭。

（6）防止唾液或其他溶液溅落在光学元件的表面上。

（7）调整光学仪器时，要耐心细致，一边观察一边调整，动作要轻、慢，严禁盲目及粗鲁操作。

（8）仪器用后应放回箱内或者包装盒中，防止灰尘玷污。

第二节 实验16 分光计的调整与使用

分光计（也叫光学测角仪），是一种精密测定角度（精度为1′）的仪器。配合三棱镜或光栅等分光元件，分光计可以用来测量光波波长、折射率。另外，在分光计上安装偏振片和波片等，可进行偏振光学方面的相关实验。许多光学仪器（光谱仪、分光光度计等）的光路基本结构与分光计类似，所以，掌握分光计的调节和使用有助于理解这些复杂仪器的工作原理。同时，分光计的调整技巧也是其他光学精密调整的基础。

分光计是一种比较精密的仪器，调节时必须按照一定的步骤仔细认真调整，这样才能得到较为准确的实验结果。初学者可能感到比较困难，但只要认真预习，做到心中有数，严格按步骤操作，要掌握它的使用也并不很难。

实验目的

1. 明确分光计的基本结构和原理。
2. 掌握分光计的调整要求和调整方法。
3. 正确调节分光计，使其达到最佳工作状态，掌握分光计的使用方法以便进行精密测量，熟练掌握减半逐步逼近法及最小偏向角法。
4. 用调整好的分光计测量三棱镜的顶角和折射率。

实验仪器

JJY1′型分光计、光学平行平板及座、玻璃三棱镜、钠光灯、变压器 3V/220V（容量 3V·A）、手持照明放大镜。

仪器描述

JJY1′型分光计是一种分光测角光学实验仪器，在利用光的反射、折射、衍射、干涉和偏振原理的各项实验中用于角度测量；利用光的反射原理测量棱镜的角度；利用光的折射原理测量棱镜的最小偏向角，计算棱镜的折射率和色散率；和光栅配合，做光的衍射实验，测量单色光波长；和偏振片、波片配合，做光的偏振实验等。

要想测准入射光和出射光传播方向之间的夹角，根据反射定律和折射定律，应必须满足下述两个要求：

（1）入射光和出射光应当是平行光。
（2）入射光线、出射光线与反射面（或折射面）的法线所构成的平面应当与分光计的刻度圆盘平行。

所以，分光计必须具备以下四个主要部件：平行光管、望远镜、载物台、读数装置。分光计实物图如图 8-7 所示。它的基本结构和调节方法与光谱仪、单色仪等相类似。它主要由五个部分组成：三角底座、平行光管、望远镜、圆刻度盘和载物台。

在底座 21 的中央固定一中心轴，度盘 28 和游标盘 29 套在中心轴上，可以绕中心轴旋转，度盘下端有一推力轴承支撑，使旋转轻便灵活。度盘上刻有 720 等分的刻线，每一格的格值为 30′，对径方向设有两个游标读数装置，测量时读出两个读数值，然后取平均值，这样可以消除偏心引起的误差。

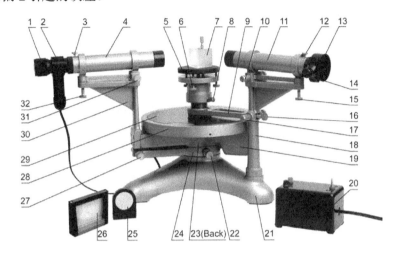

1—目镜视度调节手轮；2—阿贝式自准直目镜；3—目镜锁紧螺钉；4—阿贝式自准直望远镜；5—载物台；6—载物台调平螺钉（3只）；7—三棱镜；8—载物台锁紧螺钉；9—制动架（二）；10—平行光管光轴水平调节螺钉；11—平行光管；12—狭缝装置锁紧螺钉；13—狭缝装置；14—狭缝宽度调节手轮；15—平行光管光轴高低调节螺钉；16—游标盘止动螺钉；17—游标盘微调螺钉；18—立柱；19—转座；20—6.3V 变压器；21—底座；22—望远镜止动螺钉；23—转座止动螺钉；24—制动架（一）；25—平行平板连座；26—光栅片连座；27—望远镜微调螺钉；28—度盘；29—游标盘；30—支臂；31—望远镜光轴水平调节螺钉；32—望远镜光轴高低调节螺钉

图 8-7　JJY1′分光计实物图

立柱 18 固定在底座上，平行光管 11 安装在立杆上，平行光管的光轴位置可以通过立柱上的调节螺钉 10 和 15 来进行微调，平行光管带有一个狭缝装置 13，可沿光轴移动和转动，狭缝的宽度在 0.02～2mm 内可以调节。

阿贝式自准直望远镜 4 安装在支臂 30 上，支臂与转座 19 固定在一起，并套在度盘上，当松开止动螺钉 23 时，转座与度盘一起旋转；当旋紧止动螺钉时，转座与度盘可以相对转动。旋紧制动架（一）24 与底座上的止动螺钉 22 时，借助制动架（一）末端上的微调螺钉 27 可以对望远镜进行微调（旋转），同平行光管一样，望远镜系统的光轴位置，也可以通过调节螺钉 32 和 31 进行微调。望远镜系统的目镜 2 可以沿光轴移动和转动，目镜的视度可以调节。

分划板视场如图 8-8 所示。

载物台 5 套在游标盘上，可以绕中心轴旋转，旋紧载物台锁紧螺钉 8 和制动架（二）与游标盘止动螺钉 16 时，借助立柱上的微调螺钉 17 可以对载物台进行微调（旋转）。放松载物台锁紧螺钉时，载物台可根据需要升高或降低。调到所需位置后，

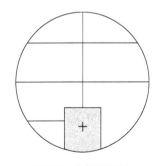

图 8-8　分划板视场

再把锁紧螺钉旋紧,载物台有 3 只调平螺钉 6 用来调节使载物台面与旋转中心线垂直。

外接 6.3V 电源插头,接到底座的插座上,通过导环通到转座的插座上,望远镜系统的照明器插头插在转座的插座上,这样可避免望远镜系统旋转时的电线拖动。

实验原理

1. 测量三棱镜的顶角

1) 自准直法

如图 8-9 所示,固定望远镜(与刻度盘相连),转动载物台(与游标盘相连),使棱镜 AB 面正对望远镜,经 AB 面反射回来的十字像与叉丝 G 完全重合,记录此时左右两游标的读数 θ_1、θ_2;然后再转动望远镜使 AC 面正对着望远镜,反射的十字像与叉丝 G 完全重合,记录下左右游标读数 θ_1'、θ_2',利用下面公式计算 A 角

$$A = 180° - \phi = 180° - \frac{1}{2}\left[|\theta_1' - \theta_1| + |\theta_2' - \theta_2|\right] \tag{8-2}$$

由于游标盘是一个圆,转动的时候转轴不可能正好在圆心,所以必然会有少量的偏心(如图 8-10 所示),用游标尺读数时就会产生误差,如果左右各放一个游标将读数求平均,就可以很好地消除偏心带来的误差。所以,在分光计实验中,需要从游标盘左右两个游标窗口分别读数的目的在于防止游标盘存在偏心率。

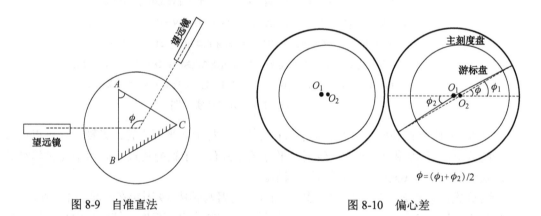

图 8-9 自准直法 　　　　　图 8-10 偏心差

2) 反射法

如图 8-11 所示,固定载物台(与游标盘相连),转动望远镜使 AB 面反射的狭缝像与竖直叉丝完全重合,记录两游标的读数 θ_1、θ_2;然后再转动望远镜使 AC 面反射的狭缝像与竖直叉丝完全重合,记录 θ_1'、θ_2',利用下面公式计算 A 角

$$A = \frac{\phi}{2} = \frac{1}{4}\left[|\theta_1' - \theta_1| + |\theta_2' - \theta_2|\right]$$

2. 测量最小偏向角

如图 8-12 所示,ABC 表示一块三棱镜,AB 和 AC 面经过仔细抛光,光线沿 P 在 AB 面上入射,经过棱镜在 AC 面上沿 P' 方向出射,P 和 P' 之间的夹角 δ 称为偏向角。当 A 一定

时，偏向角 δ 的大小是随 i_1 角的改变而改变的。而当 $i_1=i_2'$ 时，δ 为最小，这个时候的偏向角称为最小偏向角，记作 δ_{min}。

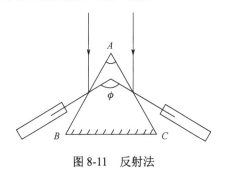

图 8-11 反射法

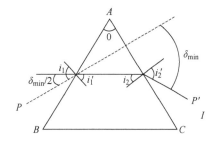

图 8-12 测量最小偏向角

3. 用最小偏向角法测量棱镜玻璃的折射率

由图 8-12 可以看出，当 $i_1 = i_2'$ 时，δ 为最小，此时 $i_1' = A/2$。

$$\delta_{min}/2 = i_1 - i_1' = i_1 - \frac{A}{2}$$

$$i_1 = \frac{1}{2}(\delta_{min} + A)$$

设棱镜材料折射率为 n，则

$$\sin i_1 = n \sin i_1' = n \sin \frac{A}{2}$$

$$n = \frac{\sin i_1}{\sin \frac{A}{2}} = \frac{\sin \frac{A+\delta_{min}}{2}}{\sin \frac{A}{2}} \tag{8-3}$$

实验内容和步骤

一、调整分光计

（一）粗调

以目测调节平行光管、望远镜的水平和垂直方向光轴的调节螺钉 31、32，使它们的光轴过仪器转轴，共轴并处于水平状态；调节载物台调平螺钉（3 只），使载物台上层平台大致水平；然后拧紧游标盘止动螺钉固连游标盘与载物台，拧紧转座止动螺钉固连望远镜与刻度盘。粗调是细调的基础，粗调做得好可以达到事半功倍的效果。

（二）望远镜的调节

1. 目镜的调焦：清楚地看到分划板刻度线

目镜调焦的目的是使眼睛通过目镜能很清楚地看到分划板上的刻度线。

调焦方法：先把目镜调节手轮 1 旋出，然后一边旋进，一边从目镜中观察，直到分划板刻线成像清晰，再慢慢地旋出手轮，至目镜中的像的清晰度将被破坏而未破坏时为止。

2. 望远镜的调焦：分划板调到物镜焦平面上

望远镜调焦的目的是将目镜分划板上的十字线调整到物镜的焦平面上，也就是望远镜对无穷远调焦。其方法如下：

（1）接上光源。把从变压器分出来的 6.3V 电源插头插到底座的插座上，把目镜照明器上的插头插到转座的插座上。

（2）在载物台的中央放上附件光学平行平板，其反射面对着望远镜物镜，且与望远镜光轴大致垂直。

（3）通过调节载物台的调平螺钉 6 和转动载物台，使望远镜的反射像和望远镜在一直线上。

（4）从目镜中观察，此时可以看到一亮十字线，前后移动目镜，对望远镜进行调焦，使亮十字线成清晰像；然后，利用载物台的调平螺钉和载物台微调机构，把这个亮十字线调节到与分划板上方的十字线重合，往复移动目镜，使亮十字和十字线无视差地重合。拧紧目镜锁紧螺钉 3 锁定套筒。

3. 调整望远镜的光轴垂直旋转主轴

当镜面与望远镜光轴垂直时，反射像落在上十字线中心，平面镜旋转 180°后，另一镜面的反射像仍落在原处。

为了既快又准确地达到调节要求，先将双面反射镜放置在载物平台中心，镜面平行于 b 和 c 两个调节螺钉的连线，且镜面与望远镜基本垂直，如图 8-13 所示。

（1）利用"减半逐步逼近法"调节载物平台下部调平螺钉 a，使位移减少一半；再调整望远镜光轴上下位置调节螺钉 32，使绿色十字反射像与调整叉丝完全重合，使垂直方向的位移完全消除。

（2）把游标盘连同载物台、平行平板再转过 180°，检查其重合程度。如果绿十字反射像与调整叉丝不重合，则继续利用"减半逐步逼近法"，直至两者完全重合。再将载物台旋转 180°，这时十字叉丝可能又偏离调整叉丝，重复步骤（1）反复进行调节，渐次逼近，直至旋转载物台时从平面镜两个反射面反射回来的像都与调整叉丝重合。这时望远镜光轴就垂直于仪器的中心转轴了。

然后把双面镜转 90°，再将双面镜与平台仪器一起转动 90°，如图 8-13 所示。这次只调螺钉 b 或 c，方法同前，使双面镜正反两面的反射像都在正确位置上。这时说明望远镜光轴与旋转主轴垂直。

图 8-14 为减半逐步逼近法的 5 步示意图。在进行减半逐步逼近法调节前，要求双面镜的两个面都能看到反射像，如果其中一个面看不到，则需要先找到它的反射像。方法如下：转动载物台至使镜面与望远镜光轴垂直的位置（俯视目测），从望远镜视场中观察，缓慢调节望远镜俯仰角螺丝，直到看见绿十字像，否则可反方向调节望远镜俯仰角。注意，望远镜调整完成后，在后续调节或实验中，即使看到不清晰的成像，也不可再调节望远镜的俯仰角螺钉。

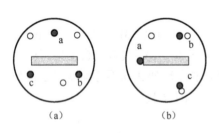

图 8-13 望远镜的调整

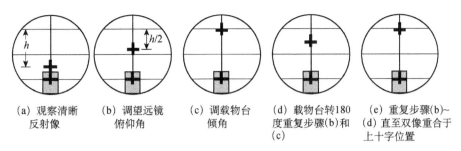

(a) 观察清晰反射像　(b) 调望远镜俯仰角　(c) 调载物台倾角　(d) 载物台转180度重复步骤(b)和(c)　(e) 重复步骤(b)~(d) 直至双像重合于上十字位置

图 8-14　减半逐步逼近法示意图

4. 将分划板十字线调成水平和垂直

当载物台连同光学平行平板相对于望远镜旋转时，观察亮十字是否水平地移动，如果分划板的水平刻线与亮十字的移动方向不平行，就要转动目镜，使亮十字的移动方向与分划板的水平刻线平行，注意不要破坏望远镜的调焦，然后将目镜锁紧螺钉旋紧。

（三）平行光管的调节

1. 平行光管的调焦

目的是把狭缝调整到物镜的焦平面上，也就是平行光管对无穷远调焦。
方法如下：

（1）去掉目镜照明器上的光源，打开狭缝，用漫射光照明狭缝。

（2）在平行光管物镜前放一张白纸，检查在纸上形成的光斑，调节光源的位置，使得在整个物镜孔径上照明均匀。

（3）除去白纸，把平行光管光轴水平调节螺钉 10 调到适中的位置，将望远镜管正对平行光管，从望远镜目镜中观察，调节望远镜微调机构和平行光管光轴高低调节螺钉 15，使狭缝位于视场中心。

（4）前后移动狭缝机构，使狭缝清晰地成像在望远镜分划板平面上。

2. 调整平行光管的光轴垂直于旋转主轴

将被照明的狭缝调到平行光管物镜焦面上，物镜将出射平行光。

调整平行光管光轴高低调节螺钉 15，升高或降低狭缝像的位置，使得狭缝对目镜视场的中心对称。

3. 将平行狭缝调成垂直

旋转狭缝机构，使狭缝与目镜分划板的垂直刻线平行，注意不要破坏平行光管的调焦，然后将狭缝装置锁紧螺钉旋紧。

二、三棱镜的安装与调节

若平面镜底面本身不与载物台平行，或者实验用三棱镜两个光学面不完全平行，那么经上述调节后就不能保证三棱镜的两个光学面与望远镜主轴垂直。因此，当把三棱镜放在载物台上后，需要对二者的垂直关系进行微调（望远镜已经调好，不能再调望远镜），即使三棱镜光学侧面垂直望远镜光轴是至关重要的一步。图 8-15 为载物台倾角没调好的表现及

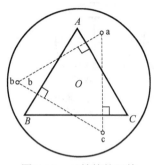

图 8-15 三棱镜的调整

调整原理。

调整载物台的上下台面大致平行，且台面高度适当。将三棱镜放在平台上，使三棱镜中心与载物台中心重合，且三棱镜的三边分别与载物台三条刻痕平行，即三条边分别与螺钉的连线垂直（如图 8-15 所示）。当调节 AB 面与望远镜之间的垂直关系时，控制倾斜度的螺钉为 a、c，为了不影响 AC 面只能选择调节 c。同理，当调节 AC 面与望远镜之间的垂直关系时，控制倾斜度的螺钉为 a、b，为了不影响 AC 面只能选择调节 b。这样望远镜与三棱镜的垂直关系就调好了。

三、自准直法测量三棱镜顶角

（1）取下平行平板，放上被测棱镜，适当调整工作台高度，用自准直法观察，使 AB 面和 AC 面都垂直于望远镜光轴。

（2）调好游标盘的位置，使游标在测量过程中不被平行光管或望远镜挡住，锁紧制动架（二）和游标盘、载物台和游标盘的止动螺钉，望远镜和刻度盘固定不动。

（3）接通目镜照明光源，遮住从平行光管发出的光，转动载物台，在望远镜中观察从侧面 AC 和 AB 返回的十字像，只调节台下部的三个螺钉，使其反射像都落在上十字线处。

（4）对两游标做适当标记，转动游标盘，使棱镜 AB 面正对望远镜，分别称游标 1 和游标 2。使望远镜对准 AB 面，锁紧转座与度盘、制动架（一）和底座的止动螺钉。

（5）旋转制动架（一）末端上的调节螺钉，对望远镜进行微调（旋转），使亮十字与十字线完全重合。

（6）记下对径方向上刻度盘游标 1 的读数 θ_1 和游标 2 的读数 θ_2，填于表 8-1 中。

表 8-1　自准直法测量三棱镜顶角

	1	2	3	4
左（θ_1、θ_1'）				
右（θ_2、θ_2'）				
A				

（7）放松制动架（一）与底座上的止动螺钉，旋转望远镜，使棱镜 AC 面正对着望远镜，锁紧制动架（一）与底座上的止动螺钉。重复步骤（5）、（6）得到 θ_1'、θ_2'，填于表 8-1 中。

$$A = 180° - \phi = 180° - \frac{1}{2}[|\theta_1' - \theta_1| + |\theta_2' - \theta_2|]$$

（8）计算顶角：重复测量四次，求得平均值。

四、测量最小偏向角

（1）用钠光灯照明平行光管的狭缝，从平行光管发出的平行光束经过棱镜的折射而偏折一个角度。

（2）放松制动架（一）和底座的止动螺钉，转动望远镜，找到平行光管的狭缝像；放松制动架（二）和游标盘的止动螺钉，慢慢转动载物台，开头从望远镜看到的狭缝像沿某一方向移动,当转到这样一个位置,即看到的狭缝像。刚刚开始要反向移动,此时的棱镜位置,就是平行光束以最小偏向角射出的位置。

(3) 锁紧制动架(二)与游标盘的止动螺钉。

(4) 利用微调机构,精确调整,使分划板的十字线精确地对准狭缝(在狭缝中央)。

(5) 记下对径方向上游标所指示的刻度盘的读数 θ_1、θ_2,取其平均值,填于表8-2中。

(6) 取下棱镜,放松制动架(一)与底座的止动螺钉。转动望远镜,使望远镜直接对准平行光管,然后旋紧制动架(一)与底座上的止动螺钉,对望远镜进行微调,使分划板十字线精确地对准狭缝。

(7) 记下对径方向上游标所指示的刻度盘的两个读数 θ_1'、θ_2',取平均值 D_m。

(8) 计算最小偏向角 $\delta_{min}=(D_m-C_m)$,最好重复测量四次,求得平均值。

表8-2 测量最小偏向角

	1	2	3	4
左(θ_1、θ_1')				
右(θ_2、θ_2')				
C_m				
D_m				
δ_{min}				

五、计算三棱镜的折射率

运用公式(8-3)求出三棱镜的折射率。

注意事项

(1) 保持好光学仪器的光学面。

(2) 光学仪器螺钉的调节动作要轻柔,使锁紧螺钉锁住即可,不可用力,以免损坏器件。

(3) 要避免震动或撞击,以防止光学仪器的零件损坏,影响精度。

读数举例

(1) 分光计的读数方法与游标卡尺相似,读取的是角度。读数时,以角游标零线为准,读出刻度盘上的度值,再找游标上与刻度盘上刚好重合的刻线,其读数即为所求之分值。如果游标零线落在半度刻线之外,则读数应加上30'。

举例如下:

图8-16(a)是游标尺上20分格线与刻度盘上的刻线重合,故读数为119°20'。

图8-16(b)是游标尺上14分格线与刻度盘上的刻线重合,但零线过了刻度的半度线,故读数为119°44'。

(2) 在计算望远镜转过的角度时,要注意望远镜是否经过了刻度盘的零点。例如,当望远镜由图8-10中的右侧位置转到左侧位置时,读数见表8-3。

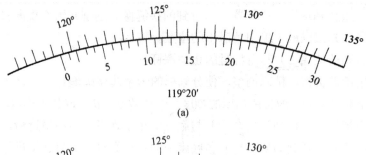

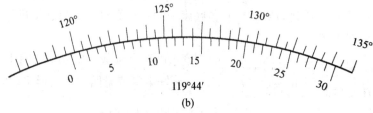

图 8-16　读数用的刻度盘和游标盘

表 8-3　望远镜经过刻度盘时的读数示例

望远镜的位置	左侧位置（AB 面）	右侧位置（AC 面）
左游标	175°45′　（θ_1）	295°43′　（θ_1'）
右游标	355°45′　（θ_2）	115°43′　（θ_2'）

左游标未经过零点，望远镜转过的角度为

$$\phi = |\theta_1' - \theta_1| = 119°58'$$

右游标经过了零点，这时望远镜转过的角度应按下式计算

$$\phi = |(360° + \theta_2') - \theta_2| = 119°58'$$

即对于上述公式中的 $|\theta_1' - \theta_1|$、$|\theta_2' - \theta_2|$，如果其中有一组角度的读数是经过了刻度盘的零点而读出的，则 $|\theta_1' - \theta_1|$ 或 $|\theta_2' - \theta_2|$ 的读数差就会大于 180°。此时，应用 360° 减去此值，再代入

$$A = 180° - \phi = 180° - \frac{1}{2}[|\theta_1' - \theta_1| + |\theta_2' - \theta_2|]$$

中进行计算。

> **思考与讨论**

1. 分光计转盘上有两个游标，为什么能消除偏心差？
2. 望远镜光轴与平行平板垂直时，十字叉丝经平行平板反射成像为什么会成在 B 点？
3. 同一块棱镜对不同的单色光其最小偏向角一样吗？为什么？
4. 分光计调整时，当平台旋转 180° 后找不到叉丝像，怎么办？
5. 已调好望远镜光轴垂直主轴，若将平面镜取下后，又放到载物台上（放的位置与拿下前的位置不同）发现两镜面又不垂直望远镜光轴了，这是为什么？是否说明望远镜光轴还没有调好？
6. 分光计为什么要设置两个读数游标？
7. 借助于三棱镜的光学反射面调节，望远镜光轴使之垂直于分光计中心转轴时，为什么要求两面反射回来的绿十字像都要和"+"形叉丝的上交点重合。

8. 为什么采用减半逐步逼近法能迅速地将十字像与分划板上面的十字丝重合？

第三节 实验17 光栅衍射实验

光栅是根据多缝衍射原理制成的一种分光用的光学元件，由大量的平行排列的等宽、等距的狭缝组成。由于光栅具有较大的色散率和较高的分辨本领，所以它不仅用于光谱学，还广泛用于计量、光通信、信息处理等方面。光栅在结构上分为平面光栅、阶梯光栅和凹面光栅等几种，同时又分为透射式和反射式两类。本实验选用平面透射光栅，利用分光计测定光栅常数和汞灯光谱线的波长，拓展分光计的应用。

实验目的

1. 熟悉掌握分光计的调节和使用方法。
2. 加深对光栅衍射原理的理解。
3. 学会用透射光栅测量光栅常数和光波波长。

实验仪器

JJY1′型分光计、光学平行平板及座、玻璃三棱镜、汞光灯、变压器 3V/220V（容量3V·A）、手持照明放大镜、平面全息光栅（300条/mm、全框的光栅座）。

实验原理

光栅的特性标志有两个：一个是单位长度上的刻痕（对应如图8-17所示透射式光栅的不透光部分）数目 n，其范围从每厘米100条至上万条；另一个是光栅常量 d，d 是不透光的刻痕宽度 b 与透光部分的宽度 a 之和，即 $d=a+b=1/n$。

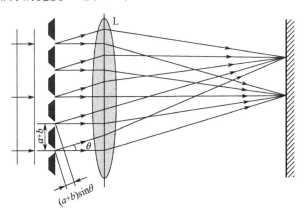

图8-17 透射式光栅

若以单色平行光垂直照射光栅，透过狭缝的光将向各个方向传播，经透镜汇聚在焦平面上，形成一系列明暗相间的衍射条纹。按照光栅衍射理论，衍射明条纹应满足：

$$(a+b)\sin\theta_k = k\lambda \quad \text{或} \quad d\sin\theta_k = k\lambda \quad (k=0,\pm1,\pm2,\cdots) \tag{8-4}$$

式中，λ 为入射光的波长，k 为明条纹的级数，θ_k 为 k 级明条纹的衍射角。即，当绕竖直轴转动分光计的望远镜到某一角度 θ_k，使得上式成立时，则可看到明亮条纹。如图 8-18 所示，在 $\theta_0 = 0$ 的方向上可以观察到的零级谱线（中央明条纹），其他级数的谱线对称地分布在零级"谱线"的两侧。

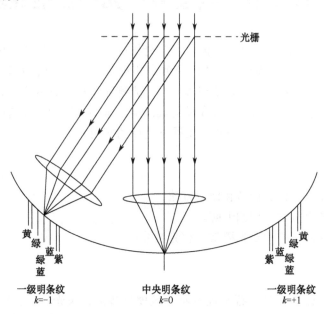

图 8-18 光栅衍射光谱示意图

若入射光是白光，则中央明条纹为白色。由于衍射角随波长不同而异，故其余明条纹都按波长的长短依次排列成彩色光带，称为光栅光谱。

根据式（8-4）可知，如果已知单色光波的波长 λ，则可以根据衍射的级数 k（在本实验中只观察第 1、2 级条纹，所以 $k = 0, \pm 1, \pm 2$）和测得的衍射角 θ_k 来测得光栅常量 $d = a + b$；反之，如已知 d，则可以用测得某一未知波长 λ 的 k 级谱线的衍射角 θ_k 来测定该谱线的波长 λ。本实验先应用汞光灯的绿色谱线（设波长已知）测定光栅常量，然后用此光栅测定汞光灯的其余谱线的波长。

实验内容和步骤

1. 分光计的调节

（1）使望远镜聚焦于无穷远。
（2）使望远镜光轴垂直于仪器转轴。
（3）调节平行光管产生平行光（以汞光灯为光源）。
（4）使平行光管光轴与仪器转轴垂直。

2. 光栅的调节

调节的要求：光栅平面与平行光管光轴垂直；光栅的刻痕与分光计转轴平行。

1）光栅平面与平行光管光轴垂直

平行光垂直入射于光栅平面上，这是式（8-4）成立的条件。调节方法：先用汞光灯把平行光管的狭缝照亮，使望远镜的"‡"字叉丝交点（或竖直丝）对准零级谱线（狭缝像）

的中心，如图 8-19 所示，再固定望远镜。如图 8-20 所示，把光栅放在载物台上，尽可能使光栅平面垂直平分 b_1b_2 连线，而 b_3 应在光栅平面内。然后转到游标盘（连同载物台），用目视使光栅平面和平行光管光轴大致垂直，再以光栅面作为反射面，用自准直法严格地调节光栅面使其与望远镜光轴相垂直（注意，望远镜已调好，不能再动）。只能调节载物台下部的螺钉 b_1、b_2，使得从光栅平面反射回来的"十"字叉丝像与望远镜中"≠"形叉丝的上交点重合，如图 8-21 所示，随后固定游标盘（连同载物台）。至此，光栅面已与平行光管光轴垂直。上述调节只需对光栅的一个面进行，不需要把光栅旋转 180°。

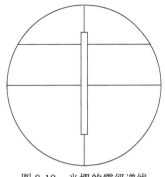

图 8-19　光栅的零级谱线

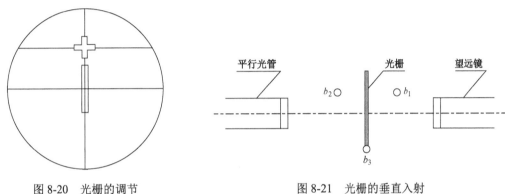

图 8-20　光栅的调节　　　　图 8-21　光栅的垂直入射

2）光栅的刻痕与分光计转轴平行

调节的目的是使各条衍射谱线的等高面与分光计转轴垂直，以便从刻度盘上准确读取各条谱线的衍射角。调节方法是，转动望远镜，观察衍射光普的分布情况，注意中央明条纹两侧的衍射光谱（1 级和 2 级谱线）是否等高。如果观察到光谱线有高有低（即两侧的光谱不等高），说明分光计转轴与光栅刻痕不平行，显然会影响衍射角的测量。此时应调节载物台下的螺钉 b_3，使得零级谱线两侧的衍射光谱基本上等高为止。调节后，应检查光栅面是否仍保持与平行光管光轴垂直，若有改变，则要反复调节，直到以上两个条件均能满足为止。光栅调好后，应固定游标盘（连同载物台），测量过程中不得再动光栅。

3. 测定中央明条纹（零级谱线）的角位置 ϕ_0

"≠"分光计和光栅调好后，当望远镜正对平行光管时，"≠"形叉丝上交点重合。这时望远镜光轴与平行光管光轴同轴，且与光栅平面垂直（见图 8-21），此时狭缝像的位置即为零级谱线的位置。固定游标盘，从左、右游标读出 ϕ_0，填于表 8-4 中。

4. 测定光谱线第 1、2 明条纹的角位置

游标盘仍然固定，向左（或向右）转动望远镜，用叉丝的竖直丝对准各光谱线第一、二级明纹，并从刻度盘上读取相应的角位置 ϕ，$\phi - \phi_0$ 即为所对应的衍射角 θ，填于表 8-4 中。

5. 计算光栅常量

用绿谱线波长 $\lambda = (546.07 \pm 0.01)$ nm 和对应的衍射角 θ（绿），依式（8-4）计算光栅常量 $(a+b)$。

6. 计算各谱线波长

用所得光栅常量和其余谱线对应的衍射角 θ_k，由式（8-4）计算各谱线波长。

7. 计算不确定度试

分别计算光栅常量和各谱线波长的不确定度，并写出它们的结果表达式。

注意事项

1. 使用分光计时要细心、谨慎，以免损坏仪器。
2. 光栅是精密光学器件，严禁触摸表面，谨防摔碎。
3. 汞光灯的紫外线很强，不可直视，以免灼伤眼睛。

表 8-4 光栅衍射实验数据表

谱线游标	零级 ϕ_0		紫		绿		黄1		黄2	
	左	右	左	右	左	右	左	右	左	右
角位置 ϕ										
$\theta = \lvert \phi - \phi_0 \rvert$	/	/								
$\bar{\theta} = (\theta_左 + \theta_右)/2$	/									
λ / nm	/				546.07					
$(a+b)$ / cm										

第四节 实验 18 偏振光的观察与研究

实验目的

1. 验证光学马吕斯定律，研究偏振光的应用。
2. 了解波片的作用。

实验原理

一、起偏和检偏

马吕斯于 1809 年发现了光的偏振现象，确定了偏振光强度变化的规律（即马吕斯定律）。自然光经过起偏器和检偏器后，透过检偏器的光强为

$$I = I_0 \cos^2 \varphi \tag{8-5}$$

式中，I_0 是光透过起偏器的光强，φ 是两个偏振器的偏振轴之间的夹角。考虑两种极端的情况：

如果 φ 等于零，检偏器与起偏器光轴平行，$\cos^2\varphi$ 的值等于 1，则透过检偏器的光强等于透过起偏器的光强度。这种情况下，透射光的强度达到最大值。

如果 $\varphi=90°$，检偏器与起偏器的光轴垂直，$\cos^2\varphi$ 的值等于 0，则没有光透过第二个偏振器。这种情况下，透射光的强度达到最小值。

二、波晶片

波晶片是从单轴晶体中切割下来的平行平面板，其表面平行于光轴。

当一束单色平行自然光正入射到波晶片上时，光在晶体内部便分解为 o 光与 e 光。o 光电矢量垂直于光轴；e 光电矢量平行于光轴。而 o 光和 e 光的传播方向不变，仍都与表面垂直。但 o 光在晶体内的速度为 v_o，e 光的为 v_e，即相应的折射率 n_o、n_e 不同。

设晶片的厚度为 l，则两束光通过晶体后相位差为

$$\sigma=\frac{\pi}{\lambda}(n_o-n_e)l \tag{8-6}$$

式中，λ 为光波在真空中的波长。

$\sigma=2k\pi$ 的晶片，称为全波片；$\sigma=2k\pi\pm\pi$ 的晶片则称为半波片（$\lambda/2$ 波片）；而 $\sigma=2k\pi\pm\frac{\pi}{2}$ 的晶片为 $\lambda/4$ 片，其中 k 都是任意整数。不论全波片、半波片还是 $\lambda/4$ 片都是对一定波长而言。

以 e 光振动方向为横轴、o 光振动方向为纵轴，建立直角坐标系。沿任意方向振动的光，正入射到波晶片的表面，其振动便按此坐标系分解为 e 分量和 o 分量。

平行光垂直入射到波晶片后，分解为 e 分量和 o 分量，透过晶片，二者间产生一附加位相差 σ。离开晶片时合成光波的偏振性质，决定于 σ 及入射光的性质。

1. 偏振态不变的情形

（1）自然光通过波晶片，仍为自然光。

（2）若入射光为线偏振光，其电矢量 $\boldsymbol{E}$ 平行 e 轴（或 o 轴），则任何波长片对它都不起作用，出射光仍为原来的线偏振光。

2. $\lambda/2$ 片与偏振光

（1）若入射光为线偏振光，且与晶片光轴成 θ 角，则出射光仍为线偏振光，但与光轴成 $-\theta$ 角。即线偏振光经 $\lambda/2$ 片电矢量振动方向转过了 2θ 角。

（2）若入射光为椭圆偏振光，则半波片既改变椭圆偏振光长（短）轴的取向，也改变椭圆偏振光（圆偏振光）的旋转方向。

3. $\lambda/4$ 片与偏振光

（1）若入射为线偏振光，则出射光为椭圆偏振光。

（2）若入射为圆偏振光，则出射光为线偏振光。

（3）若入射为椭圆偏振光，则出射光一般仍为椭圆偏振光。

实验内容

一、系统的安装与调试

（1）将半导体激光器、起偏器、检偏器依次安装在光具座上，起偏器、检偏器取代单缝模板。接通电源，调节光路，使各元件中轴线一致。

（2）将光电传感器安装在二维手动扫描平台上，放大倍数调节到"×1"；用鼠标连接线将光电传感器与 DHSO-GDS 光电转换器连接；DHSO-GDS 光电转换器的输出端接万用表的电压挡；接通电源和开关。

（3）旋转起偏器，使激光通过起偏器、检偏器后得到最大光强。调节扫描支架的竖直位置和水平位置，使偏振光刚好通过光电传感器，接收通光孔径选择 0.9mm 左右，可以进行更改，确保万用表测量的电压值不超过 6V。

二、实验测量

（1）先顺时针缓慢旋转起偏器，用光屏观察光强变化情况。

（2）把起偏器和检偏器旋转到 0°位置，然后顺时针缓慢旋转检偏器，每转动 5°或 10°记录一次万用表测量的相对光强（注意补充表 8-5 中未写的角度），可以连续测量 1 周（360°）或 2 周（720°），数据填入表格 8-5 中。

表 8-5　起偏器和检偏器测量数据记录表

起偏器（角度值，单位度）	检偏器（角度值，单位度）	相对光强（单位 V）
0	5	
0	10	
..	..	
..	..	
0	350	
0	355	
0	360	

（3）根据通过起偏器、检偏器后测量的光强数据以及起偏器和检偏器间的夹角 φ 验证马吕斯定律。

（4）改变起偏器和检偏器初始状态的夹角，你能观测到什么样的物理现象？如何从理论和实验两方面给予正确的解释和证明。

（5）考察平面偏振光通过 $\lambda/2$ 波片时的现象。

先使起偏器和检偏器正交，然后进行如下实验：

① 在两块偏振片之间插入 $\lambda/2$ 波片，旋转波片 360°，观察消光的次数并解释这现象。

② 将 $\lambda/2$ 波片转任意角度，这时消光现象被破坏。把检偏器转动 360°，观察发生的现象并做出解释。

③ 仍使起偏器和检偏器处于正交（即处于消光现象时），插入 $\lambda/2$ 波片，旋转波片使消光，再旋转波片转 15°，破坏其消光。转动检偏器至消光位置，并记录检偏器所转动的角度。

④ 继续将 $\lambda/2$ 波片转 15°（即总转动角为 30°），记录检偏器达到消光所转总角度。依

次使 λ/2 波片总转角为 45°、60°、75°、90°，记录检偏器消光时所转总角度，将测量的数据记入表 8-6 中。

（6）用波片产生圆偏振光和椭圆偏振光。

① 使起偏器和检偏器正交，用 λ/4 波片代替 λ/2 波片，转动 λ/4 波片使消光。

② 再将 λ/4 波片转动 15°，然后将检偏器缓慢转动 360°，观察现象，并分析这时从 λ/4 波片出来光的偏振状态。

③ 依次将波片转动总角度为 30°、45°、60°、75°、90°，每次将检偏器转动一周，记录所观察到的现象，测量的数据记入表 8-7 中。

表 8-6 考察平面偏振光通过 λ/2 波片时的数据记录表

半波片转动角度	检偏器转动角度	半波片转动角度	检偏器转动角度
15°		60°	
30°		75°	
45°		90°	

表 8-7 用波片产生圆偏振光和椭圆偏振光

λ/4 波片转动的角度	检偏器转动 360°观察到的现象	光的偏振性质
15°		
30°		
45°		
60°		
75°		
90°		

第五节　实验 19　透镜焦距测量的设计性实验

实验目的

1. 了解并掌握透镜焦距测量的原理，利用不同的方法测量透镜的焦距。
2. 掌握物像法、自准直法、位移法测量凸透镜焦距的原理和方法。
3. 设计采用自准直法和位移法测量透镜焦距的步骤。

实验仪器

组合式综合光学实验装置 DH-SO-1 一套，1m 导轨一根，光具座 4 个，接收白屏一个，点光源一个，成像物一个，凸透镜一个。

实验原理

1. 薄透镜成像公式

通过透镜中心并垂直于镜面的几何直线称作透镜的主光轴。平行于主光轴的平行光经凸透镜折射后会聚于主光轴上的一点 F，这点就是该透镜的焦点，如图 8-22 所示。一束平行于凹透镜主光轴的平行光，经凹透镜折射后成为发散光，将发散光反向延长交于主光轴上的一点 F，称为凹透镜的焦点，如图 8-23 所示。从焦点到透镜光心 O 的距离称为该透镜的焦距 f。

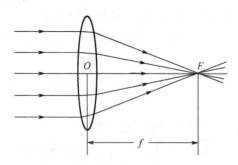
图 8-22　凸透镜的焦点和焦距

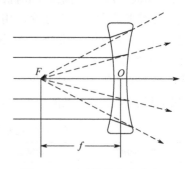
图 8-23　凹透镜的焦点和焦距

当透镜的厚度与其焦距相比为甚小时，这类透镜称为薄透镜。在近轴光线的条件下，其成像规律为透镜成像的高斯公式

$$\frac{1}{s'} - \frac{1}{s} = \frac{1}{f} \tag{8-7}$$

式中，f 是薄透镜焦距；s' 是像距；s 是物距，如图 8-24 所示，故

$$f = \frac{ss'}{s - s'} \tag{8-8}$$

应用上式时，必须注意各物理量所使用的符号定则。一般规定：光线自左向右进行，距离自参考点（透镜光心）量起，向左为负，向右为正，即距离与光线进行方向一致时为正，反之为负。运算时已知量须添加符号，未知量则根据求得结果中的符号判断其物意义。

2. 凸透镜焦距的测量原理

常用的方法有物距像距法、共轭法及自准法。本实验主要采用物距像距法测量，其他方法可由学生自主设计。

1）公式法

如前所述透镜成像公式，可以作为凸透镜焦距测量的一种简单方法，也称为物像法。

2）自准法

它是光学仪器调节中的一个重要方法，也是一些光学仪器进行测量的依据。当发光点（物）处于凸透镜的焦平面上时，它发出的光线通过透镜后将为一束平行光。若用与主光轴垂直的平面镜将此平行光反射回去，反射光再次通过透镜后仍会聚于透镜的焦平面上，其会聚像将在光点相对于光轴的对称位置上，如图 8-25 所示。

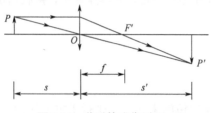
图 8-24　薄透镜成像原理　　　　　图 8-25　自准法测凸透镜焦距

3）共轭法（二次成像法或贝塞耳法，有时也称位移法）

对于凸透镜而言，当物与像屏间的距离 L 大于 4 倍焦距时，在它们之间移动透镜，则在屏上会出现两次清晰的像，一个为放大的像，一个为缩小的像，如图 8-26 所示。

设物和像屏之间的距离绝对值为 L（要求 $L>4f$），并保持不变。移动透镜，当在位置 I 处时，屏上将出现一个放大的倒立的实像。当透镜在位置 II 处时，在屏上又得到一个缩小的倒立的实像。位置 I 与 II 之间的距离绝对值为 d，位置 II 与白屏之间的距离为 s_2'。对于位置 I 而言，有 $s = -(L-d-s_2')$ 及 $s' = d+s_2'$，代入式（8-8）得

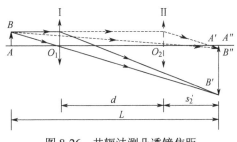

图 8-26 共轭法测凸透镜焦距

$$f = \frac{(L-d-S_2')(d+S_2')}{L}$$

对于位置 II 而言，有 $s = -(L-s_2')$ 及 $s' = s_2'$，代入式（8-8）得

$$f = \frac{(L-s_2')s_2'}{L}$$

由以上两式解出

$$s_2' = \frac{L-d}{2}$$

因此

$$f = \frac{L^2-d^2}{4L} \tag{8-9}$$

实验内容

（1）将点光源、成像物、凸透镜、接收屏依次安放在光具座上，并调整它们，使其中心在同一水平线上，如图 8-27 所示。

（2）接通点光源（小灯泡）电源，调整成像物与凸透镜的距离，使它们的距离大于透镜的焦距。

（3）移动接收屏，直至在接收屏上出现一个和成像物等大倒立的物像，测出此时的物距和像距，自拟表格，记录测量数据。

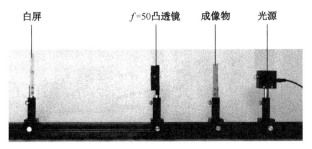

图 8-27 透镜焦距测量实验

(4) 代入公式计算透镜的焦距并求其误差，分析产生误差的原因。
(5) 自行设计其他方法测量凸透镜的焦距。

第六节　实验 20　用牛顿环装置测量平凸镜的曲率半径

"牛顿环"是一种用分振幅方法实现的等厚干涉现象。为了研究薄膜的颜色，牛顿曾经仔细研究过凸透镜和平面玻璃组成的实验装置，他的最有价值的成果是，发现通过测量同心圆的半径就可计算出凸透镜和平面玻璃板之间对应位置空气层的厚度，对应于亮环的空气层厚度与 1、3、5、…成比例，对应于暗环的空气厚层度与 0、2、4、…成比例。牛顿环实验装置十分简单，但在物理学发展史上却绽放着灿烂的光芒。物理学家们利用这一装置，做了大量卓有成效的研究工作，推动了光学理论特别是波动理论的建立和发展：杨氏利用这一装置验证了相位跃变理论；阿喇戈通过检验牛顿环的偏振状态，对微粒说理论提出了质疑；斐索用牛顿环装置测定了钠双线的波长差，从而推断钠黄光具有两个强度近乎相等的分量。本实验要求了解等厚干涉的特点，学会用牛顿环装置测量透镜曲率半径，熟悉读数显微镜的使用方法以及学习用逐差法处理实验数据。

实验目的

1. 了解牛顿环等厚干涉的原理和观察方法；
2. 掌握用牛顿环测量透镜曲率半径的方法。

实验装置

SGH-1 牛顿环实验装置是一种观测牛顿环干涉的教学仪器。整套装置主要由读数显微镜 1、钠光灯 2、调焦旋钮 3、底座 4、牛顿环 5、半透半反镜 6 和与钠光灯适配的镇流器 7 组成，如图 8-28 所示。

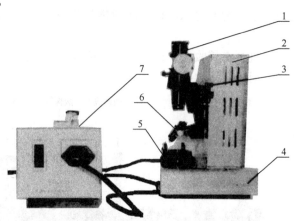

1—显微镜；2—钠光灯；3—调焦旋钮；4—底座；5—牛顿环；6—半透半反镜；7—镇流器

图 8-28　牛顿环实验装置

实验原理

当一个曲率半径很大的平凸镜的凸面与平面玻璃接触时，两者之间就形成了一个空气间隔层，即从中心接触点向周边厚度逐渐增大的空气膜，如图 8-29 所示。如果有一束单色光垂直地入射到平透镜上，则空气间隔层上下表面反射的两束光存在光程差，它们在平凸镜的凸面上相遇时就会产生干涉现象，出现以玻璃接触点为中心的一系列明暗相间的圆环，即牛顿环，如图 8-30 所示。

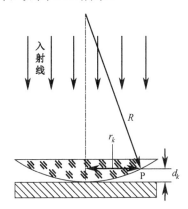
图 8-29 牛顿环光路示意图

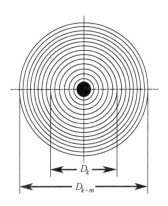
图 8-30 牛顿环等厚干涉条纹

空气间隙层厚度 d_k 和透镜凸面曲率半径 R 及干涉暗条纹的半径 r_k 之间有着简单的几何关系，即

$$r_k^2 = R^2 - (R - d_k)^2 = 2Rd_k - d_k^2 \tag{8-10}$$

因为 $R \gg d_k$，所以 $d_k^2 \ll 2Rd_k$，略去 d_k^2 项，得出暗条纹的半径为

$$r_k^2 = kR\lambda, \quad (k = 1, 2, \cdots) \tag{8-11}$$

由式（8-11）可以看出，如果单色光源的波长 λ 已知，测出 k 个暗纹的半径 r_k，就可以测出曲率半径 R。反之，如果 R 已知，测出 r_k 后，就可以计算出入射单色光源的波长 λ。但是，用此测量关系式时往往误差很大，原因在于凸面和平面不可能是理想的点接触，接触压力会引起局部形变，使接触处成为一个圆面，干涉环中心为一暗斑；或者空气间隙层中有了尘埃，附加了光程差，干涉环中心为一亮（或暗）斑，所以无法确定环的几何中心。比较准确的方法是测量干涉环的直径，在数据处理上可采用以下两种方法。

1）图解法处理

测出了各对应 k 环的直径 D_k，由式（8-11）可得

$$D_k^2 = (4R\lambda)k \tag{8-12}$$

作 $D_k^2 - k$ 图线，应为一直线，由其斜率可计算出 $\overline{R}$ 或 $\overline{\lambda}$。

2）逐差法处理

测出了各 D_k 后，将其分成两组，可分别得

$$D_k^2 = (4R\lambda)k, \quad D_{k+n}^2 = 4(k+n)R\lambda$$

因而有

$$D_{k+n}^2 - D_k^2 = 4nR\lambda \tag{8-13}$$

$$R = \frac{D_{k+n}^2 - D_k^2}{4n\lambda} \tag{8-14}$$

求出了 m 组（$D_{k+n}^2 - D_k^2$）的平均值，即可计算出 $\overline{R}$ 或 $\overline{\lambda}$。

因 $k+n$ 和 k 有着相同的不确定程度，利用 n 这一相对性测量恰好消除了由绝对测量的不确定性带来的误差。

本实验用读数显微镜测量牛顿环直径，读数显微镜的构造原理和使用方法请参照前文。

实验内容

一、实验装置的调整

（1）实验装置如图 8-28 所示。将读数显微镜安装在架子上，接通钠光灯电源后经过大约 5min 的预热，钠光灯发出较强的、波长 λ=589.3nm 钠黄光。

（2）转动半透半反镜的镜框，使镜面与显微镜光轴成 45°角，钠黄光经 45°玻璃片反射后，垂直入射到平面玻璃和平凸透镜组成的牛顿环元件上，观察时眼睛位于读数显微镜目镜的上方，显微镜视场即出现一系列明暗相间的同心环。

（3）锁紧 45°镜子后，利用"牛顿环"套件上的左前、右前和中后 3 个调节手轮配合调节，使干涉环的环心与调到显微镜分划板中心的十字叉丝的交点重合，转动目镜，对分划板聚焦；然后转动调焦手轮，直到视场内干涉环普遍清晰，并且与叉丝之间无视差。消除视差调节必须耐心地配合目镜调焦仔细操作。

使用读数显微镜应进行下列三步调整。
① 对焦：移动牛顿环元件使其几何中心对准读数显微镜的物镜。
② 调焦：调解目镜使十字叉丝清晰，旋转物镜调解手轮，使镜筒由最低位置缓缓上升，边升边观察，直至在目镜中看到聚焦清晰的牛顿环。
③ 消除误差。

二、牛顿环直径的测量

（1）请考虑如何测量才能保证测出的是牛顿环的直径而不是弦长。

（2）旋转读数显微镜读数鼓轮，使显微镜筒向左移动，同时从中心开始计数干涉条纹暗环级次到 30 环以上；然后反转读数鼓轮，使显微镜向右移动，当显微镜叉丝竖直与第 30 个暗环宽度的中心线相切时，记下显微镜标尺读数 $D_{30左}$，继续向右移动，依次读出 $D_{29左}$、$D_{28左}$、…、$D_{21左}$；继续沿同一方向移动显微镜筒，越过干涉环圆心，测出同级干涉环另一边 $D_{21右}$、$D_{22右}$、…、$D_{30右}$，数据记录于表格 8-8 中；求得 30～21 环直径（$D_{30}=|D_{30左}-D_{30右}|$，其余类同），测量过程中，不能中途倒退，只能单方向进行。

（3）重复步骤（2）再测一次，拟定与表 11-8 相同的表格（见表 8-9），填入数据。若视场中调节出的牛顿环比较稀疏，没有 30 个环，可以在 5 环到 14 环之间进行测量。

（4）测量完成后，观察一下白光照射下的牛顿环干涉图样，并与钠光下观察的图样做比较。

注意事项

（1）读数显微镜在调节中要防止其物镜与45°玻璃片或被测牛顿环元件相碰。

（2）牛顿环金属圆框上的3个螺钉不可用力锁紧，以免平凸透镜破裂或严重变形，影响测量的准确度。恰到好处的调节是让面积最小的环心稳定在镜框中央。

（3）在测量牛顿环直径的过程中，为了避免螺距误差，只能单方向前进，不能中途倒退再前进。

表 8-8 牛顿环直径的测量数据（及重复测量）

圈数	显微镜读数		D (mm)	D^2 (mm)^2
	左方	右方		
15				
16				
⋮				
⋮				
29				
30				

数据处理

一、平凸透镜半径的测量

表 8-9 牛顿环直径的测量数据

$\Delta_{仪} = $ _____ mm，$\lambda = $ _____ mm，$n = 10$，线圈: $(D_{k+n}^2 - D_k^2) / $ mm^2

圈数	读数		D / mm	D^2 / mm^2	$(D_{k+n}^2 - D_k^2)$ / mm^2	$\overline{(D_{k+n}^2 - D_k^2)}$	$\overline{(D_{k+n}^2 - D_k^2)}$
	左	右					
30							
20							
29							
19							
28							
18							
27							
17							
26							
16							
25							
15							

计算出

$$u_A \overline{(D_{k+n}^2 - D_k^2)} = 1.11s，\quad \overline{(D_{k+n}^2 - D_k^2)} = _____ \text{ mm}^2$$

本实验中，$u_B \overline{(D_{k+n}^2 - D_k^2)}$ 相对很小（小于10^{-5}），可忽略不计，则

$$u\overline{(D_{k+n}^2-D_k^2)}=u_A\overline{(D_{k+n}^2-D_k^2)}=\underline{\qquad}\text{ mm}^2$$

所以

$$(D_{k+n}^2-D_k^2)=\overline{(D_{k+n}^2-D_k^2)}\pm u_A\overline{(D_{k+n}^2-D_k^2)}=(\underline{\quad}\pm\underline{\quad})\text{ mm}^2$$

在估算其不确定度时，把 λ 视为常量。取 $\lambda=(5.893\pm0.003)\times10^{-4}$ mm，代入得

$$\overline{R}=\frac{\overline{(D_{k+n}^2-D_k^2)}}{4n\lambda}=\underline{\qquad}\text{ mm}$$

计算平凸镜半径 $\overline{R}$，由

$$u(\overline{R})=\overline{R}\sqrt{\left(\frac{u\overline{(D_{k+n}^2-D_k^2)}}{\overline{D_{k+n}^2-D_k^2}}\right)^2+\left(\frac{u(\overline{\lambda})}{\overline{\lambda}}\right)^2}=\underline{\qquad}\text{ mm}$$

计算 $\overline{R}$ 的不确定度。

平凸透镜曲面半径测量结果：

$$\overline{R}=(\underline{\quad}\pm\underline{\quad})\text{ mm}$$

相对误差：

$$E_R=\frac{u(\overline{R})}{\overline{R}}\times100\%=\underline{\qquad}\%$$

二、重复测量数据记录

（1）重复测量数据用图解法处理，方法是以数据表中第 15 至第 30 条条纹直径 D 的平方为纵坐标，条纹级次 k 为横坐标，用 Excel 图表向导绘制出 $D^2\sim k$ 图线，并用拟合的线性方程求得斜率，由斜率求得平凸镜的半径 R。

（2）将两种方法得到的平凸镜半径 R 进行比较。

预习思考题

1. 牛顿环干涉条纹形成在哪一个面上（即定域在何处）？
2. 如何由等厚干涉条纹的形状来判别凸透镜的凸面和平面？
3. 若牛顿环装置中落入了灰尘，从而使平凸透镜与平面玻璃间离开了 δ 距离，若仍要测量透镜的曲率半径 R，则其测量关系是什么样的？为什么？

实验讨论题

1. 实验中为什么测量牛顿环直径而不测量半径，如何保证测出的是直径而不是弦长？
2. 为什么反射方向观察的牛顿环中心是暗环？又为什么在实验中观察的牛顿环中心不是暗环？对实验结果有无影响？

第九章

怎么做，怎么做得更好

经过大学物理实验课程的学习，已经完成了各个章节多个实验项目的训练，虽然在预习阶段、实验室阶段，接触了不少的实验内容，但还需要将这些分置于工作过程中的知识点和技能，用学科知识梳理凝聚成有框架、有脉络的学科体系，这样才能真正学会应用。

一、大学物理实验课程的教学目标

大学物理实验课程的作用主要是培养学生的基本科学实验技能，提高学生的科学实验基本素质，使学生初步掌握实验科学的思想和方法，培养学生的科学思维和创新意识，使学生掌握实验研究的基本方法，提高学生的分析能力和创新能力。

按照大学物理实验课程教学基本要求，物理实验课程教学内容应该包含测量误差、数据处理、基本物理量的测量、常用的物理实验方法、常用实验仪器和常用实验操作技术六个方面。

二、大学物理实验项目的学习要点

大学物理实验课程一般由一个个的实验项目组成，落实到每个具体实验项目，结合物理实验课程的教学内容要素可以从下面几个问题出发：首先是实验题目的确定，即实验是什么；其次是实验目的，即为什么要做这个实验；第三是实验原理和方法，即怎么做实验；最后是测量误差和实验数据处理，即实验结果怎样。

1. 实验题目

一个实验题目应能反映实验的重点内容，涉及物理实验基本要求中的基本物理量测量的内容。

2. 实验目的

任何一个物理实验项目均有它产生的历史或应用背景，它可以回答为什么要做这样一个实验，通过这样的实验又可以达到怎样的教学目的。

教师在教学时应将实验项目的历史背景和现代应用加以介绍，然后再讲授教学目的，这样会大大激发学生的学习兴趣从而提高学习效果。学生在预习实验、撰写报告时，要用心地挖掘实验项目的历史与应用，实现实验教学的目标。

3. 实验原理和方法

实验原理和方法包括两个层面：一是理论原理（科学），二是实验方法（技术）。理论原理是指该实验所依据的物理概念、规律等相关物理原理。物理实验是人为创造在相对理想的实验环境下进行物理量的测量的过程，需要借助一定的实验方法和手段才能最终实现。

这些实验方法往往具有普适性，它们不仅只适用于某个实验，而且可以推广应用于类似的其他实验中。如果教学中能强调实验方法的重要性，并将这些不同的实验方法用于实验的创新和拓展，将有利于提高实验教学的水平。

实验仪器（工程）的工作就是将上述实验原理和方法转化到具体仪器设备的过程。

在教学中应加强对物理实验本质的理解，而不是流于只关注仪器旋钮使用的形式。实验操作固然是实验的重要部分，但如果"做实验"只是在实验室里仅仅让学生体验实验的基本程序，通过实验过程学会基本的操作技术，那是远远不够的。

4. 实验数据处理

如果测量的数据没有被合理地解读，整个实验就变得毫无意义，因此实验数据处理是评估整个实验结果不可或缺的重要一环。数据处理包括计算待测的物理量、测量结果的误差或不确定度分析、图示所测不同物理量的数学关系等。

每个实验根据实验原理、方法和目的的不同，可以采用不同的数据处理方法。通过最终的数据处理，才可以对实验结果有个基本的判断，并分析产生这些判断的依据是什么，从而引发思考，形成对整个实验的完整认识。

所以，物理实验课程的教学目标包括实验现象观察和过程设计、实验技术和方法的掌握、实验原理和物理概念的理解、实验结果的评估和报告等。

三、物理实验最佳方案

经过大学物理实验课程的学习，既完成了多个预习的仿真实验，又做过了若干个实验项目。那么实验学习的成效到底怎样？达到了应用的水平了吗？

要检验学习的迁移能力和应用能力，最好是在学科竞赛、开放性实验项目、独立完成课程的设计性实验等活动中进行评价。学科竞赛需要参赛选手根据竞赛的题目，自主确定实验方案和独立自主地开展实验，以实验的结果支撑竞赛题目的分析和问题的解决。通过竞赛活动能够将在教学过程中学到的知识综合起来，在调动这些显性知识的过程中，也极大地激发那些隐性知识，构成一个在活动中发挥最佳效能的整体。

所谓最佳方案，指的是在现有条件下最充分地利用仪器装置以力求得到最好的实验结果。具体来说，就是根据研究对象及实验项目的要求，选定合适的实验原理，按照实验对测量精度的要求（包括仪器要求、量限要求、特性要求、环境要求等），选定合适的实验方法。

设计性实验最能训练和体现实验教学的成效，下面主要以设计性实验的最佳方案为主，介绍大学物理的设计性实验。

四、最佳方案选择的一般程序

（1）根据研究对象（物理量或物理过程），列出各种可能的实验原理及测量所依据的理论公式，以便选择。

（2）分析各测量原理及其所依据的测量公式的适用条件、局限性和优缺点。

（3）根据罗列的实验原理或所依据的测量公式，结合可能提供的实验条件（包括实验仪器设备、实验环境等），分析各实验原理应用的可行性，并大致估算可能达到的测量精度。

（4）根据实验要求（如实验对测量精度的要求），确定实验原理并选定实验方法与仪器，即确定实验的最佳方案。

五、设计性实验的特点、任务和要求

设计性实验由教师提出课题，根据实验室能够提供的条件，要求学生在规定时间内，通过阅读资料提出实验原理、确定实验方案，选择合适的仪器设备，拟定实验程序和注意事项，调整测试，合理处理实验数据，最后写出完整的实验报告。

设计性实验是在学生经过一定基础实验训练后，对学生进行的一种介于基础教学与科学研究之间的教学实验，目的是使学生运用所学的实验知识和技能，在实验方法的考虑、测量仪器的选择、测量条件的确定等方面受到系统的训练，它对开拓学生思路、扩展学生知识面、培养学生的科学实验能力具有非常重要的意义。因此，《理工科类大学物理实验课程教学基本要求》中明确指出，应在"大学物理实验"课程中开设一定的设计性实验。

开设设计性实验除了实验室提供必要的物质保证，要求学生在进入设计性实验之前，必须具有比较丰富的实验经验和技能，掌握相当数量的基本仪器的使用和基本测量方法，掌握正确的不确定度的估算和数据处理方法。

六、设计性实验的步骤

设计性实验的核心问题是实验方案的制定，并检验方案的正确性。在制定实验方案时，应综合考虑以下几个方面：选择合理的实验方法、设计最佳测量方法、合理配套实验仪器和选择有利的测量条件。

1. 实验方法的制定

1）选择最佳实验方法

一旦实验题目确定下来，首先就涉及如何制定实验方案的问题，即考虑实验依据于哪种原理、采用何种方法、使用哪些仪器等。一般来说，对于一个确定的检测项目，总会有多种方案可供选择。

例如，欲测量实验室所在地的重力加速度 g，根据现有条件及实验要求，有很多种方法，可用单摆法、复摆法、三线摆法、自由落体法和磁悬浮法等。比较它们在适用的条件下哪些比较容易实现，并对测量方法进行精度分析。在课题要求下，选择最佳的实验方法，必要时还可以进行初步实践。

根据设计题目，查阅有关资料，提出多种可能的实验方法，画出必要的原理图，推证有关理论公式，通过分析和比较，选择一种实验上可行、经济上最省或实验室条件允许，又能保证精度要求的最佳实验方案。

2）实验方法的不确定度分析

在选定实验的最佳方案时，需对实验过程中可能的不确定度的（误差）来源、性质及大小做出初步估算，针对不同性质的不确定度（误差）及其来源，选定实验方案，力求使测量的不确定度（误差）最小。

A 类不确定度分量的主要来源：观测者感官灵敏度的限制、仪器分辨能力的局限。例

如，磁悬浮导轨的不平整、导轨面与滑块面之间的吻合不好、滑块变形、滑块与导轨壁碰撞、滑块质量分布不对称、滑块在运动中摆动、振动以及摩擦力的影响等。处理方式：一方面要在实验的设计安排、仪器装备的使用以及操作测量过程中采取必要的措施以尽量避免或减小其影响；另一方面主要是采取等精度的多次重复测量的方法，以减小其影响。

B 类不确定度分量的主要来源：测量原理和方法、仪器与设备、实验条件。一般消除的途径是校准仪器、改进实验装备或实验方法，或对测量结果进行理论上的修正。在实验中需要仔细考虑与研究测量原理和方法的推演过程中的每一步骤；检验或核准每一件仪器与设备；分析每个实验条件，注意每一步调整和测量的细节，以便从中发现 B 类不确定度分量。一般情况下，该类不确定度分量不能由多次重复测量来发现，多次测量的方法对消除 B 类分量无济于事。

所谓"消除"B 类不确定度分量，其实不过只是将其影响减小到 A 类不确定度分量之下而已。

2. 最佳测量方法的选择

实验方法确定后，应选择一种最佳测量方法。当对某一物理量有几种测量方法供选择时，应选择不确定度最小的那种方法。在物理实验中，常用的基本测量方法有比较法、补偿法、置换法等。选择合适的测量方法对提高实验结果的准确度非常重要。

测量方法的精确度分析，常采用分项误差分析综合法，就是对所涉及的测量方法、试验器具的各个方面可能产生的误差及各种影响因素及它们造成的分项误差值加以逐项分析，然后选择出其中的主要项目，经过分析，按照误差的不同类型的规律综合成测量的不确定度。它能反映出各个原始误差的来源及其对测量的影响程度，以及它们在测量不确定度中所占比例。

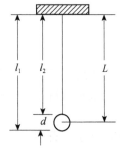

图 9-1 单摆摆长的测量

例 1：如图 9-1 所示，测量单摆摆长 L 有三种方法。

① $L = \dfrac{l_1 + l_2}{2}$； ② $L = l_1 - \dfrac{d}{2}$； ③ $L = l_2 + \dfrac{d}{2}$。

用毫米刻度的米尺测量 l_1、l_2：

$l_1 = (100.1 \pm 0.2)$ cm

$l_2 = (102.5 \pm 0.2)$ cm

而用 $\dfrac{1}{10}$ mm 的游标卡尺测得

$d = (2.40 \pm 0.01)$ cm

三种方法测量的不确定度分别如下。

①中：

$$u_L = \sqrt{\left(\dfrac{u_{l_1}}{2}\right)^2 + \left(\dfrac{u_{l_2}}{2}\right)^2} = 0.14 \text{ (cm)}$$

②与③中：

$$u_L = \sqrt{u_{l_1}^2 + \left(\dfrac{u_d}{2}\right)^2} = \sqrt{(0.2)^2 + \dfrac{1}{4}(0.01)^2} = 0.2 \text{ (cm)}$$

由此可见，选择方法①的不确定度小。

3. 实验仪器的选择

选择实验仪器时，一般要考虑仪器分辨率（仪器能测量的最小值）、准确度、量程、实用性、价格等。在满足测量要求的情况下，尽量选择较小量程的仪器。在满足测量精度的情况下，尽量选择较简单经济的仪器。

1）不确定度均分原理

当对间接测量值的精确度提出要求后，测量各直接测量值所用的仪器就要考虑其准确度，目前通常采用"不确定度均分原理"合理选择测量仪器，以及让各直接测量值所对应的不确定度平均分配，而间接测量值的合成不确定度达到规定的不确定度极限。

设间接测量值 N 与 m 个直接测量值 x_1、x_2、x_3、$\cdots$、x_m 的关系为

$$N = f(x_1, x_2, x_3, \cdots, x_m)$$

且测量的不确定度 u_N 或 $E_N = u_N/N$ 根据要求已经确定。

$$u_N = \sqrt{\left(\frac{\partial f}{\partial x_1}\right)^2 u_{x_2}^2 + \left(\frac{\partial f}{\partial x_2}\right)^2 u_{x_2}^2 + \cdots + \left(\frac{\partial f}{\partial x_m}\right)^2 u_{x_m}^2}$$

$$E_N = u_N/N = \sqrt{\left(\frac{\partial f}{\partial x_1}\right)^2 \left(\frac{u_{x_1}}{N}\right)^2 + \left(\frac{\partial f}{\partial x_2}\right)^2 \left(\frac{u_{x_2}}{N}\right)^2 + \cdots + \left(\frac{\partial f}{\partial x_m}\right)^2 \left(\frac{u_{x_m}}{N}\right)^2}$$

考虑到 m 个直接测量值 x_1、x_2、x_3、$\cdots$、x_m 对间接测量值 u_N 或 E_N 影响相同，则有

$$\left|\frac{\partial f}{\partial x_i}\right| u_{x_i} \leqslant \frac{u_N}{\sqrt{m}} \qquad (i=1, 2, \cdots, m)$$

$$\left|\frac{\partial f}{\partial x_i}\right| \frac{u_{x_i}}{N} \leqslant \frac{E_N}{\sqrt{m}} \qquad (i=1, 2, \cdots, m)$$

例 2：热学实验中，有两个质量 M_1、M_2 和两个温度 T_1、T_2 要测量，而对间接测量值 N 的总不确定度要求不超过 1%，其表达式为

$$\frac{u_N}{N} = \sqrt{\left(\frac{u_{M_1}}{M_1}\right)^2 + \left(\frac{u_{M_2}}{M_2}\right)^2 + \left(\frac{u_{T_1}}{T_1}\right)^2 + \left(\frac{u_{T_2}}{T_2}\right)^2} \leqslant 1\%$$

按照不确定度均分原理，有

$$\frac{u_{M_1}}{M_1} = \frac{u_{M_2}}{M_2} = \frac{u_{T_1}}{T_1} = \frac{u_{T_2}}{T_2} = \frac{1}{\sqrt{4}} \times 1\% = 0.5\%$$

根据 M_1、M_2、T_1、T_2 的具体值及满足上述的要求确定所用的仪器。

例 3：在单摆的研究性实验中选择秒表或多功能微秒计测量摆动时间所得到的精度是有明显差异的。

如在单摆实验中，要求时间测量的相对不确定度 $u_T/T \leqslant 0.1\%$，而单摆的周期 $T \approx 2\text{s}$，则 $u_T \approx 0.002\text{s}$，此时毫秒计也可用秒表代替测量。设秒表启动和制动误差各为 0.1s，其最大误差为 0.2s，只要改变实验参数（多周期测量），连续测量 100 个周期，则误差为 $0.2/(2 \times 100) = 0.1\%$，即可满足测量的准确度要求。

2）合理选择测量仪器

在实验中，常常会遇到选择仪器的情况，比如对一个待测量的测量，是选择精度高的仪器还是选择精度低的呢？对于一个比较复杂的实验来说，还会涉及多个待测量的测量，用到多种测量仪器的问题。不同的仪器究竟如何配套使用，是否选择的仪器一定是精度愈高愈好呢？对于这个问题的回答，我们可以从直接量的不确定度与间接测量量的不确定度的关系来寻找。

不同的直接测量量，对间接测量量的不确定度的影响差别可能很大。所以，实验时，并不是对每一个直接测量量都一定要选择级别高、精度高的仪器，也并非每个量都测得越准越好。在实际测量过程中，应根据每个不确定度分量对合成标准不确定度的影响大小来确定哪些量需要精密测量，哪些量不需要测得很准。

例 4：欲测直径 D 约为 0.8cm、高 h 约为 3.2cm 的金属圆柱体体积，现要求体积的相对不确定度在 0.5% 以内，问应如何选用仪器？

[解]：根据体积公式

$$V = \frac{1}{4}\pi D^2 h$$

相对不确定度传递公式为

$$\frac{u_V}{V} = \sqrt{\left(2\frac{u_D}{D}\right)^2 + \left(\frac{u_h}{h}\right)^2} \leq 0.5\%$$

根据不确定度均分原理，有

$$\frac{u_h}{h} \leq \frac{\sqrt{2}}{2} \times 0.5\% = 0.35\%$$

$$\frac{u_D}{D} \leq \frac{\sqrt{2}}{4} \times 0.5\% = 0.18\%$$

估算得 $u_h \leq 0.011$cm，$u_D \leq 0.0014$cm。所以在长度测量的常用工具如米尺、游标卡尺和螺旋测微计中，根据这些工具的分度，可以估算其不确定度的大小。

米尺的分度为 0.1cm，若取其 $\Delta_{INS} = 0.01$cm，仅计 B 类分量有 $u_\text{米} = \frac{\Delta_{INS}}{\sqrt{3}} = 0.0058$cm。

分度为 0.002cm 的游标卡尺，取其 $\Delta_{INS} = 0.002$cm，仅计 B 类分量有 $u_\text{游} = \frac{\Delta_{INS}}{\sqrt{3}} = 0.0012$cm。

分度为 0.001cm 的螺旋测微计，取其 $\Delta_{INS} = 0.001$cm，仅计 B 类分量有 $u_\text{游} = \frac{\Delta_{INS}}{\sqrt{3}} = 0.00058$cm。

所以，选择 0.001cm 的螺旋测微计测量直径，用 0.002cm 的游标卡尺测量高度。或者用 0.002cm 的游标卡尺测直径和高度也可以满足要求。

4. 测量条件的选择

测量结果通常与许多条件有关，当测量方法和仪器选定后，应正确选择测量条件使其精度最高。

例 5：在电学实验中，常用多量程的电压表、电流表，当所用电表已选定时，其准确度等级也已确定。如何根据所测量的大小正确选择合适的量程才能使结果精度高？

设电表的级别为 a 级，量程为 U，根据误差定义有

$$\Delta_{仪} = 量程 \times 级别\% = U_{max} \cdot a\%$$

若待测电压为 U，则相对误差为

$$E_r = \frac{\Delta_{仪}}{U_x} = \frac{U_{max}}{U_x} \cdot a\%$$

当 $U_x = U_{max}$ 时，相对误差较小，量程与被测量的比值越大，相对误差越大。由这一结论可知，正确选择电表量程可获得误差小的测量结果。为了避免被测电压溢出量程范围，一般被测量为电表量程的三分之二左右。

选择最有利的测量条件，可从不确定度公式 E_N 着手。一般可以通过对误差函数求极值来确定最佳测试条件，即

$$\frac{\partial}{\partial x_i}(E_N) = 0 \quad (i=1, 2, 3, \cdots, n)$$

例6：如图 9-2 所示，用滑线式电桥测电阻，测量条件应怎样选择？

已知电桥平衡条件为

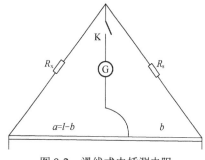

图 9-2 滑线式电桥测电阻

$$R_x = \frac{a}{b} R_s = \frac{l-b}{b} R_s$$

式中，R_x 为待测电阻；R_s 为标准电阻，其精确度很高。测量结果的误差主要由长度测量的误差决定：

$$E_R = \frac{dR_x}{R_x} = \frac{l}{(l-b)b} db$$

可解得 $b = \frac{l}{2}$，且有

$$\left.\frac{d^2 E_R}{db^2}\right|_{b=\frac{l}{2}} > 0$$

这表明 E_R 达到最小值 $a = b = \frac{l}{2}$ 时就是滑线式电桥的最佳测量方法。在该例中可用置换法将桥臂电阻 R_x 和 R_s 变换位置，重新调节 R_s 使电桥平衡，得到

$$R_x = \frac{b}{a} R'_s$$

将上式与 $R_x = \frac{b}{a} R_s$ 相乘得 $R_x = \sqrt{R_s R'_s}$ 此时 R_x 的误差比没有置换时的误差要小得多。

5. 注意事项

除以上几点，为使实验顺利实施，还要注意以下几方面。

（1）简要写出选择的实验方案的原理及理论，写明使用条件。

（2）画出实验用的原理图及仪器配置图。

（3）根据所测物理量情况，安排好测量顺序，拟定出实验步骤和注意事项。

（4）设计记录数据表格。

（5）根据所设计的实验方案，了解所需用的实验仪器的工作原理、性能、使用注意事项，必要时应认真阅读仪器说明书。

（6）写出完整的实验报告。做完实验后要对结果进行分析，讨论不确定度，提出改进意见。

实验方案选择的不同，不仅会影响测量原理、测量方法、测量仪器、测量环境等诸多因素，还会影响测量结果精确度（不确定度大小）的不同，因而究竟采用怎样的方法进行实验，也就是如何设计一个能够完成检测任务的最佳方案，需要综合实验目的、原理、方法、精度等多方面的因素后才能确定，而这对于每一位实验人员、工程师而言都是一项很重要的基本技能

参考文献

［1］赵凯华. 第 23 届国际纯粹和应用物理联合会（IUPAP）代表大会通过决议五物理学对社会的重要性［J］. 科学导报，1999，128（2）：34.

［2］张兴，黄如，刘晓彦. 微电子学概论［M］. 3 版. 北京：北京大学出版社，2010.

［3］中国科学院数理学部. 我国物理学与其他科学交叉的现状、问题及对策［J］. 中国科学院院刊，2006，26（4）：270～273.

［4］陈佳洱，赵凯华，王殖东. 面向 21 世纪，急待重建我国的工科物理教育［J］. 科技导报，1999，2：31～33.

［5］黄钟. 20 世纪世界核技术的进展［J］. 核电站，2003，1：5～15.

［6］黄立平，巩天祥. 物理学认识框架对自然科学世界图景的影响［J］. 科技资讯，2008，24：217～218.

［7］宋文森，阴和俊，张晓娟. 实物与暗物的数理逻辑［M］. 北京：科学出版社，2006.

［8］文小刚. 量子多体理论：从声子的起源到光子和电子的起源［M］. 北京：高等教育出版社，2004.

［9］杨水旸. 论科学、技术和工程的相互关系［J］. 南京理工大学学报，2009，22（3）：84～88.

［10］黄金印，傅志敏. 中西方文化差异及其对科学技术发展的影响［J］. 武警学院学报，2003，19（2）：87～90.

［11］石毓智. 认知能力与语言学理论［M］. 上海：学林出版社，2008.

［12］姜大源. 技术与技能辨［J］. 高等工程教育研究，2016，4.

［13］曲铭峰. 哈佛大学杰出校长——德里克·博克高等教育思想与实践研究［M］. 北京：教育科学出版社，2016.

［14］姜大源，工作过程系统化课程的结构逻辑［J］：教育与职业，2017，7.

［15］黄立平，李可为. 工科类物理课程的历史沿革、问题和对策［J］. 成都电子机械高等专科学校学报，2012：4.

［16］教育部高等学校物理学与天文学教学指导委员会，物理基础课程教学指导分委员会. 理工科类大学物理课程教学基本要求，理工科类大学物理实验课程教学基本要求［M］. 北京：高等教育出版社，2011.

［17］王顶明，李莞荷，戴一飞. 程序性知识与过程性知识：专业学位教育中的实践性

知识[J].北京大学教育评论,2018,16(4).

[18] 张恭庆. 数学与国家实力（上）[J]. 紫光阁,2014（8）.

[19] 曹则贤. 物理学咬文嚼字[M]. 合肥：中国科学技术大学出版社,2016.

[20] 刘俊学,罗元云. 论新建地方本科高校课程重构[J]. 中国高教研究,2017（2）：99～101.

[21] 朱鹤年. 新概念物理实验测量引论[M]. 北京：高等教育出版社,2007.

[22] 郝秀刚,葛明贵. 程序性知识与高校创新型人才培养[J]. 扬州大学学报（高教研究版）.2007,11（6）.

[23] 黄立平,刘俊伯,李丹. 大学物理实验[M]. 北京：电子工业出版社,2018.

[24] 杨韧,谢英明. 大学物理实验[M].2版. 北京：北京理工大学出版社,2011.

[25] 向倩. 聆听傅里叶级数[J],武汉大学学报（理学版）,2012,58（S2）：120～124.

[26] 吴本科,肖苏. 利用驻波实验研究混沌现象[J],物理实验,2006,1.

[28] 何佳清,霍剑青. 大学物理基础与综合性实验[M]. 北京：高等教育出版社,2018.

[29] 何佳清,霍剑青. 现代物理技术与研究型实验[M]. 北京：高等教育出版社,2018.

[30] 沈元华,首届全国高校物理实验教学青年教师讲课比赛（上海赛区初赛）观摩有感[J]. 物理与工程, 2017,27（6）： 20-22,26.

[31] 潘小青,马世红. 首届全国高校物理实验青年教师讲课比赛后的思考[J]. 物理与工程,2018,28（3）：34-37.